# SOLIDWORKS 2024 中文版
# 钣金、焊接、管道与布线
# 从入门到精通

胡仁喜　刘昌丽　等编著

机械工业出版社

CHINA MACHINE PRESS

本书分为钣金设计、焊接设计、管道与布线设计 3 篇，其中，钣金设计篇包括钣金基础知识、钣金特征、钣金成形工具、简单钣金件设计实例、复杂钣金件设计实例和钣金件关联设计实例 6 章，焊接设计篇包括焊件基础知识、焊件特征工具、切割清单与焊缝、简单焊件设计实例和复杂焊件设计实例 5 章，管道与布线设计篇包括 SOLIDWORKS Routing 管道与布线基础、管道与布线设计实例两章。

本书的特色是突出技能培养，体现了理论和软件功能相结合的完整性。内容紧密结合现代设计与制造的需求，力求做到文字精练、语言通俗易懂、举例实用，并从实际操作入手加以详细讲解。内容深入浅出，操作步骤简单明了，读者根据书中的讲解即可上机操作，掌握操作技能。本书结合实例编写，使读者能够更快、更熟练地掌握 SOLIDWORKS 2024 的钣金、焊接、管道与布线设计技术。

本书适合作为大、中专院校相关专业学生的自学辅导教材，也可作为钣金、焊接、管道与布线设计人员的自学参考用书。

**图书在版编目（CIP）数据**

SOLIDWORKS 2024 中文版钣金、焊接、管道与布线从入门到精通 / 胡仁喜等编著 . —北京：机械工业出版社，2024.5

ISBN 978-7-111-75729-0

Ⅰ.①S… Ⅱ.①胡… Ⅲ.①计算机辅助设计–应用软件 Ⅳ.① TP391.72

中国国家版本馆 CIP 数据核字（2024）第 089182 号

机械工业出版社（北京市百万庄大街 22 号 邮政编码 100037）
策划编辑：王 珑 责任编辑：王 珑
责任校对：马荣华 牟丽英 责任印制：任维东
北京中兴印刷有限公司印刷
2024 年 8 月第 1 版第 1 次印刷
184mm×260mm·20.75 印张·528 千字
标准书号：ISBN 978-7-111-75729-0
定价：79.00 元

电话服务 网络服务
客服电话：010-88361066 机 工 官 网：www.cmpbook.com
010-88379833 机 工 官 博：weibo.com/cmp1952
010-68326294 金 书 网：www.golden-book.com
封底无防伪标均为盗版 机工教育服务网：www.cmpedu.com

# 前　言

SOLIDWORKS 软件是美国 SOLIDWORKS 公司开发的基于 Windows 平台的三维 CAD 产品。SOLIDWORKS 是创新的易学易用的标准三维设计软件，具有全面的实体建模功能，可以生成各种实体，广泛应用于机械设计、工业设计、飞行器设计、电子设计、消费品设计、通信器材设计、汽车设计等。

钣金是指厚度均一的金属薄板，在汽车、航空、航天、机械设备和消费产品等行业广泛应用。在市场上，钣金件占全部金属制品的 90% 以上。在轻工业产品中，金属件基本都是钣金件。焊件是指将两个或多个零件焊接在一起组成的新的构件。焊件在工业生产和日常生活中大量应用。由于钣金件和焊件具有广泛用途，SOLIDWORKS 中文版设置了钣金件和焊件模块，专用于钣金件和焊件的设计。将 SOLIDWORKS 应用到钣金件和焊件的设计中，可以使钣金件和焊件的设计非常快捷，制造装配效率得以显著提高。SOLIDWORKS 钣金件和焊件设计模块基于实体和特征的方法来定义钣金件和焊接零件。SOLIDWORKS 钣金件设计模块采用特征造型技术。可以建立一个既反映钣金件和焊接零件特点又能满足 CAD/CAM 系统要求的钣金件和焊件模型。它除了提供钣金件和焊件的完整信息模型外，还可以较好地解决现有的一些几何造型设计存在的问题。

管道与布线设计主要针对复杂的细长线路进行设计。这类问题在现代工业和工程中经常出现，利用 SOLIDWORKS 的管道与布线设计模块，可以快速方便地实现这种复杂的细长线路的设计过程，大大提高工程设计的效率。

本书分为钣金设计、焊接设计、管道与布线设计 3 篇，其中，钣金设计篇包括钣金基础知识、钣金特征、钣金成形工具、简单钣金件设计实例、复杂钣金件设计实例和钣金件关联设计实例 6 章，焊接设计篇包括焊接基础知识、焊件特征工具、切割清单与焊缝、简单焊件设计实例和复杂焊件设计实例 5 章，管道与布线设计篇包括 SOLIDWORKS Routing 管道与布线基础和管道与布线设计实例两章。

本书的特色是突出技能培养，体现了理论和软件功能结合的完整性。内容紧密结合现代设计与制造的需求，力求做到文字精练、语言通俗易懂、举例实用，并从实际操作入手加以详细讲解。内容深入浅出，操作步骤简单明了，读者能根据书中的讲解很快上机操作，掌握操作技能。本书结合实例编写，使读者能够更快、更熟练地掌握 SOLIDWORKS 2024 的钣金、焊接、管道与布线设计技术，为工程设计带来更多的便利。

为了配合学校师生利用本书进行教学的需要，随书配赠了电子资料包，包含了本书实例操作过程 AVI 文件和实例源文件，可以帮助读者更加形象直观地学习本书。读者可以登录网盘 https：//pan.baidu.com/s/1AFkmZjuAigpWzZyP2qQawQ 下载，提取码 swsw。也可以扫描下面二维码下载：

　　本书由石家庄三维书屋文化传播有限公司的胡仁喜博士和刘昌丽高级工程师主要编写，其中胡仁喜执笔编写了第 1~9 章，刘昌丽执笔编写了第 10~13 章。由于编者水平有限，书中不足之处希望读者联系 714491436@qq.com 批评指正。也欢迎加入三维书屋图书学习交流群（QQ：828475667）交流探讨。

编　者

# 目　录

## 第 2 篇　焊接设计篇

## 第 3 篇 管道与布线设计篇

# 第 1 篇 钣金设计篇

# 第 **1** 章

## 钣金基础知识

SOLIDWORKS 具有较强的钣金设计功能并且简单易学，设计者使用此软件可以在较短的时间内完成较复杂钣金件的设计。本章将介绍 SOLIDWORKS 2024 钣金设计的功能特点及系统设置方法。

学 习 要 点

◎ 基本术语
◎ 钣金特征选项与钣金菜单
◎ 转换钣金特征

## 1.1 概述

使用 SOLIDWORKS 2024 进行钣金件设计常用方法有以下两种：

1）使用钣金特有的特征生成钣金件。这种设计方法直接考虑作为钣金件开始建模，从最初的基体法兰特征开始，利用了钣金设计软件的所有功能和特殊工具、命令和选项。对于几乎所有的钣金件而言，这是最佳的方法，因为用户从最初设计阶段开始就生成钣金件消除了多余步骤。

2）将实体零件转换成钣金件。在设计钣金件过程中，可以按照常见的设计方法设计零件实体，然后将其转换为钣金件。也可以在设计过程中先将零件展开，以便于应用钣金件的特定特征。由此可见，将一个已有的零件实体转换成钣金件是本方法的典型应用。

## 1.2 基本术语

### 1.2.1 折弯系数

零件要生成折弯时，可以指定一个折弯系数给一个钣金折弯，但指定的折弯系数必须介于折弯内侧边线的长度与外侧边线的长度之间。

折弯系数可以由钣金原材料的总展开长度减去非折弯长度来计算，如图 1-1 所示。

决定使用折弯系数值时，总展开长度的计算公式如下：

$$L_t = A + B + B_A$$

式中，A、B 为非折弯长度；$L_t$ 为总展开长度；$B_A$ 为折弯系数。

### 1.2.2 折弯扣除

在生成折弯时，用户可以通过输入数值来给任何一个钣金折弯指定一个明确的折弯扣除。折弯扣除由虚拟非折弯长度减去钣金原材料的总展开长度来计算，如图 1-2 所示。

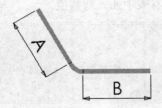

图 1-1 折弯系数示意图

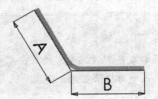

图 1-2 折弯扣除示意图

决定使用折弯扣除值时，总展开长度的计算公式如下：

$$L_t = A + B - B_D$$

式中，$L_t$ 为总展开长度；A、B 为虚拟非折弯长度；$B_D$ 为折弯扣除值。

### 1.2.3　K- 因子

K- 因子表示钣金中性面的位置，以钣金件的厚度作为计算基准，如图 1-3 所示。K- 因子即钣金内表面到中性面的距离 t 与钣金厚度 T 的比值。

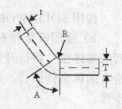

图 1-3　K- 因子示意图

当选择 K- 因子作为折弯系数时，可以指定 K- 因子折弯系数表。SOLIDWORKS 2024 应用程序随附 Microsoft Excel 格式的 K- 因子折弯系数表格，它位于 < 安装目录 >\lang\Chinese- Simplified\ Sheetmetal Bend Tables\kfactor base bend table.xls。

使用 K- 因子也可以确定折弯系数，计算公式如下：

$$B_A = \pi(R + KT)A/180$$

式中，$B_A$ 为折弯系数；R 为内侧折弯半径；K 为 K- 因子，即 t/T（t 为内表面到中性面的距离）；T 为材料厚度；A 为折弯角度（经过折弯材料的角度）。

由上面的计算公式可知，折弯系数即钣金中性面上的折弯圆弧长。因此，指定的折弯系数的大小必须介于钣金的内侧圆弧长和外侧圆弧长之间，以便与折弯半径和折弯角度的数值相一致。

### 1.2.4　折弯系数表

折弯系数除直接指定和由 K- 因子来确定之外，还可以利用折弯系数表来确定。在折弯系数表中可以指定钣金件的折弯系数或折弯扣除数值等。折弯系数表还包括折弯半径、折弯角度以及零件厚度的数值。在 SOLIDWORKS 2024 中有两种折弯系数表可供使用。

**1. 带有 .btl 扩展名的文本文件**

在 SOLIDWORKS 2024 的 < 安 装 目 录 >\lang\chinese-simplified\Sheermetal Bend Tables\ metric sample.btl 中提供了一个钣金操作的折弯系数表样例。如果要生成自己的折弯系数表，可使用任何文字编辑程序复制并编辑此折弯系数表。在使用折弯系数表文本文件时，只允许包括折弯系数值，不包括折弯扣除值。折弯系数表的单位必须用米制单位指定。

如果要编辑拥有多个折弯厚度表的折弯系数表，半径和角度必须相同。例如，将一新的折弯半径值插入有多个折弯厚度表的折弯系数表，必须在所有表中插入新数值。

💡 **注意**

折弯系数表范例仅供参考使用，此表中的数值不代表任何实际折弯系数值。如果零件或折弯角度的厚度介于表中的数值之间，那么系统会插入数值并计算折弯系数。

**2. 嵌入的 Excel 电子表格**

SOLIDWORKS 2024 生成的新折弯系数表保存在嵌入的 Excel 电子表格程序内，根据需要可以将折弯系数表的数值添加到电子表格程序中的单元格内。

电子表格的折弯系数表只包括 90° 折弯的数值，其他角度折弯的折弯系数值或折弯扣除值由 SOLIDWORKS 2024 计算得到。生成折弯系数表的方法如下：

1）在零件文件中，执行"插入"→"钣金"→"折弯系数表"→"新建"菜单命令，弹出如图 1-4 所示的"折弯系数表"对话框。

图 1-4　"折弯系数表"对话框

2）在"折弯系数表"对话框中设置单位，输入文件名称，单击"确定"按钮，包含折弯系数表电子表格的嵌置 Excel 窗口显示在 SOLIDWORKS 窗口中，如图 1-5 所示。折弯系数表电子表格包含默认的半径和厚度值。

| | A | B | C | D | E | F | G | H | I | J | K | L | M | N |
|---|---|---|---|---|---|---|---|---|---|---|---|---|---|---|
| 1 | | | | | | | | | | | | | | |
| 2 | 单位: | 毫米 | | | # | 可用单位: | | 毫米 | 厘米 | 米 | 英寸 | 英尺 | | |
| 3 | 类型: | 折弯系数 | | | # | 可用类型: | | 折弯系数 | | 折弯扣除 | K-因子 | | | |
| 4 | 材料: | 软铜和软黄铜 | | | | | | | | | | | | |
| 5 | # | | | | | | | | | | | | | |
| 6 | | | | | | | | | | | | | | |
| 7 | 厚度: | 1 | | | | | | | | | | | | |
| 8 | 角度 | | | | | | 半径 | | | | | | | |
| 9 | | 0.40 | 0.50 | 0.80 | 1.00 | 1.50 | 2.00 | 3.00 | 4.00 | 5.00 | 8.00 | 10.00 | | |
| 10 | 15 | | | | | | | | | | | | | |
| 11 | 30 | | | | | | | | | | | | | |
| 12 | 45 | | | | | | | | | | | | | |
| 13 | 60 | | | | | | | | | | | | | |
| 14 | 75 | | | | | | | | | | | | | |
| 15 | 90 | | | | | | | | | | | | | |
| 16 | 105 | | | | | | | | | | | | | |
| 17 | 120 | | | | | | | | | | | | | |
| 18 | 135 | | | | | | | | | | | | | |
| 19 | 150 | | | | | | | | | | | | | |
| 20 | 165 | | | | | | | | | | | | | |
| 21 | 180 | | | | | | | | | | | | | |
| 22 | | | | | | | | | | | | | | |
| 23 | | | | | | | | | | | | | | |
| 24 | 厚度: | 10 | | | | | | | | | | | | |
| 25 | 角度 | | | | | | 半径 | | | | | | | |

图 1-5　折弯系数表电子表格

3）在表格外的 SOLIDWORKS 图形区内单击，关闭电子表格。

## 1.3　钣金特征选项与钣金菜单

### 1.3.1　启用钣金特征选项卡

启动 SOLIDWORKS 2024 后，在选项卡任意位置右击，在弹出的快捷菜单中选择"选项卡"下拉列表中"钣金"选项，如图 1-6 所示。在 SOLIDWORKS 用户界面显示"钣金"选项卡，如图 1-7 所示。

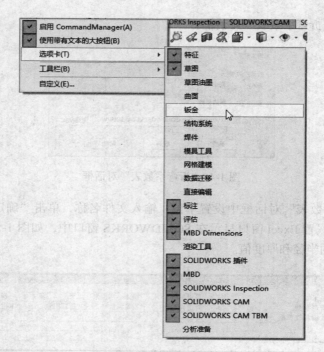

图 1-6 "选项卡"下拉列表

图 1-7 "钣金"选项卡

## 1.3.2 钣金菜单

执行"插入"→"钣金"菜单命令，可以找到钣金下拉菜单，如图 1-8 所示。

# 1.4 转换钣金特征

## 1.4.1 使用基体 - 法兰特征

利用 （基体法兰 / 薄片）命令生成一个钣金件后，钣金特征将出现在如图 1-9 所示的设计树中。

在该设计树中包含三个特征，它们分别代表钣金的三个基本操作。

（1） （钣金）特征：包含了钣金件的定义。此特征保存了整个零件的默认折弯参数信息，如折弯半径、折弯系数、自动切释放槽（预切槽）比例等。

（2） （基体 - 法兰 1）特征：该项是钣金件的第一个实体特征，包括深度和厚度等信息。

（3）（平板型式）特征：在默认情况下，当零件处于折弯状态时，平板型式特征是被压缩的，将该特征解除压缩即展开钣金件。

在设计树中，当平板型式特征被压缩时，添加到零件的所有新特征均自动插入到平板型式特征上方。

在设计树中，当平板型式特征解除压缩后，新特征插入到平板型式特征下方，并且不在折叠零件中显示。

## 1.4.2　用零件转换为钣金的特征

利用已经生成的零件转换为钣金特征时，首先在 SOLIDWORKS 2024 中生成一个零件，然后通过插入"转换实体 1"按钮生成钣金件。在设计树中的特征如图 1-10 所示。

图 1-8　钣金下拉菜单

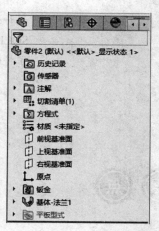

图 1-9　钣金特征 1

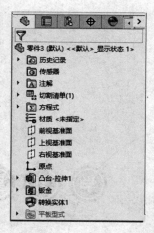

图 1-10　钣金特征 2

# 第 **2** 章

## 钣金特征

在 SOLIDWORKS 2024 系统中，钣金件是实体模型中结构比较特殊的一种，具有带圆角的薄壁特征，整个零件的壁厚都相同，折弯半径都是选定的半径值，在设计过程中需要释放槽（软件能够加上）。SOLIDWORKS 2024 为满足这类需求定制了特殊的钣金工具用于钣金设计。

- ◉ 法兰特征
- ◉ 褶边特征
- ◉ 闭合角特征
- ◉ 放样折弯特征
- ◉ 通风口特征

# 2.1　法兰特征

SOLIDWORKS 2024 有基体法兰、薄片（凸起法兰）、边线法兰、斜接法兰 4 种不同的法兰特征工具，用以生成钣金件，法兰特征及其注释和图例见表 2-1。使用这些法兰特征可以按预定的厚度给零件增加材料。

**表 2-1　法兰特征及其注释和图例**

| 法兰特征 | 注释 | 图例 |
| --- | --- | --- |
| 基体法兰 | 基体法兰特征工具可以为钣金件生成基体特征。它与基体拉伸特征相类似，只不过用指定的折弯半径增加了折弯 | |
| 薄片（凸起法兰） | 薄片特征工具可为钣金件添加相同厚度薄片。薄片特征的草图必须产生在已存在的表面上 | |
| 边线法兰 | 边线法兰特征工具可将法兰添加到钣金件的所选边线上，它的弯曲角度和草图轮廓都可修改 | |
| 斜接法兰 | 斜接法兰特征工具可将一系列法兰添加到钣金件的一条或多条边线上，可以在需要的地方加上相切选项生成斜接特征 | |

## 2.1.1　基体法兰

基体法兰是新钣金件的第一个特征。基体法兰被添加到 SOLIDWORKS 零件后，系统就会将该零件标记为钣金件，折弯添加到适当位置，并且特定的钣金特征被添加到 FeatureManager 设计树中。

基体法兰特征是从草图生成的。草图可以是单一开环轮廓、单一闭环轮廓或多重封闭轮廓，如图 2-1 所示。

单一开环轮廓可用于拉伸、旋转、剖面、路径、引导线以及钣金。典型的开环轮廓以直线或其草图实体绘制。

单一闭环轮廓可用于拉伸、旋转、剖面、路径、引导线以及钣金。典型的单一闭环轮廓是用圆、方形、闭环样条曲线以及其他封闭的几何形状绘制的。

多重封闭轮廓可用于拉伸、旋转以及钣金。如果有一个以上的轮廓，其中一个轮廓必须包含其他轮廓。典型的多重封闭轮廓是用圆、矩形以及其他封闭的几何形状绘制的。

9

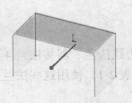　　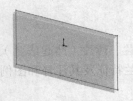　　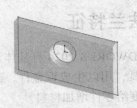

单一开环轮廓生成基体法兰　　　　单一闭环轮廓生成基体法兰　　　　多重封闭轮廓生成基体法兰

图 2-1　基体法兰图例

> 💡 **注意**
>
> 　　在一个 SOLIDWORKS 零件中，只能有一个基体法兰特征，且样条曲线对于包含开环轮廓的钣金为无效的草图实体。

　　在进行基体法兰特征设计过程中，开环草图作为拉伸薄壁特征来处理，封闭的草图则作为展开的轮廓来处理。如果用户需要从钣金件的展开状态开始设计钣金件，可以使用封闭的草图来建立基体法兰特征，操作步骤如下：

　　1）单击"钣金"选项卡中的"基体法兰/薄片"按钮🔱，或执行"插入"→"钣金"→"基体法兰"菜单命令。

　　2）绘制草图。在左侧的 FeatureManager 设计树中选择"前视基准面"作为绘图基准面绘制草图，如图 2-2 所示，然后单击"退出草图"按钮↰。

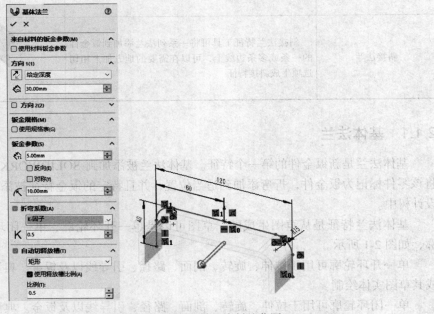

图 2-2　"基体法兰"属性管理器及绘制的草图

　　3）修改基体法兰参数。在"基体法兰"属性管理器中，修改"深度"数值为30mm，"厚度"数值为5mm，"折弯半径"数值为10mm，然后单击"确定"按钮✔，生成基体法兰实体结果如图 2-3 所示。

基体法兰在 FeatureManager 设计树中显示为基体 - 法兰 1，如图 2-4 所示，注意同时添加了其他两种特征：钣金和平板型式。

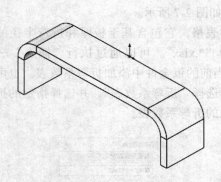

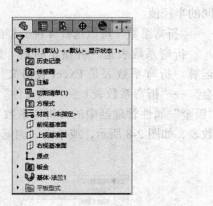

图 2-3　生成的基体法兰实体　　　　　　　　图 2-4　FeatureManager 设计树

## 2.1.2　生成钣金特征

在生成零件时，同时生成钣金特征，通过对钣金特征的编辑，可以设置钣金件的参数。

在 FeatureManager 设计树中选取钣金特征后单击右键，在弹出的快捷菜单中单击 "编辑特征" 按钮 ，如图 2-5 所示，系统打开 "钣金" 属性管理器，如图 2-6 所示。钣金特征中包含用来设计钣金件的参数，这些参数可以在其他法兰特征生成的过程中设置，也可以在钣金特征中编辑定义来改变它们。

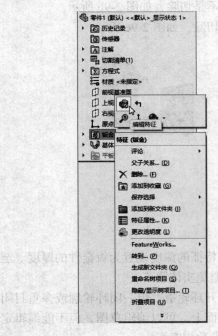

图 2-5　快捷菜单　　　　　　　　　　　　图 2-6　"钣金" 属性管理器

"折弯参数"是固定的面和边选项，被选中的面或边在展开时保持不变。在使用基体法兰特征建立钣金件时，该选项不可选。

折弯半径选项定义了建立其他钣金特征时默认的折弯半径，也可以针对不同的折弯给定不同的半径值。

"折弯系数"可以选择 4 种类型的折弯系数表，如图 2-7 所示。

折弯系数表是一种指定材料（如钢、铝等）的表格，它包含基于板厚和折弯半径的折弯运算。折弯系数表是 Excel 表格文件，其扩展名为 "*.xlsx"。可以通过执行"插入"→"钣金"→"折弯系数表"→"从文件"菜单命令，在当前的钣金件中添加折弯系数表。也可以在"钣金"属性管理器中的"折弯系数"下拉列表框中选择"折弯系数表"，并选择指定的折弯系数表，如图 2-8 所示，或单击"浏览"按钮使用其他的折弯系数表。

图 2-7 "折弯系数"类型

图 2-8 选择"折弯系数表"

K 因子在折弯计算中是一个常数，它是内表面到中性面的距离与材料厚度的比值。

折弯系数和折弯扣除可以根据用户的经验和工厂实际情况给定一个实际的数值。

自动切释放槽可以选择 3 种不同的释放槽类型：

矩形：在需要进行折弯释放的边上生成一个矩形切除，如图 2-9a 所示。

撕裂形：在需要撕裂的边和面之间生成一个撕裂口而不是切除，如图 2-9b 所示。

矩圆形：在需要进行折弯释放的边上生成一个矩圆形切除，如图 2-9c 所示。

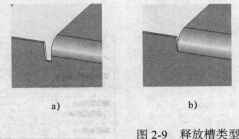

a)                    b)                    c)

图 2-9 释放槽类型

### 2.1.3 薄片

薄片特征工具可为钣金件添加薄片。系统自动将薄片特征的深度设置为钣金件的厚度。至于深度的方向，系统自动将其设置为与钣金件重合，从而避免实体脱节。

在生成薄片特征时，需要注意的是，草图可以是单一开环轮廓、单一闭环轮廓或多重封闭轮廓。草图必须位于垂直于钣金件厚度方向的基准面或平面上。可以编辑草图，但不能编辑定义，其原因是已将深度、方向及其他参数设置为与钣金件参数相匹配。

操作步骤如下：

1）单击"钣金"选项卡中的"基体法兰 / 薄片"按钮，或执行"插入"→"钣金"→"基体法兰"菜单命令。系统提示，要求绘制草图或者选择已绘制好的草图。

2）选择零件表面作为绘制草图基准面，如图 2-10 所示。

3）在选择的基准面上绘制草图，如图 2-11 所示。然后单击"退出草图"按钮，生成薄片特征，如图 2-12 所示。

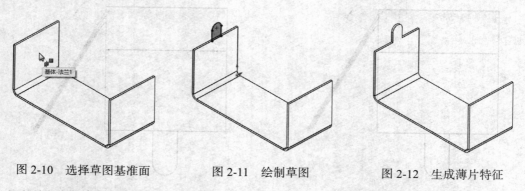

图 2-10　选择草图基准面　　　　图 2-11　绘制草图　　　　图 2-12　生成薄片特征

注意

可以先绘制草图，再单击"钣金"选项卡中的"基体法兰 / 薄片"按钮生成薄片特征。

### 2.1.4　边线法兰

使用边线法兰特征工具可以将法兰添加到一条或多条边线上。添加边线法兰时，所选边线必须为线性，系统自动将褶边厚度链接到钣金件的厚度上，轮廓的一条草图直线必须位于所选边线上。操作步骤如下：

1）单击"钣金"选项卡中的"边线法兰"按钮，或执行"插入"→"钣金"→"边线法兰"菜单命令，系统打开"边线 - 法兰 1"属性管理器，如图 2-13 所示。选择钣金件的一条边，在属性管理器的选择边线选项中将显示所选择的边线，如图 2-13 所示。

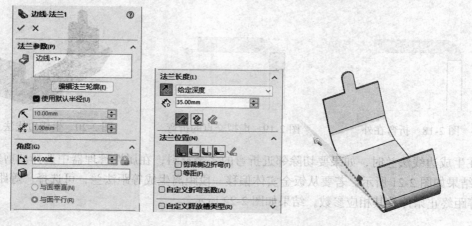

图 2-13　"边线 - 法兰 1"属性管理器

2）设定法兰角度和长度。在"角度"选项组中输入角度值 60，在"法兰长度"选项组中选择"给定深度"选项，同时输入长度值 35mm。确定法兰长度有三种方式，即"外部虚拟交点"（见图 2-14）、"内部虚拟交点"（见图 2-15）和"双弯曲"。

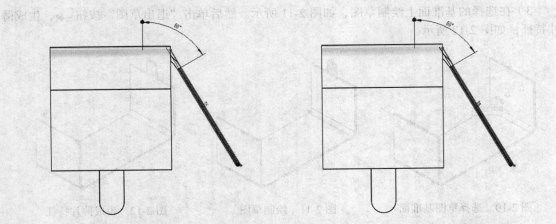

图 2-14 采用"外部虚拟交点"确定法兰长度　　图 2-15 采用"内部虚拟交点"确定法兰长度

3）设定法兰位置。在"法兰位置"选项组中有五种选项可供选择，即"材料在内"、"材料在外"、"折弯在外"、"虚拟交点的折弯"和"与折弯相切"。不同的选项产生的法兰位置不同，如图 2-16～图 2-19 所示。其中，选择"材料在外"选项生成的边线法兰结果如图 2-20 所示。

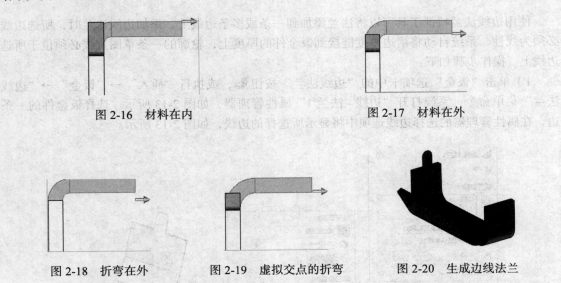

图 2-16　材料在内　　　　　　　　　　　　图 2-17　材料在外

图 2-18　折弯在外　　　图 2-19　虚拟交点的折弯　　　图 2-20　生成边线法兰

在生成边线法兰时，如果要切除邻近折弯的多余材料，在属性管理器中选择"剪裁侧边折弯"，结果如图 2-21 所示。若要从钣金实体偏移一段距离生成等距法兰，可选择"等距"，然后设定等距终止条件及其相应参数，结果如图 2-22 所示。

图 2-21　生成边线法兰时剪裁侧边折弯

图 2-22　生成边线法兰时生成等距法兰

## 2.1.5　斜接法兰

斜接法兰特征工具可将一系列法兰添加到钣金件的一条或多条边线上。生成斜接法兰特征之前首先要绘制法兰草图，斜接法兰的草图可以是直线或圆弧。使用圆弧绘制草图生成斜接法兰时，圆弧不能与钣金件厚度边线相切（见图 2-23），否则此圆弧不能生成斜接法兰，但圆弧可与长度边线相切（见图 2-24），或通过在圆弧和厚度边线之间添加一小段直线（见图 2-25），生成斜接法兰。

图 2-23　圆弧不能与厚度边线相切

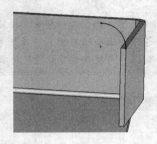
图 2-24　圆弧与长度边线相切

斜接法兰轮廓可以包含一条以上的连续直线，如它可以是 L 形轮廓。草图基准面必须垂直于生成斜接法兰的第一条边线。系统自动将褶边厚度链接到钣金件的厚度上。可以在一系列相切或非相切边线上生成斜接法兰特征。可以指定法兰的等距，而不是在钣金件的整条边线上生成斜接法兰。操作步骤如下：

1）选择如图 2-26 所示的零件表面作为绘制草图基准面，绘制长度为 20mm 的直线草图。

2）单击"钣金"选项卡中的"斜接法兰"按钮 ▯，或执行"插入"→"钣金"→"斜接法兰"菜单命令，系统打开"斜接法兰"属性管理器，如图 2-27 所示。系统随即会选定斜接法兰特征的第一条边线，且图形区域中出现斜接法兰的预览。

图 2-25　圆弧通过直线与厚度边线相接

3）选择钣金件的其他边线，如图 2-28 所示。单击"确定"按钮 ✔，结果如图 2-29 所示。

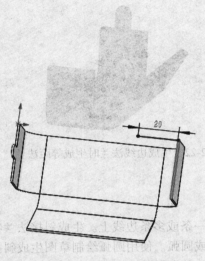

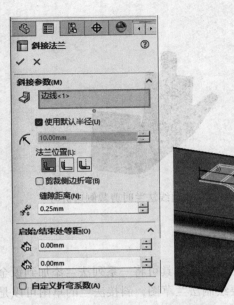

图 2-26  绘制直线草图 　　　　　　　图 2-27  "斜接法兰"属性管理器

---

💡 **注意**

　　如有必要，可以为部分斜接法兰指定等距距离。操作步骤如下：在"斜接法兰"属性管理器的"起始 / 结束处等距"选项组中输入"开始等距距离"和"结束等距距离"数值（如果想使斜接法兰跨越模型的整个边线，可将这些数值设置为零）。其他参数设置参考 2.1.4 节中边线法兰的设置。

---

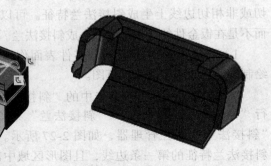

图 2-28  选择钣金件其他边线 　　　　　图 2-29  生成斜接法兰

## 2.2　褶边特征

　　使用褶边特征工具可将褶边添加到钣金件的所选边线上。生成褶边特征时，所选边线必须为直线。斜接边角被自动添加到交叉褶边上。如果选择多个要添加褶边的边线，则这些边线必须在同一个面上。

### 2.2.1　褶边特征介绍

　　单击"钣金"选项卡中的"褶边"按钮 ，或执行"插入"→"钣金"→"褶边"菜单命令，系统打开"褶边"属性管理器，如图 2-30 所示。

　　褶边类型共有 4 种，分别是"闭合" ，如图 2-31 所示；"开环" ，如图 2-32 所示；"撕裂形" ，如图 2-33 所示；"滚轧" ，如图 2-34 所示。每种褶边类型都有其对应的尺寸设置参数。长度参数只应用于闭合褶边和开环褶边，间隙距离参数只应用于开环褶边，角度参数只应用于撕裂形褶边和滚轧褶边，半径参数只应用于撕裂形褶边和滚轧褶边。

图 2-30　"褶边"属性管理器

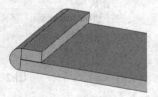

图 2-31　"闭合"褶边类型

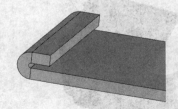

图 2-32　"开环"褶边类型

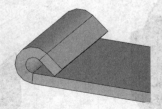

图 2-33　"撕裂形"褶边类型

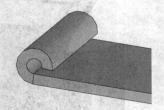

图 2-34　"滚轧"褶边类型

　　选择多条边线添加褶边时，可以在属性管理器中通过设置"斜接缝隙"中的"切口缝隙"数值来设定这些褶边之间的缝隙，此时斜接边角被自动添加到交叉褶边上。

### 2.2.2　褶边特征创建步骤

1）单击"钣金"选项卡中的"褶边"按钮 ，或执行"插入"→"钣金"→"褶边"菜单命令，打开"褶边"属性管理器。在图形区域中选择要添加褶边的边线，如图 2-35 所示。

2）在"褶边"属性管理器中选择"材料在内" 选项。

3）在"类型和大小"选项组中，选择"开环" 选项，输入长度为 100mm，输入缝隙距离为 0.1mm。单击"确定"按钮 ，结果如图 2-36 所示。

4）在 FeatureManager 设计树中的"褶边"特征上右击，在弹出的快捷菜单中单击"编辑特征"按钮 ，在弹出的"褶边"属性管理器中修改斜接缝隙为 3mm。单击"确定"按钮 ，结果如图 2-37 所示。

图 2-35　选择要添加褶边的边线

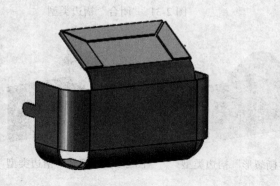

图 2-36　生成褶边　　　　　　　　图 2-37　更改褶边之间的缝隙

## 2.3　绘制的折弯特征

使用绘制的折弯特征工具可以在钣金件处于折叠状态时在绘制的草图中将折弯线添加到零件。

草图中只允许使用直线，可为每个草图添加多条直线。折弯线长度不一定必须与被折弯面的长度相同。

### 2.3.1　折弯特征介绍

单击"钣金"选项卡中的"绘制的折弯"按钮，或执行"插入"→"钣金"→"绘制的折弯"菜单命令，绘制一条直线或者选择绘制好的直线后，打开"绘制的折弯"属性管理器，如图 2-38 所示。

1）"固定面"：选择一个不因为特征而移动的面。

2）"折弯位置"：包括"折弯中心线"、"材料在内"、"材料在外"、"折弯在外"，如图 2-39 所示。

3）"折弯角度"：在文本框中输入折弯角度。单击"反向"按钮，更改折弯方向。选择覆盖数值覆盖预设的折弯角度。覆盖数值可在为零件选择了钣金规格表时使用。

4）"折弯半径"：默认为 10mm。取消"使用默认半径"复选框的勾选，可以在文本框中自定义折弯半径。

图 2-38　"绘制的折弯"属性管理器

 注意

绘制的折弯特征常与薄片特征一起使用来折弯薄片。

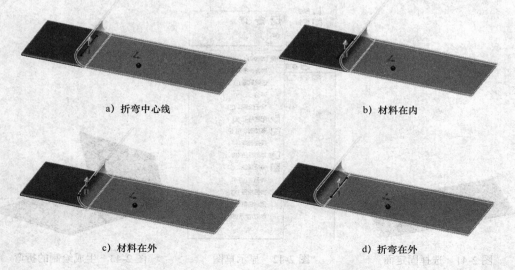

a) 折弯中心线　　b) 材料在内　　c) 材料在外　　d) 折弯在外

图 2-39　折弯位置

### 2.3.2 折弯特征创建步骤

1）单击"钣金"选项卡中的"绘制的折弯"按钮，或执行"插入"→"钣金"→"绘制的折弯"菜单命令，系统提示选择"平面来生成折弯线"和选择"现有草图为特征所用"，如图 2-40 所示。如果没有绘制好的草图，可以首先选择基准面绘制一条直线；如果已经绘制好了草图，可以选择绘制好的直线。

 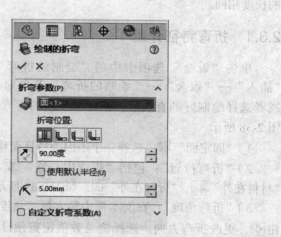

图 2-40 "绘制的折弯"提示信息和属性管理器

2）在图形区域中选择图 2-41 所示所选的面作为固定面，选择"折弯位置"选项中的"折弯中心线"，输入角度值 120°，输入折弯半径值 5mm，单击"确定"按钮。

3）右击 FeatureManager 设计树中绘制的折弯 1 特征的草图，单击"显示"按钮，如图 2-42 所示，将绘制的直线显示出来，观察以"折弯中心线"选项生成的折弯特征的效果，如图 2-43 所示。其他选项生成的折弯特征效果可以参考前面文中的讲解。

图 2-41 选择固定面　　图 2-42 显示草图　　图 2-43 生成绘制的折弯

## 2.4　闭合角特征

使用闭合角特征工具可以在钣金法兰之间添加闭合角，即在钣金特征之间添加材料。

利用闭合角特征工具可以完成以下操作：通过选择面来为钣金件同时闭合多个边角；关闭非垂直边角；将闭合边角应用到带有 90° 以外折弯的法兰；调整缝隙距离，即由边界角特征所添加的两个材料截面之间的距离；调整重叠 / 欠重叠比率，即重叠的材料与欠重叠材料之间的比率（比率等于 1 表示重叠和欠重叠相等）；闭合或打开折弯区域。

### 2.4.1　闭合角特征介绍

单击"钣金"选项卡中的"闭合角"按钮 ，或执行"插入"→"钣金"→"闭合角"菜单命令。系统打开"闭合角"属性管理器，如图 2-44 所示。

1）"要延伸的面"和"要匹配的面"：选择一个或多个平面作为要延伸的面，SOLIDWORKS 2024 尝试查找要匹配的面，如果没有找到相匹配的面。读者可以自己选择匹配面。

2）"边角类型"：使用其他边角类型选项可以生成不同形式的闭合角。边角类型选项包括"对接" 、"重叠" 和"欠重叠" ，如图 2-45 所示。

图 2-44　"闭合角"属性管理器

> 💡 **注意**
>
> 如果在"要延伸的面"或"要匹配的面"选项中删除任何选择的内容，则自动取消勾选"自动延伸"复选框。

3）"缝隙距离" ：设置缝隙距离。如图 2-46 所示为缝隙距离为 0.3mm 和 0.8mm 的示意图。

4）"重叠 / 欠重叠比率" ：只有选择"重叠"或"欠重叠"边角类型时此选项可用。图 2-47 所示为重叠 / 欠重叠比率为 0 或 1 的示意图。

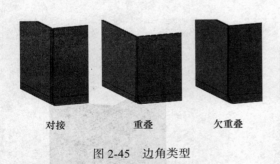

| 对接 | 重叠 | 欠重叠 |

图 2-45　边角类型

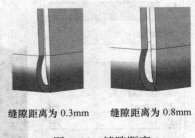

缝隙距离为 0.3mm　　缝隙距离为 0.8mm

图 2-46　缝隙距离

5）开放折弯区域：勾选"开放折弯区域"复选框时折弯区域打开，如图 2-48 所示。

6）共平面：勾选"共平面"复选框，将闭合角对齐到与选定面共平面的所有面。

7）狭窄边角：使用折弯半径的算法缩小折弯区域中的缝隙。

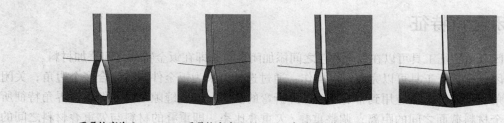

重叠比率为 0　　　　　重叠比率为 1　　　　　欠重叠比率为 0　　　　　欠重叠比率为 1

图 2-47　重叠 / 欠重叠比率示意图

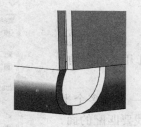

勾选"开放折弯区域"复选框　　　　　取消勾选"开放折弯区域"复选框

图 2-48　开放折弯区域示意图

## 2.4.2　闭合角特征创建步骤

1）单击"钣金"选项卡中的"闭合角"按钮，或执行"插入"→"钣金"→"闭合角"菜单命令。系统打开"闭合角"属性管理器，选择需要延伸的面，如图 2-49 所示。

2）选择"边角类型"中的"重叠"选项，单击"确定"按钮，生成重叠类型闭合角，结果如图 2-50 所示。

图 2-49　"闭合角"属性管理器

图 2-50　生成重叠类型闭合角

## 2.5 转折特征

使用转折特征工具可以在钣金件上通过草图直线生成两个折弯。

生成转折特征的草图必须只包含一条直线（可以不是水平或竖直直线）。折弯线长度不一定必须与正折弯的面的长度相同。

### 2.5.1 转折特征介绍

单击"钣金"选项卡中的"转折"按钮🗲，或执行"插入"→"钣金"→"转折"菜单命令，选择已绘制好的草图或者绘制草图，打开"转折"属性管理器，如图 2-51 所示。

图 2-51 "转折"属性管理器

1）"尺寸位置"：选择不同的选项，将生成不同的转折特征。尺寸位置选项包括"外部等距"🗗、"内部等距"🗗和"总尺寸"🗗，如图 2-52 所示。

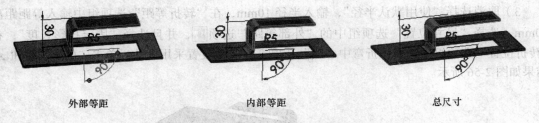

外部等距          内部等距          总尺寸

图 2-52 尺寸位置示意图

2）"固定投影长度"：取消勾选该选项，生成的转折投影长度将减小，如图 2-53 所示。

图 2-53　取消勾选"固定投影长度"选项生成的转折

### 2.5.2　转折特征创建步骤

1）在生成转折特征之前首先要绘制草图，选择钣金件的上表面作为绘图基准面绘制一条直线，如图 2-54 所示。

2）在绘制的草图被打开的状态下，单击"钣金"选项卡中的"转折"按钮 🐾，或执行"插入"→"钣金"→"转折"菜单命令，系统打开"转折"属性管理器，选择箭头所指的面作为固定面，如图 2-55 所示。

图 2-54　绘制直线草图

图 2-55　"转折"属性管理器

3）取消选择"使用默认半径"，输入半径 10mm，在"转折等距"选项组中输入等距距离 30mm，选择"尺寸位置"选项组中的"外部等距"选项 ，并且选择"固定投影长度"，在"转折位置"选项组中选择"折弯中心线"选项 ，其他设置采用默认。单击"确定"按钮 ，结果如图 2-56 所示。

图 2-56　生成转折特征

## 2.6　放样折弯特征

使用放样折弯特征工具可以在钣金件中生成放样的折弯。放样的折弯和零件实体设计中的放样特征相似，需要两个草图才可以进行放样操作。草图必须为开环轮廓，轮廓开口应同向对齐，以使平板型式更精确。草图不能有尖锐边线。

### 2.6.1　放样折弯特征介绍

单击"钣金"选项卡中的"放样折弯"按钮🥄，或执行"插入"→"钣金"→"放样折弯"菜单命令，系统打开"放样折弯"属性管理器，如图 2-57 所示。

1）"轮廓"：选择两个草图作为放样的轮廓。对于每个轮廓，要选择要放样路径经过的点。单击上移⬆或下移⬇按钮可调整轮廓的顺序，或重新选择草图，将不同的点链接在轮廓上。

2）"厚度"：输入厚度值。勾选"反向"复选框可更改厚度方向。

3）"折弯线数量"：设定到控制平板型式折弯线的数值。

4）"最大误差"：勾选"最大误差"选项，在文本框中输入误差数值。减小最大误差值可增加折弯线数量。

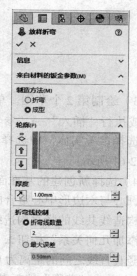

图 2-57　"放样折弯"属性管理器

### 2.6.2　放样折弯特征创建步骤

1）绘制第 1 个草图。在 FeatureManager 设计树中选择"上视基准面"作为绘图基准面，单击"草图"选项卡中的"多边形"按钮⬡，或执行"工具"→"草图绘制实体"→"多边形"菜单命令，绘制一个六边形，并标注六边形内切圆直径为 80mm，然后以半径为 10mm 将六边形尖角进行圆角，结果如图 2-58 所示。绘制一条竖直的构造线，然后绘制两条与构造线平行的直线，单击"草图"选项卡中的"添加几何关系"按钮⊥，选择两条竖直直线和构造线添加"对称"几何关系，然后标注两条竖直直线距离为0.1mm，结果如图 2-59 所示。

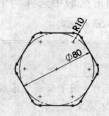

图 2-58　绘制圆角六边形

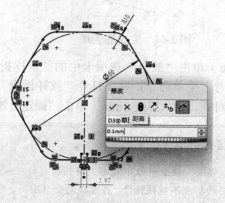

图 2-59　绘制两条竖直直线

2）单击"草图"选项卡中的"剪裁实体"按钮，对竖直直线和六边形进行剪裁，在六边形上剪裁出 0.1mm 宽的缺口，使草图为开环，如图 2-60 所示，然后单击"退出草图"按钮。

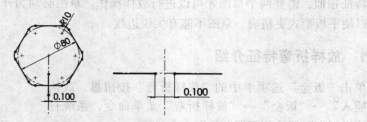

图 2-60　绘制缺口使草图为开环

3）绘制第 2 个草图。单击"特征"面板"参考几何体"下拉列表中的"基准面"按钮，或执行"插入"→"参考几何体"→"基准面"菜单命令，弹出"基准面"属性管理器，在"选择参考实体"中选择上视基准面，输入距离 80mm，生成与上视基准面平行的基准面，如图 2-61 所示。

4）选择新创建的基准面作为绘图基准面，单击"草图"选项卡中的"圆"按钮，绘制一个圆心与六边形中心重合的圆，并标注直径为 60mm，如图 2-62 所示。接着绘制一条与六边形的构造线共线的竖直构造线，再绘制两条与竖直构造线平行的直线。单击"草图"选项卡中的"添加几何关系"按钮，为两条竖直直线和竖直构造线添加"对称"几何关系，然后标注两条竖直直线之间的距离为 0.1mm，如图 2-62 所示。

5）单击"草图"选项卡中的"剪裁实体"按钮，对竖直直线和圆进行剪裁，在圆上剪裁出一个 0.1mm 宽的缺口，使圆草图为开环，如图 2-62 所示，然后单击"退出草图"按钮。

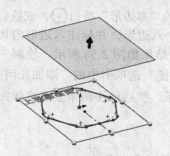

图 2-61　生成基准面

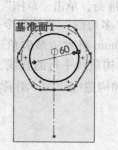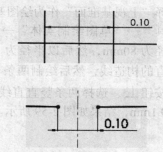

图 2-62　绘制开环的圆草图

6）单击"钣金"选项卡中的"放样折弯"按钮，或执行"插入"→"钣金"→"放样的折弯"菜单命令，系统打开"放样折弯"属性管理器，在图形区域中选择两个草图，将起点位置对齐，输入厚度 1mm。单击"确定"按钮，结果如图 2-63 所示。

---

💡 注意

　　基体 - 法兰特征不能与放样的折弯特征一起使用。放样折弯使用 K- 因子和折弯系数来计算折弯。放样的折弯不能被镜像。在选择两个草图时，起点位置要对齐，否则不能生成放样折弯。如图 2-64 所示，按照箭头所选起点不能生成放样折弯。

图 2-63　生成的放样折弯特征

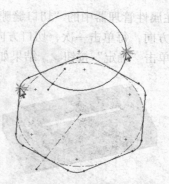

图 2-64　选择的草图起点没对齐

## 2.7　切口特征

使用切口特征工具可以在钣金件或者其他任意实体零件上生成切口特征。能够生成切口特征零件，应该具有一个相邻平面且厚度一致，这些相邻平面形成一条或多条线性边线或一组连续的线性边线，而且是通过平面的单一线性实体。

在零件上生成切口特征时，可以沿所选内部或外部模型边线生成，或者从线性草图实体生成，也可以通过组合模型边线和单一线性草图实体生成。

### 2.7.1　切口特征介绍

单击"钣金"选项卡中的"切口"按钮 ，或执行"插入"→"钣金"→"切口"菜单命令，系统打开"切口"属性管理器，如图 2-65 所示。

1）"要切口的边线" ：选择内部或外部边线，或者选择线性草图实体。

2）"改变方向"按钮：默认在两个方向插入切口。单击"改变方向"按钮，可将切口方向都切换到一个方向，接着是另一方向。

3）"切口缝隙" ：在文本框中输入切口缝隙数值更改缝隙距离。

图 2-65　"切口"属性管理器

### 2.7.2　切口特征创建步骤

1）选择壳体零件的上表面作为绘图基准面，如图 2-66 所示。单击"视图（前导）"工具栏"视图定向"下拉列表中的"正视于"按钮 ，单击"草图"选项卡中的"直线"按钮 ，绘制一条直线，如图 2-67 所示。

2）单击"钣金"选项卡中的"切口"按钮 ，或执行"插入"→"钣金"→"切口"菜单命令，系统打开"切口"属性管理器，选择绘制的直线和一条边线来生成切口，如图 2-68 所示。

27

3）在属性管理器中的"切口缝隙"文本框中输入 1mm。单击"改变方向"按钮，可以改变切口的方向，每单击一次，切口方向切换到一个方向，接着是另外一个方向，然后返回到两个方向。单击"确定"按钮✔，结果如图 2-69 所示。

图 2-66 壳体零件

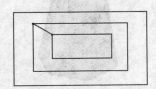

图 2-67 绘制直线

图 2-68 "切口"属性管理器

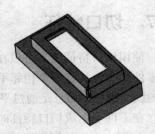

图 2-69 生成切口特征

---

 注意

　　在钣金件上生成切口特征，操作方法与上文中的讲解相同。

---

# 2.8　展开钣金折弯

## 2.8.1　展开钣金折弯介绍

### 1. 整个钣金件展开

要展开整个零件，如果钣金件的 FeatureManager 设计树中的平板型式特征存在，可以右击平板型式 1 特征，在弹出的快捷菜单中单击"解除压缩"按钮↑📎，如图 2-70 所示，或者单击"钣金"选项卡中的"展开"按钮，将钣金件整个展开，如图 2-71 所示。

要将整个钣金件折叠，可以在选取钣金件 FeatureManager 设计树中的平板型式特征后右击，在弹出的快捷菜单中单击"压缩"按钮↑📎，或单击"钣金"选项卡中的"折叠"按钮，将钣金件折叠。

### 2. 将钣金件部分展开

要展开或折叠钣金件的一个、多个或所有折弯，可使用"展开"和"折叠"特征工具。使用展开特征工具可以沿折弯添加切除特征。首先添加一展开特征来展开折弯，然后添加切除特征，最后添加一折叠特征将折弯返回到其折叠状态。

图 2-70 "解除压缩"按钮

图 2-71 展开整个钣金件

## 2.8.2 展开钣金折弯创建步骤

1) 单击"钣金"选项卡中的"展开"按钮 🔧，或执行"插入"→"钣金"→"展开"菜单命令，打开"展开"属性管理器，如图 2-73 所示。

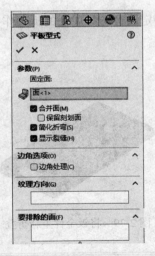

图 2-72 取消勾选"边角处理"

图 2-73 "展开"属性管理器

2) 在图形区域中选择箭头所指的面作为固定面，选择箭头所指的折弯作为要展开的折弯，如图 2-74 所示。单击"确定"按钮 ✔，结果如图 2-75 所示。

图 2-74 选择固定面和要展开的折弯

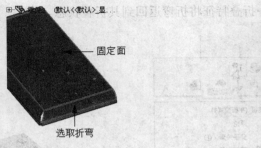

图 2-75 展开一个折弯

3）选择钣金件上的表面作为绘图基准面，如图 2-76 所示。单击"视图（前导）"工具栏"视图定向"下拉列表中的"正视于"按钮 ↓，再单击"草图"选项卡中的"边角矩形"按钮 ▢，绘制矩形草图，如图 2-77 所示。单击"特征"选项卡中的"拉伸切除"按钮 ▣，或执行"插入"→"切除"→"拉伸"菜单命令，在打开的"切除拉伸"属性管理器中的"终止条件"下拉列表中选择"完全贯穿"，然后单击"确定"按钮 ✓，生成切除特征，结果如图 2-78 所示。

图 2-76 设置基准面

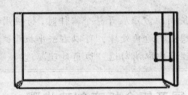

图 2-77 绘制矩形草图

4）单击"钣金"选项卡中的"折叠"按钮 ▧，或执行"插入"→"钣金"→"折叠"菜单命令，弹出"折叠"属性管理器。

5）在图形区域中选择在展开操作中选择的面作为固定面，选择展开的折弯作为要折叠的折弯。单击"确定"按钮 ✓，结果如图 2-79 所示。

图 2-78 生成切除特征

图 2-79 将钣金件重新折叠

💡 注意

在设计过程中，为使系统运行更快，可只展开和折叠正在操作项目的折弯。在"展开"属性管理器和"折叠"属性管理器中选择"收集所有折弯"选项，可以把钣金件所有折弯展开或折叠。

## 2.9 断裂边角 / 边角剪裁特征

使用断裂边角特征工具可以从折叠的钣金件的边线或面切除材料。使用边角剪裁特征工具可以从展开的钣金件的边线或面切除材料。

### 2.9.1 断裂边角 / 边角剪裁特征介绍

单击"钣金"选项卡中的"断裂边角 / 边角剪裁"按钮，或执行"插入"→"钣金"→"断裂边角"菜单命令，打开"断裂边角"属性管理器，如图 2-80 所示。

断裂边角只能在折叠的钣金件中操作。

图 2-80 "断裂边角"属性管理器

1）"边角边线和 / 或法兰面"：选择要断开的边角边线或者法兰面。也可以同时选择边角边线和法兰面。

2）折断类型：包括"倒角"和"圆角"类型。选择"倒角"类型，在文本框中输入倒角距离；选择"圆角"类型，在文本框中输入半径值。

边角剪裁只能在展开的钣金件中操作，在零件被折叠时边角剪裁特征将被压缩。

### 2.9.2 断裂边角特征创建步骤

1）单击"钣金"选项卡中的"断裂边角 / 边角剪裁"按钮，或执行"插入"→"钣金"→"断裂边角"菜单命令，系统打开"断裂边角"属性管理器。在图形区域中单击要断裂的边角边线和法兰面，如图 2-81 所示。

2）在"折断类型"中选择"倒角"选项，输入距离值 5mm，单击"确定"按钮，结果如图 2-82 所示。

图 2-81 选择要断裂的边角边线和法兰面

图 2-82 生成断裂边角特征

### 2.9.3 边角剪裁特征创建步骤

1）单击"钣金"选项卡中的"展开"按钮，将钣金件整个展开，如图 2-83 所示。在图形区域中选择要折断边角的边线和法兰面，如图 2-84 所示。

图 2-83　展开钣金件　　　　　　　　　　　图 2-84　选择要折断边角的边线和法兰面

2）在"折断类型"中选择"倒角"选项，输入距离值 10mm，单击"确定"按钮，结果如图 2-85 所示。

3）选取钣金件 FeatureManager 设计树中的平板型式特征，单击"钣金"选项卡中的"折叠"按钮，将钣金件折叠，结果如图 2-86 所示。

图 2-85　生成边角剪裁特征　　　　　　　　　图 2-86　折叠钣金件

## 2.10　通风口特征

使用通风口特征工具可以在钣金件上添加通风口。与生成其他钣金特征相似，在生成通风口特征之前也要首先绘制生成通风口的草图，然后在"通风口"属性管理器中设定各种选项以生成通风口。

### 2.10.1　通风口特征介绍

单击"钣金"选项卡中的"通风口"按钮，弹出"通风口"属性管理器。如图 2-87 所示。选项说明如下：

（1）"边界"：选择形成闭合轮廓的草图线段作为外部通风口边界。如果预先选择了草图，将使用其外部实体作为边界。

（2）"几何体属性"选项组：

1）"选择面"：为通风口选择平面或空间。选定的面上必须能够容纳整个通风口草图。

2）"拔模"：单击此按钮，将拔模应用于边界、填充边界以及所有筋和翼梁。对于平面上的通风口，将从草图基准面开始应用拔模，在文本框中输入拔模角度。

3）"半径"：设定圆角半径，这些值将应用于边界、筋、翼梁和填充边界之间的所有相交处。

（3）"筋"选项组：

1）"输入筋的深度"：在文本框中输入筋的深度。

2）"输入筋的宽度"：在文本框中输入筋的宽度。

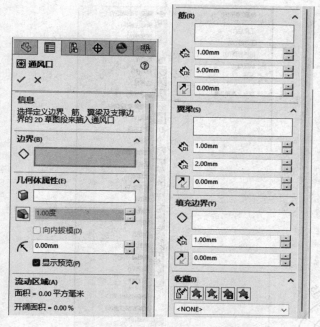

图 2-87　"通风口"属性管理器

3）输入筋从曲面的等距：使所有筋与曲面之间等距。单击"选择方向"按钮可更改方向。

（4）"翼梁"选项组：

1）"输入翼梁的深度"：设定所有翼梁深度。

2）"输入翼梁的宽度"：设定所有翼梁宽度。

3）输入翼梁从曲面的等距：使所有翼梁与曲面之间等距。单击"选择方向"按钮可更改方向。

　　注意

　　必须至少生成一个筋，才能生成翼梁。

（5）"填充边界"选项组：

1）"边界"：选择形成闭合轮廓的草图实体，至少必须有一个筋与填充边界相交。

2）"输入支撑区域的深度"：设定支撑区域深度。

3）输入支撑区域的等距：使所有填充边界与曲面等距。单击"选择方向"按钮可更改方向。

## 2.10.2　通风口特征创建步骤

1）在钣金件的表面绘制如图 2-88 所示的通风口草图。为了使草图清晰，可以执行"视图"→"隐藏/显示"→"草图几何关系"菜单命令，如图 2-89 所示，使草图几何关系不显示，结果如图 2-90 所示。单击"退出草图"按钮。

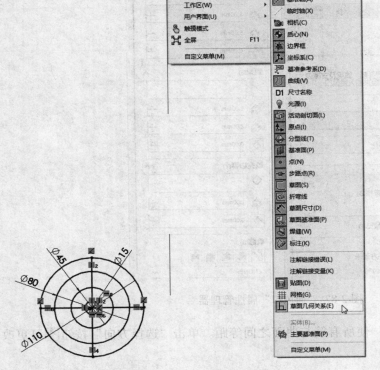

图 2-88　通风口草图　　　　图 2-89　"视图"菜单　　　　图 2-90　使草图几何关系不显示

2）单击"钣金"选项卡中的"通风口"按钮，系统打开"通风口"属性管理器，首先选择草图中最大直径的圆草图作为通风口的边界轮廓，如图 2-91 所示。同时在几何体属性的"放置面"栏中自动输入绘制草图的基准面作为放置通风口的表面。

3）在"圆角的半径"文本框中输入相应的圆角半径数值，这里输入数值 5mm。这些值将应用于边界、筋、翼梁和填充边界之间的所有相交处产生圆角。

4）在"筋"下拉列表中选择通风口草图中的两个互相垂直的直线作为筋轮廓，在"输入筋的宽度"文本框中输入数值 5mm，如图 2-92 所示。

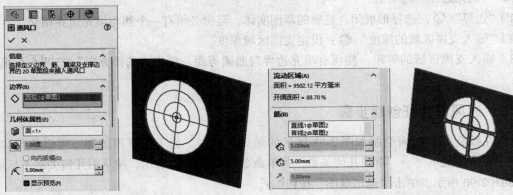

图 2-91　选择通风口的边界　　　　　　　图 2-92　选择筋草图

5）在"翼梁"下拉列表中选择通风口草图中的两个同心圆作为翼梁轮廓，在"输入翼梁的宽度"文本框中输入数值 5mm，如图 2-93 所示。

6）在"填充边界"下拉列表框中选择通风口草图中的最小圆作为填充边界轮廓，如图 2-94 所示。单击"确定"按钮✔，结果如图 2-95 所示。

　　　　　图 2-93　选择翼梁草图

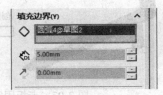
　　　　　图 2-94　选择填充边界草图

💡 注意

　　如果在"钣金"面板中找不到"通风口"按钮▦，可以利用"视图"→"工具栏"→"扣合特征"菜单命令，使"扣合特征"工具栏在操作界面中显示出来，在此工具栏中可以找到"通风口"按钮▦，如图 2-96 所示。

图 2-95　生成通风口特征

图 2-96　"扣合特征"工具栏

## 2.11　综合实例——卡板固定座

本例将通过绘制一个卡板固定座，介绍草图的绘制、放样折弯等工具的使用方法，其创建过程如图 2-97 所示。

【操作步骤】

**01** 新建文件。单击快速访问工具栏中的"新建"按钮，在弹出的"新建 SOLID-WORKS 文件"对话框中选择"零件"按钮，然后单击"确定"按钮，创建一个新的零件文件。

**02** 创建"基体法兰"特征。

❶ 在 FeatureManager 设计树中选择"前视基准面"，单击"草图绘制"按钮，将其作为绘制草图平面。绘制如图 2-98 所示的草图并标注尺寸。

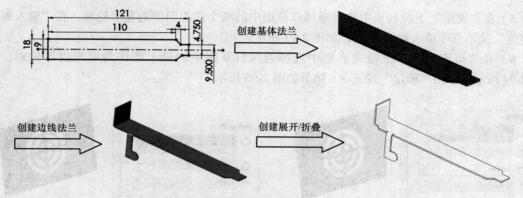

图 2-97 卡板固定座的创建过程

❷ 单击"钣金"选项卡中的"基体法兰/薄片"按钮🥄，或执行"插入"→"钣
金"→"基体法兰"菜单命令，在弹出的属性管理器中设置钣金件参数，如图 2-99 所示。

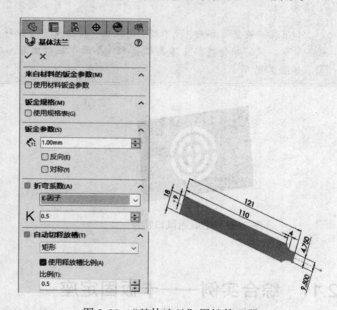

图 2-98 绘制基体法兰特征草图　　　　　　图 2-99 "基体法兰"属性管理器

**03** 创建"边线法兰"特征。

❶ 选择"基体法兰"特征的边线，单击"钣金"选项卡中的"边线法兰"按钮🥄，或执
行"插入"→"钣金"→"边线法兰"菜单命令。在打开的"边线 - 法兰 1"属性管理器中设置
边线法兰的参数，如图 2-100 所示。单击"确定"按钮✔，结束特征设置。

❷ 单击"钣金"选项卡中的"边线法兰"按钮🥄，或执行"插入"→"钣金"→"边线
法兰"菜单命令，打开"边线 - 法兰 2"属性管理器。选择基体法兰的一条边线，然后单击"编
辑法兰轮廓"按钮，创建边线法兰，结果如图 2-101 所示。

"边线法兰"特征自动生成的草图是一个矩形，将矩形草图形状修改为如图 2-102 所示的形
状并标注尺寸（注意图中轮廓的下边线和基体法兰的边线重合）。

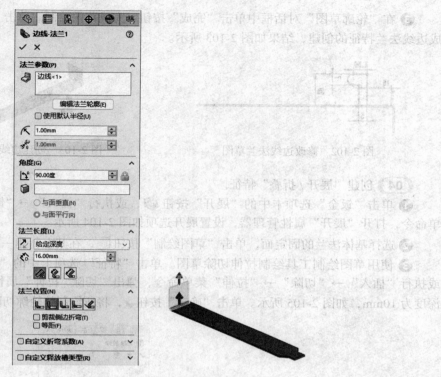

图 2-100 "边线 - 法兰 1" 属性管理器

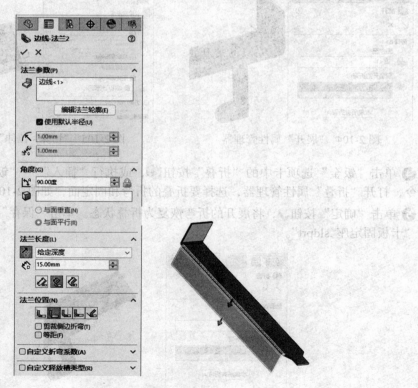

图 2-101 创建边线法兰

❸ 在"轮廓草图"对话框中单击"完成"按钮，完成草图绘制。单击"确定"按钮✔，完成边线法兰特征的创建，结果如图 2-103 所示。

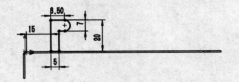

图 2-102　修改边线法兰草图

图 2-103　创建边线法兰特征

**04** 创建"展开 / 折叠"特征。

❶ 单击"钣金"选项卡中的"展开"按钮，或执行"插入"→"钣金"→"展开"菜单命令，打开"展开"属性管理器，设置展开选项如图 2-104 所示。

❷ 选择基体法兰的固定面，单击"草图绘制"按钮，在其上新建一草图。

❸ 使用草图绘制工具绘制拉伸切除草图。单击"特征"选项卡中的"拉伸切除"按钮，或执行"插入"→"切除"→"拉伸"菜单命令，弹出"切除 - 拉伸"属性管理器。设置拉伸深度为 10mm，如图 2-105 所示。单击"确定"按钮✔，将所绘制的轮廓切除。

图 2-104　"展开"属性管理器

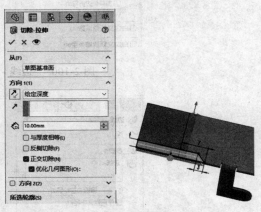

图 2-105　"切除 - 拉伸"属性管理器

❹ 单击"钣金"选项卡中的"折叠"按钮，或执行"插入"→"钣金"→"折叠"菜单命令，打开"折叠"属性管理器，选择要折叠的折弯和固定面，如图 2-106 所示。

❺ 单击"确定"按钮✔，将展开的折弯恢复为折叠状态。单击"保存"按钮，将文件保存为"卡板固定座 .sldprt"。

图 2-106　"折叠"属性管理器

# 第 **3** 章

## 钣金成形工具

利用 SOLIDWORKS 2024 中的钣金成形工具，可以生成各种钣金成形特征。软件系统中的成形工具有 5 种，分别是：embosses（凸起）、extruded flanges（冲孔）、louvers（百叶窗板）、ribs（筋）、lances（切开）。

用户也可以在设计过程中创建新的成形工具或者对已有的成形工具进行修改。

- ◎ 使用成形工具
- ◎ 修改成形工具
- ◎ 生成成形工具
- ◎ 创建新成形工具并添加到库

# 3.1 使用成形工具

1）创建或者打开一个钣金件文件。单击"设计库"按钮，弹出"设计库"对话框，在对话框中选择 Design Library 文件中的 forming tools 文件夹，右击将其设置成"成形工具文件夹"，如图 3-1 所示。在该文件夹下可以找到 5 种成形工具的文件夹，在每一个文件夹中都有若干种成形工具。

2）在设计库中选择 embosses（凸起）工具中的"circular emboss"成形按钮，按下鼠标左键，将其拖入钣金件需要放置成形特征的表面，如图 3-2 所示。

图 3-1 设置"成形工具文件夹"

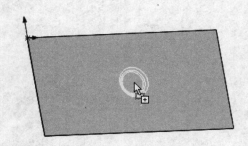

图 3-2 将成形工具拖入放置成形特征的表面

3）拖入的成形特征可能位置一确定，右击，在弹出的如图 3-3 所示的快捷菜单中单击"编辑草图"按钮，为图形标注位置尺寸，如图 3-4 所示。最后退出草图。生成的成形特征如图 3-5 所示。

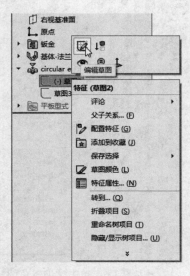

图 3-3 快捷菜单

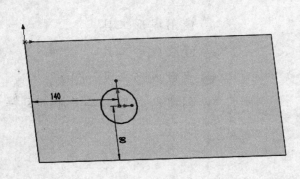

图 3-4 标注成形特征位置尺寸

💡 注意

使用成形工具时，默认情况下成形工具向下行进，即形成的特征的方向是"凹"，如果要使其方向变为"凸"，需要在拖入成形特征的同时按 Tab 键。

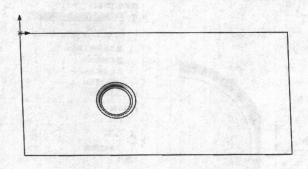

图 3-5　生成的成形特征

## 3.2　修改成形工具

SOLIDWORKS 2024 软件自带成形工具形成的特征在尺寸上不能满足使用要求时，用户可以对其进行修改。

修改成形工具的操作步骤如下：

1）单击"设计库"按钮🗂，在弹出的对话框中按照路径 Design Library\forming tools\ 找到需要修改的成形工具，然后双击成形工具按钮。例如，双击 embosses（凸起）工具中的"circular emboss"成形按钮，系统将进入"circular emboss"成形特征的设计界面。

2）在 FeatureManager 设计树中右击"Boss-Extrudel"特征，在弹出的快捷菜单中单击"编辑草图"按钮🖉，如图 3-6 所示。

3）双击草图中的圆直径尺寸，将其数值更改为 70mm，然后单击"退出草图"按钮🖳。此时成形特征的尺寸将变大。

4）在 FeatureManager 设计树中右击"Fillet2"特征，在弹出的快捷菜单中单击"编辑特征"按钮🗝，如图 3-7 所示。

5）在"Fillet2"属性管理器中更改圆角半径数值为 5mm，如图 3-8 所示。单击"确定"按钮✔，结果如图 3-9 所示。执行"文件"→"保存"菜单命令，将成形工具保存。

图 3-6　单击"编辑草图"按钮

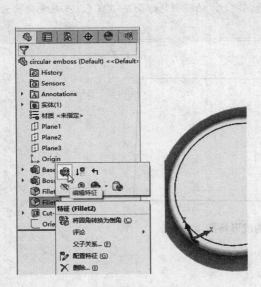

图 3-7  单击"编辑特征"按钮

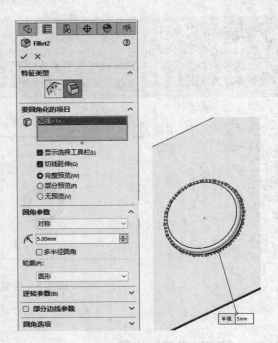

图 3-8  编辑"Fillet2"特征

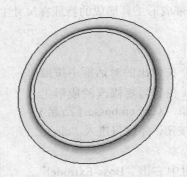

图 3-9  修改后的"Boss-Extrudel"特征

## 3.3  生成成形工具

1）创建一个新的文件，在操作界面 FeatureManager 设计树中选择"前视基准面"作为绘图基准面，单击"草图"选项卡中的"圆"按钮⊙、"直线"按钮⁄和"剪裁实体"按钮🔀，绘制草图并标注尺寸，结果如图 3-10 所示。

2）单击"特征"选项卡中的"拉伸凸台/基体"按钮🗐，或执行"插入"→"凸台/基体"→"拉伸"菜单命令，弹出"凸台-拉伸"属性管理器；在"深度"文本框中输入 5mm，然后单击"确定"按钮✔，结果如图 3-11 所示。

3）单击"钣金"选项卡中的"成形工具"按钮🍄，或执行"插入"→"钣金"→"成形工具"菜单命令，弹出如图 3-12 所示的"成形工具"属性管理器，在视图区中选择拉伸实体底面为停止面，选择侧面为要移除面，如图 3-13 所示。单击"确定"按钮✔，结果如图 3-13 所示。

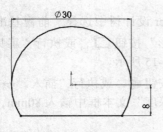

图 3-10　绘制草图

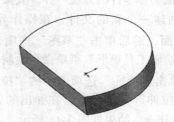

图 3-11　拉伸实体

图 3-12　"成形工具"属性管理器

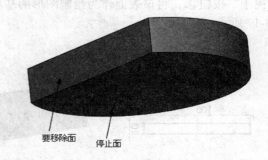

要移除面　停止面

图 3-13　创建成形工具

4）单击快速访问工具栏中的"保存"按钮🖫，或执行"文件"→"保存"菜单命令，弹出图 3-14 所示的"另存为"对话框，在"保存类型"下拉列表中选择 *.sldlfp 类型，在"文件名"文本框中输入名称为"零件 3"，单击"保存"按钮，将其保存为成形工具，以方便以后调用。

图 3-14　"另存为"对话框

## 3.4 创建新成形工具并添加到库

用户可以创建新的成形工具，然后将其添加到"设计库"中以备后用。创建新的成形工具和创建其他实体零件的方法一样，其操作步骤如下：

1）创建一个新的文件，在操作界面 FeatureManager 设计树中选择"前视基准面"作为绘图基准面，然后单击"草图"选项卡中的"边角矩形"按钮 □，或执行"工具"→"草图"→"绘制工具矩形"菜单命令绘制一个矩形，如图 3-15 所示。

2）单击"特征"选项卡中的"拉伸凸台 / 基体"按钮 ⬧，或执行"插入"→"凸台 / 基体"→"拉伸"菜单命令，在弹出的属性管理器的"深度"文本框中输入 80mm，然后单击"确定"按钮 ✔，结果如图 3-16 所示。

3）单击图 3-16 中的上表面，再单击"视图（前导）"工具栏"视图定向"下拉列表中的"正视于"按钮 ⬧，将该表面作为绘制图形的基准面，然后在此表面上绘制一个矩形草图，如图 3-17 所示。

图 3-15　绘制矩形草图　　　　图 3-16　生成拉伸特征　　　　图 3-17　绘制矩形草图

4）单击"特征"选项卡中的"拉伸凸台 / 基体"按钮 ⬧，或执行"插入"→"凸台 / 基体"→"拉伸"菜单命令，弹出"凸台 - 拉伸"属性管理器。在"深度"文本框中输入 15，在"拔模角度"文本框中输入 10 度，生成的拉伸特征如图 3-18 所示。

图 3-18　生成拉伸特征

5）单击"特征"选项卡中的"圆角"按钮 ，或执行"插入"→"特征"→"圆角"菜单命令，在弹出的属性管理器中输入圆角半径 6。依次选择拉伸特征的各个边线，如图 3-19 所示，然后单击"确定"按钮 ，结果如图 3-20 所示。

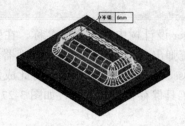

图 3-19　选择圆角边线

图 3-20　生成圆角特征

6）单击图 3-20 中矩形实体的一个侧面，再单击"草图"选项卡中的"草图绘制"按钮 ，然后单击"草图"选项卡中的"转换实体引用"按钮 ，或执行"工具"→"草图绘制工具"→"转换实体引用"菜单命令，转换实体引用，结果如图 3-21 所示。

7）单击"特征"选项卡中的"拉伸切除"按钮 ，或执行"插入"→"切除"→"拉伸"菜单命令，在弹出的"切除拉伸"属性管理器中的"终止条件"下拉列表中选择"完全贯穿"，然后单击"确定"按钮 ，结果如图 3-22 所示。

图 3-21　转换实体引用

图 3-22　完全贯穿切除实体

8）单击图 3-23 中实体的底面，然后单击"视图（前导）"工具栏"视图定向"下拉列表中的"正视于"按钮 ，将该表面作为绘制图形的基准面。单击"草图"选项卡中的"圆"按钮 ，以基准面的中心为圆心绘制一个圆作为定位草图，如图 3-24 所示。单击"退出草图"按钮 。

图 3-23　选择草图底面

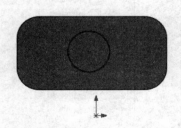

图 3-24　绘制定位草图

💡 **注意**

在步骤 8）中绘制的草图是成形工具的定位草图，必须要绘制，否则成形工具将不能放置到钣金件上。

9）在操作界面左边成形工具零件的 FeatureManager 设计树中右击零件名称，在弹出的快捷菜单中选择"添加到库"命令，如图 3-25 所示，系统弹出"添加到库"属性管理器，在对话框中选择保存路径为 Design Library\forming tools\embosses\，如图 3-26 所示。将此成形工具命名为"矩形凸台"，单击"确定"按钮，新生成的成形工具保存在设计库中，如图 3-27 所示。

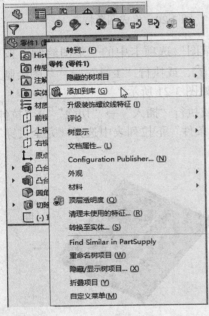

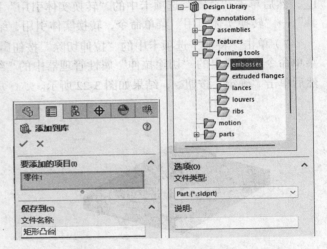

图 3-25　选择"添加到库"命令　　　　图 3-26　保存成形工具到设计库

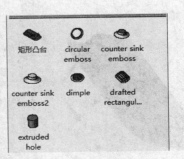

图 3-27　添加到设计库中的"矩形凸台"成形工具

## 3.5　实例——抽屉支架

本实例将绘制一个抽屉支架钣金件。在设计过程中将运用基体法兰、边线法兰等工具，以及自定义成形工具、添加成形工具等。其创建过程如图 3-28 所示。

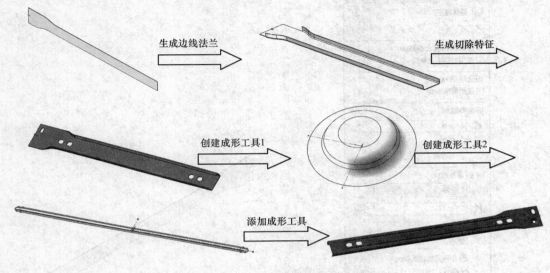

图 3-28　抽屉支架的创建过程

【操作步骤】

### 3.5.1　抽屉支架主体

**01** 启动 SOLIDWORKS 2024，单击快速访问工具栏中的"新建"按钮，或执行"文件"→"新建"菜单命令，在弹出的"新建 SOLIDWORKS 文件"对话框中选择"零件"按钮，单击"确定"按钮，创建一个新的零件文件。

**02** 绘制草图。在 FeatureManager 设计树中选择"前视基准面"作为绘图基准面，然后单击"草图"选项卡中的"直线"按钮、"切线弧"按钮和"剪裁实体"按钮，绘制草图并标注智能尺寸，结果如图 3-29 所示。

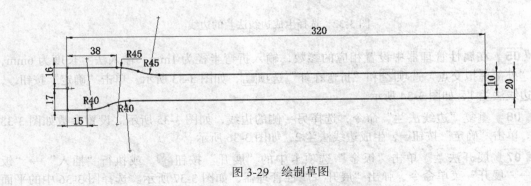

图 3-29　绘制草图

**03** 生成基体法兰钣金件。单击"钣金"选项卡中的"基体法兰 / 薄片"按钮，或执行"插入"→"钣金"→"基体法兰"菜单命令，在弹出的"基体法兰"属性管理器中输入厚度值 0.7mm，其他参数取默认值，如图 3-30 所示。单击"确定"按钮，结果如图 3-31 所示。

图 3-30 "基体法兰"属性管理器

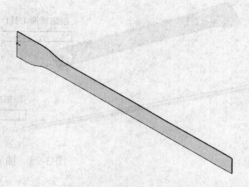

图 3-31 生成基体法兰钣金件

**04** 选择生成边线法兰的边线。单击"钣金"选项卡中的"边线法兰"按钮，或执行"插入"→"钣金"→"边线法兰"菜单命令，弹出"边线 - 法兰"属性管理器。选择钣金件的一侧的边线，如图 3-32 所示，在属性管理器的选择边线选项中将显示所选择的边线。

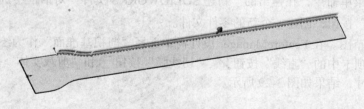

图 3-32 选择生成边线法兰的边线

**05** 在属性管理器中设置相应的参数，输入折弯半径为 1mm，输入法兰长度为 6mm，选择"外部虚拟交点"选项和"折弯在外"选项，如图 3-33 所示。单击"确定"按钮，生成边线法兰 1，如图 3-34 所示。

**06** 重复"边线法兰"命令，选择另一侧的边线，如图 3-35 所示。设置参数如图 3-33 所示。单击"确定"按钮，生成边线法兰 2，如图 3-36 所示。

**07** 展开法兰。单击"钣金"选项卡中的"展开"按钮，或执行"插入"→"钣金"→"展开"菜单命令，弹出"展开"属性管理器，如图 3-37 所示。选择图 3-36 中的平面作为固定面，然后将零件局部放大，选择步骤 **06** 创建的边线折弯作为要展开的折弯。单击"确定"按钮 ✔，边线折弯被展开，结果如图 3-38 所示。

图 3-33 "边线 - 法兰 1" 属性管理器

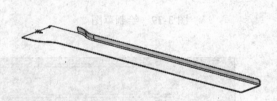

图 3-34 生成边线法兰 1

图 3-35 选择生成边线法兰的边线

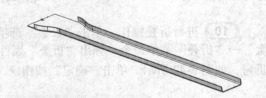

图 3-36 生成边线法兰 2

图 3-37 "展开" 属性管理器

图 3-38 展开边线折弯

**08** 绘制草图。选择图 3-38 所示钣金件的上表面作为绘制草图基准面绘制草图，结果如图 3-39 所示。

**09** 生成切除特征。单击"特征"选项卡中的"拉伸-切除"按钮⬜，或执行"插入"→"切除"→"拉伸"菜单命令，弹出"切除-拉伸"属性管理器，选择拉伸终止条件为"完全贯穿"，如图 3-40 所示，单击"确定"按钮✔，生成切除实体，结果如图 3-41 所示。

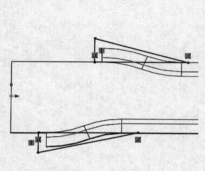

图 3-39　绘制草图

图 3-40　"切除-拉伸"属性管理器

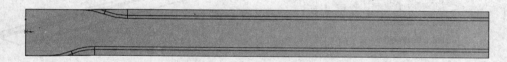

图 3-41　切除实体

**10** 进行折叠操作。单击"钣金"选项卡中的"折叠"按钮🐑，或执行"插入"→"钣金"→"折叠"菜单命令，弹出"折叠"属性管理器，选择图 3-41 中的平面作为固定面和边线折弯，如图 3-42 所示。单击"确定"按钮✔，完成对折弯的折叠操作，结果如图 3-43 所示。

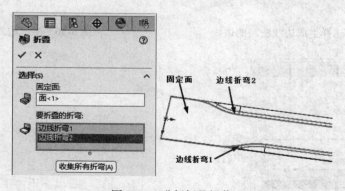

图 3-42　进行折叠操作

**11** 选择生成边线法兰的边线。单击"钣金"选项卡中的"边线法兰"按钮🐑，或执行

"插入"→"钣金"→"边线法兰"菜单命令，弹出"边线 - 法兰"属性管理器，选择钣金件的一侧的边线，如图 3-44 所示。在属性管理器的选择边线选项中将显示所选择的边线。

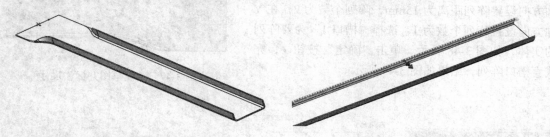

图 3-43　折叠后的效果　　　　　　　图 3-44　选择生成边线法兰边线

⑫　在属性管理器中设置相应的参数，输入折弯半径为 1mm，输入法兰长度为 4mm，选择"外部虚拟交点"选项和"折弯在外"选项，如图 3-45 所示。单击"确定"按钮，生成边线法兰，结果如图 3-46 所示。

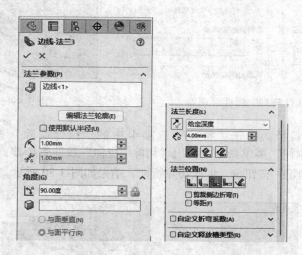

图 3-45　"边线 - 法兰 3"属性管理器

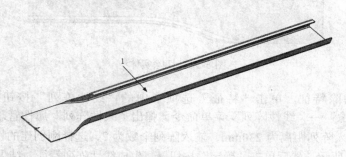

图 3-46　生成边线法兰 3

⑬　绘制草图。选择图 3-46 所示钣金件的平面 1 作为绘制草图基准面，单击"草图"选项卡中的"直槽口"按钮，绘制草图并标注草图的尺寸，结果如图 3-47 所示。

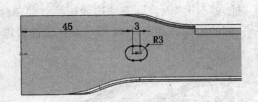

图 3-47　绘制草图并标注尺寸

⑭ 单击"草图"选项卡中的"线性草图阵列"按钮，弹出"线性阵列"属性管理器，在 X 轴方向设置阵列距离为 15mm，阵列个数为 2，在 Y 轴方向设置阵列个数为 1，选择"槽口 1"为要阵列的实体，如图 3-48 所示。单击"确定"按钮，完成直槽口阵列，结果如图 3-49 所示。

图 3-48　"线性阵列"属性管理器

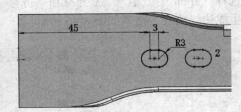

图 3-49　直槽口阵列

⑮ 生成切除特征。单击"特征"选项卡中的"拉伸切除"按钮，或执行"插入"→"切除"→"拉伸"菜单命令，弹出"切除 - 拉伸"属性管理器，选择拉伸终止条件为"完全贯穿"，单击"确定"按钮，生成切除特征，结果如图 3-50 所示。

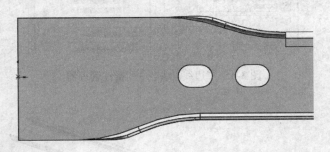

图 3-50　切除实体

⑯ 阵列切除特征。单击"特征"选项卡中的"线性阵列"按钮，或执行"插入"→"阵列 / 镜像"→"线性阵列"菜单命令，弹出"线性阵列"属性管理器，选择水平边线为阵列方向，输入阵列距离为 230mm，输入阵列个数为 2，选择刚创建的切除特征为要阵列的特征，如图 3-51 所示，然后单击"确定"按钮，生成线性阵列特征，结果如图 3-52 所示。

⑰ 绘制草图。选择图 3-52 所示钣金件的平面作为绘制草图基准面，单击"草图"选项卡中的"直槽口"按钮，绘制草图并标注草图的尺寸，结果如图 3-53 所示。

⑱ 生成切除特征。单击"特征"选项卡中的"拉伸切除"按钮，或执行"插

入"→"切除"→"拉伸"菜单命令，弹出"切除 - 拉伸"属性管理器，选择拉伸终止条件为"完全贯穿"，单击"确定"按钮✔，生成切除特征，结果如图 3-54 所示。

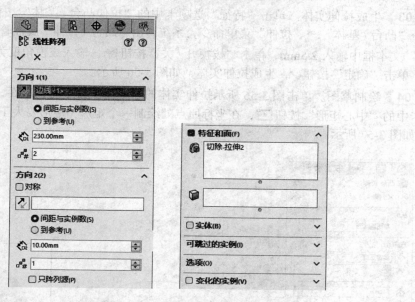

图 3-51 "线性阵列"属性管理器

图 3-52 生成线性阵列

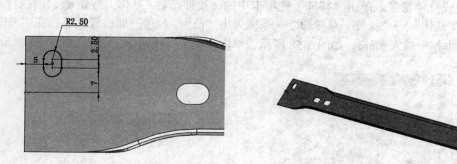

图 3-53 绘制草图并标注尺寸

图 3-54 创建切除特征

## 3.5.2 创建成形工具 1

**01** 单击快速访问工具栏中的"新建"按钮🗋，或执行"文件"→"新建"菜单命令，在弹出的"新建 SOLIDWORKS 文件"对话框中选择"零件"按钮🍫，单击"确定"按钮，创建一个新的零件文件。

**02** 绘制草图。在 FeatureManager 设计树中选择"前视基准面"作为绘图基准面，单击"草图"选项卡中的"圆"按钮⊙，在坐标原点绘制一个直径为 10mm 的圆。

**03** 生成拉伸实体。单击"特征"选项卡中的"拉伸凸台 / 基体"按钮，或执行"插入"→"凸台 / 基体"→"拉伸"菜单命令，系统弹出"凸台 - 拉伸"属性管理器，在方向 1 的"深度"文本框中输入 2.5mm，单击"拔模开 / 关"按钮，输入拔模角度为 30 度，如图 3-55 所示。单击"确定"按钮✔，生成拉伸实体，如图 3-56 所示。

**04** 绘制草图。单击图 3-56 所示拉伸实体的下底面作为绘图基准面，然后单击"草图"选项卡中的"中心矩形"按钮，在坐标原点处绘制一个矩形（矩形要大于拉伸实体的投影面积），如图 3-57 所示。

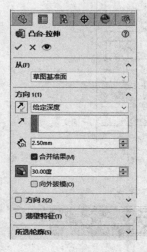

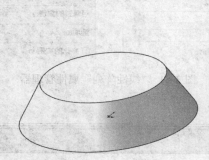

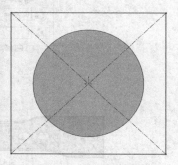

图 3-55　"凸台 - 拉伸"属性管理器　　图 3-56　生成拉伸实体　　　图 3-57　绘制矩形

**05** 生成拉伸特征。单击"特征"选项卡中的"拉伸凸台 / 基体"按钮，或执行"插入"→"凸台 / 基体"→"拉伸"菜单命令，系统弹出"凸台 - 拉伸"属性管理器，在"方向 1"的"深度"文本框中输入 1mm，如图 3-58 所示，单击"确定"按钮✔，结果如图 3-59 所示。

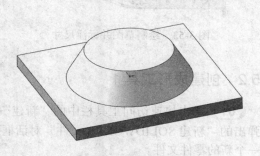

图 3-58　"凸台 - 拉伸"属性管理器　　　　　　图 3-59　生成拉伸特征

**06** 生成圆角特征。单击"特征"选项卡中的"圆角"按钮📦，或执行"插入"→"特征"→"圆角"菜单命令，系统弹出"圆角"属性管理器。选择圆角类型为"恒定大小圆角"，在圆"角半径"文本框中输入 2mm，选择实体的边线，如图 3-60 所示。单击"确定"按钮✔，生成圆角特征。

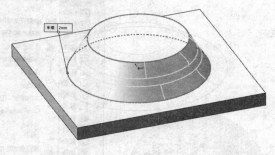

图 3-60  "圆角"属性管理器

**07** 绘制草图。在实体上选择如图 3-61 所示的面作为绘图的基准面，单击"草图"选项卡中的"草图绘制"按钮⬜，然后单击"草图"选项卡中的"转换实体引用"按钮📦，将选择的矩形表面转换成矩形图素，如图 3-62 所示。

**08** 生成拉伸切除特征。单击"特征"选项卡中的"拉伸切除"按钮📦，或执行"插入"→"切除"→"拉伸"菜单命令，弹出"切除 - 拉伸"属性管理器。在"方向 1"的终止条件中选择"完全贯穿"。单击"确定"按钮✔，完成拉伸切除操作，如图 3-63 所示。

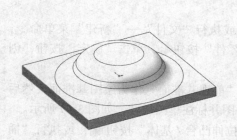

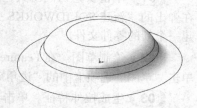

图 3-61  选择基准面　　　　图 3-62  转换成矩形图素　　　　图 3-63  生成拉伸切除特征

**09** 绘制成形工具定位草图。单击成形工具如图 3-63 所示的下表面作为基准面，单击"草图"选项卡中的"草图绘制"按钮⬜，然后单击"草图"选项卡中的"转换实体引用"按钮📦，将选择的表面转换成图素，如图 3-64 所示。单击"退出草图"按钮↵。

**10** 单击快速访问工具栏中的"保存"按钮🖫，或执行"文件"→"保存"菜单命令，在弹出的"另存为"对话框中输入名称为"抽屉支架成形工具 1"，然后单击"保存"按钮。

**11** 添加到库。在 FeatureManager 设计树中右击成形工具零件名称，在弹出的快捷菜单中选择"添加到库"命令，如图 3-65 所示。系统弹出"添加到库"属性管理器，在"设计库文件夹"中选择"lances"文件夹作为成形工具的保存位置，如图 3-66 所示。将此成形工具命名为"抽屉支架成形工具 1"，设置保存类型为"sldprt"。单击"确定"按钮✓，完成对成形工具的保存。

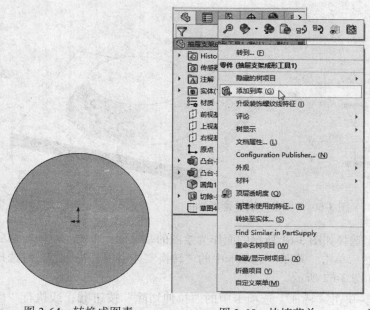

图 3-64　转换成图素　　　　　图 3-65　快捷菜单　　　　图 3-66　"添加到库"属性管理器

### 3.5.3　创建成形工具 2

**01** 单击快速访问工具栏中的"新建"按钮 ⬜，或执行"文件"→"新建"菜单命令，在弹出的"新建 SOLIDWORKS 文件"对话框中选择"零件"按钮 🍩，单击"确定"按钮，创建一个新的零件文件。

**02** 绘制草图。在 FeatureManager 设计树中选择"前视基准面"作为绘图基准面，然后单击"草图"选项卡中的"边角矩形"按钮 ⬜，绘制草图并标注草图尺寸，如图 3-67 所示。

**03** 生成拉伸特征。单击"特征"选项卡中的"拉伸凸台 / 基体"按钮 🔩，或执行"插入"→"凸台 / 基体"→"拉伸"菜单命令，系统弹出"凸台 - 拉伸"属性管理器，在"方向 1"的"深度"文本框中输入 140mm，单击"确定"按钮✓，生成拉伸特征，结果如图 3-68 所示。

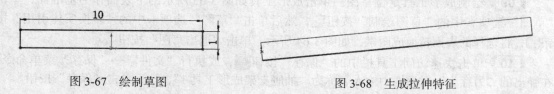

图 3-67　绘制草图　　　　　　　　　图 3-68　生成拉伸特征

**04** 绘制草图。在 FeatureManager 设计树中选择"右视基准面"作为绘图基准面，然后单击"草图"选项卡中的"直线"按钮 和"切线弧"按钮 ，绘制草图并标注草图尺寸，如图 3-69 所示。

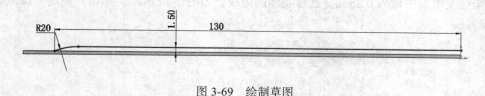

图 3-69　绘制草图

**05** 绘制草图。在 FeatureManager 设计树中选择"前视基准面"作为绘图基准面，然后单击"草图"选项卡中的"直线"按钮 和"绘制圆角"按钮 ，绘制草图，标注草图尺寸，如图 3-70 所示。

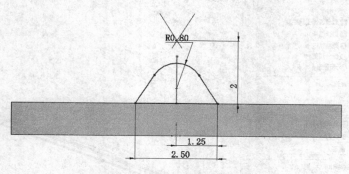

图 3-70　绘制草图

**06** 生成扫描特征。单击"特征"选项卡中的"扫描"按钮 ，或执行"插入"→"凸台 / 基体"→"扫描"菜单命令，系统弹出"扫描"属性管理器，选择步骤 **04** 创建的草图为扫描路径，选择步骤 **05** 创建的草图为扫描轮廓，如图 3-71 所示，单击"确定"按钮 ，生成扫描特征。

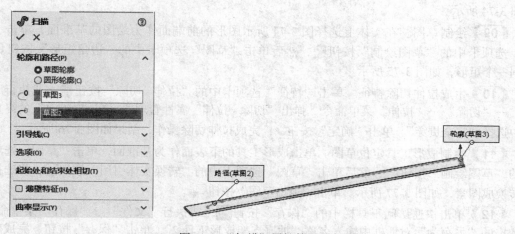

图 3-71　"扫描"属性管理器

**07** 生成圆角特征。单击"特征"选项卡中的"圆角"按钮，或执行"插入"→"特征"→"圆角"菜单命令，系统弹出"圆角"属性管理器，选择圆角类型为"恒定大小圆角"，在圆角半径文本框中输入 0.8mm，选择实体的边线，如图 3-72 所示，单击"确定"按钮，生成圆角特征。

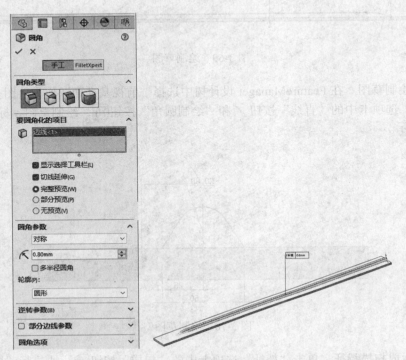

图 3-72 "圆角"属性管理器

**08** 镜像特征。单击"特征"选项卡中的"镜像"按钮，或执行"插入"→"阵列 / 镜像"→"镜像"菜单命令，系统弹出"镜像"属性管理器，如图 3-73 所示。选择前视基准面为镜像基准面，选择前面创建的所有特征为要镜像的实体，单击"确定"按钮。生成的实体如图 3-74 所示。

**09** 绘制草图。在实体上选择图 3-74 所示图形的前端面作为绘图的基准面，单击"草图"选项卡中的"草图绘制"按钮，然后单击"草图"选项卡中的"边角矩形"按钮，绘制一个矩形，如图 3-75 所示。

**10** 生成拉伸切除特征。单击"特征"选项卡中的"拉伸 - 切除"按钮，或执行"插入"→"切除"→"拉伸"菜单命令，弹出"切除 - 拉伸"属性管理器，在"方向1"的终止条件中选择"完全贯穿"。单击"确定"按钮，完成拉伸切除操作，结果如图 3-76 所示。

**11** 绘制成形工具定位草图。单击成形工具的下表面作为基准面，单击"草图"选项卡中的"草图绘制"按钮，然后单击"草图"选项卡中的"转换实体引用"按钮，将选择表面转换成图素，如图 3-77 所示。单击"退出草图"按钮。

**12** 单击快速访问工具栏中的"保存"按钮，或执行"文件"→"保存"菜单命令，在弹出的"另存为"对话框中输入名称"抽屉支架成形工具 2"，单击"保存"按钮，完成对成形工具的保存，如图 3-78 所示。

图 3-73　"镜像"属性管理器

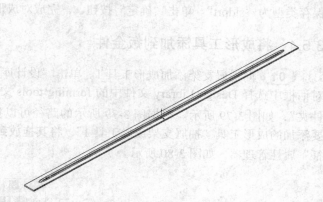

图 3-74　生成镜像特征

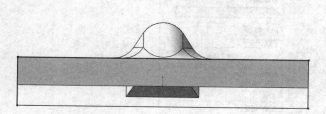

图 3-75　绘制矩形

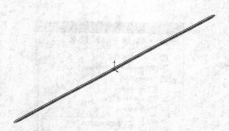

图 3-76　生成拉伸切除特征

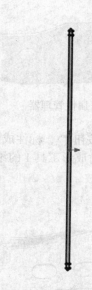

图 3-77　转换成图素

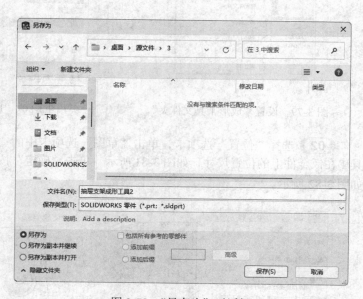

图 3-78　"另存为"对话框

**13** 添加到库。在 FeatureManager 设计树中右击成形工具零件名称，在弹出的快捷菜单中选择"添加到库"命令，系统弹出"添加到库"属性管理器，在"设计库文件夹"中选择"lances"文件夹作为成形工具的保存位置，将此成形工具命名为"抽屉支架成形工具2"，设置保存类型为"sldprt"。单击"确定"按钮✓，完成对成形工具的保存。

### 3.5.4　将成形工具添加到钣金件

**01** 向抽屉支架添加成形工具1。单击"设计库"按钮🗄，弹出"设计库"对话框，在对话框中选择 Design Library 文件中的 forming tools 文件夹，右击，将其设置成"成形工具文件夹"，如图 3-79 所示。根据图 3-79 所示的路径可以找到成形工具的文件夹🗄 lances，找到需要添加的成形工具"抽屉支架成形工具1"，将其拖放到钣金件的下表面上，弹出"成形工具特征"属性管理器，如图 3-80 所示。

图 3-79　设置"成形工具文件夹"　　　　　　图 3-80　"成形工具特征"属性管理器

**02** 选择"位置"选项卡，单击"草图"选项卡中的"智能尺寸"按钮 ✦，标注成形工具1在钣金件上的位置尺寸，如图 3-81 所示。单击"确定"按钮✓，完成对成形工具1的添加，如图 3-82 所示。

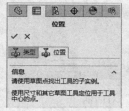

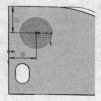

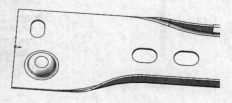

图 3-81　标注成形工具1位置尺寸　　　　　图 3-82　添加成形工具1

**03** 绘制草图。在实体上选择图 3-82 所示的成形工具 1 的上表面作为绘图的基准面，单击"草图"选项卡中的"草图绘制"按钮🗔，然后单击"草图"选项卡中的"圆"按钮⊙，在圆心处绘制一个直径为 4mm 的圆。

**04** 生成拉伸切除特征。单击"特征"选项卡中的"拉伸 - 切除"按钮🔲，或执行"插入"→"切除"→"拉伸"菜单命令，弹出"切除 - 拉伸"属性管理器。在"方向 1"的终止条件中选择"完全贯穿"。单击"确定"按钮✔，完成拉伸切除操作，结果如图 3-83 所示。

图 3-83　生成拉伸切除特征

**05** 向抽屉支架添加成形工具 2。单击"设计库"按钮🗄，找到成形工具的文件夹⚓ lances，找到需要添加的成形工具"抽屉支架成形工具 2"，将其拖放到钣金件的下表面上，弹出"成形工具特征"属性管理器，如图 3-84 所示。

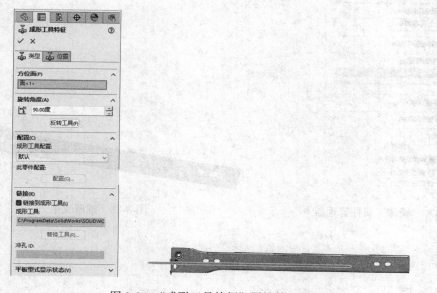

图 3-84　"成形工具特征"属性管理器

**06** 选择"位置"选项卡。单击"草图"选项卡中的"智能尺寸"按钮✎，标注成形工具 2 在钣金件上的位置尺寸，如图 3-85 所示。单击"确定"按钮✔，完成对成形工具 2 的添加，结果如图 3-86 所示。

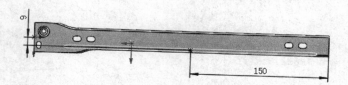

图 3-85　标注成形工具 2 位置尺寸

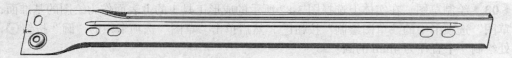

图 3-86  添加成形工具 2

**07** 镜像特征。单击"特征"选项卡中的"镜像"按钮 **⏸**，或执行"插入"→"阵列 / 镜像"→"镜像"菜单命令，系统弹出"镜像"属性管理器，选择上视基准面为镜像基准面，选择前面创建的抽屉支架成形工具 2 为要镜像的特征，如图 3-87 所示。单击"确定"按钮 **✔** 生成实体如图 3-88 所示。

图 3-87  "镜像"属性管理器

图 3-88  抽屉支架

# 第 **4** 章

# 简单钣金件设计实例

本章以几个简单钣金件设计为例，介绍简单钣金件的设计思路及设计步骤。在设计过程中所用的基本操作是对前面所介绍基础知识的应用。简单钣金件的设计，可作为复杂钣金件设计的基础。

## 学 习 要 点

- ◎ 矩形漏斗
- ◎ 书挡
- ◎ 六角盒
- ◎ U 形槽
- ◎ 电器支架

## 4.1 矩形漏斗

本例将绘制一个扭转的矩形漏斗，通过本实例，可以掌握草图的绘制、放样折弯等工具的使用方法。其创建过程如图 4-1 所示。

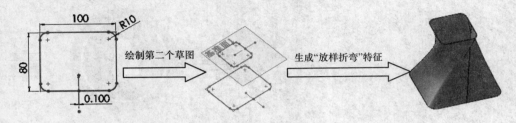

图 4-1 矩形漏斗的创建过程

【操作步骤】

**01** 启动 SOLIDWORKS 2024，单击快速访问工具栏中的"新建"按钮，或执行"文件"→"新建"菜单命令，在系统打开的"新建 SOLIDWORKS 文件"对话框中选择"零件"按钮，单击"确定"按钮，创建一个新的零件文件。

**02** 绘制第一个草图。在 FeatureManager 设计树中选择"前视基准面"作为绘图基准面，单击"草图"选项卡中的"边角矩形"按钮，绘制一个矩形并标注智能尺寸，然后进行圆角处理（圆角半径为 10mm），如图 4-2 所示。

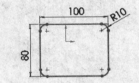

图 4-2 绘制草图

**03** 添加几何关系。单击"草图"选项卡中的"添加几何关系"按钮，或执行"工具"→"几何关系"→"添加几何关系"菜单命令，在弹出的"添加几何关系"属性管理器中选择矩形的底边和坐标原点，再选择"中点"选项，如图 4-3 所示，然后单击"确定"按钮。

**04** 单击"草图"选项卡中的"中心线"按钮，绘制一条构造线，然后绘制两条与构造线平行、分别位于构造线两边的直线。单击"草图"选项卡中的"添加几何关系"按钮，选择两条竖直直线和构造线添加"对称"几何关系，然后标注两条竖直直线距离为 0.1 mm，如图 4-4 所示。

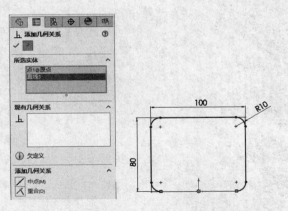

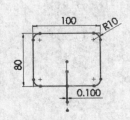

图 4-3 "添加几何关系"属性管理器        图 4-4 绘制两条对称的竖直直线

**05** 剪裁草图。单击"草图"选项卡中的"剪裁实体"按钮 ，对竖直直线和矩形进行剪裁，使矩形具有 0.1mm 宽的缺口，如图 4-5 所示。单击"退出草图"按钮 。

**06** 添加基准面 1。单击"特征"面板"参考几何体"下拉列表中的"基准面"按钮 ，或执行"插入"→"参考几何体"→"基准面"菜单命令，弹出"基准面"属性管理器。在"选择参考实体"中选择前视基准面，输入距离 100mm，生成与前视基准面平行的基准面 1，如图 4-6 所示。

**07** 绘制第二个草图。选择"基准面 1"作为绘图基准面，然后单击"草图"选项卡中的"边角矩形"按钮 ，绘制矩形并标注智能尺寸，然后进行圆角处理（圆角半径为 8mm），如图 4-7 所示。

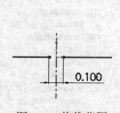

图 4-5　剪裁草图

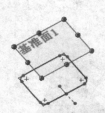

图 4-6　生成基准面 1

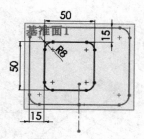

图 4-7　绘制矩形草图

**08** 单击"草图"选项卡中的"中心线"按钮 ，过矩形右边边线的中点绘制一条水平构造线，然后绘制两条与构造线平行、分别位于构造线两边的直线。单击"草图"选项卡中的"添加几何关系"按钮 ，选择构造线添加"固定"几何关系，选择两条水平直线和构造线添加"对称"几何关系，标注两条水平直线距离为 0.1mm，如图 4-8 所示。

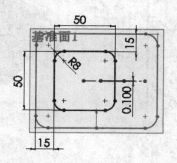

图 4-8　绘制两条对称的水平直线

**09** 剪裁草图。单击"草图"选项卡中的"剪裁实体"按钮 ，对水平直线和矩形进行剪裁，使矩形具有 0.1mm 宽的缺口，如图 4-9 所示。单击"退出草图"按钮 。

**10** 生成"放样折弯"特征。单击"钣金"选项卡中的"放样折弯"按钮 ，或执行"插入"→"钣金"→"放样的折弯"菜单命令，弹出"放样折弯"属性管理器。在图形区域中选择两个草图，选择点位置要对齐，输入厚度 0.5mm，单击"确定"按钮 ，生成扭转的矩形漏斗，如图 4-10 所示。

**11** 展开钣金件。右击 FeatureManager 设计树中的"基准面 1"，在弹出的快捷菜单中单击"隐藏"按钮，如图 4-11 所示，将基准面 1 隐藏。右击 FeatureManager 设计树中的"平板型式"中的"平板型式 6"，在弹出的快捷菜单中单击"解除压缩"按钮，如图 4-12 所示，将钣金件展开，结果如图 4-13 所示。单击"保存"按钮，将文件保存。

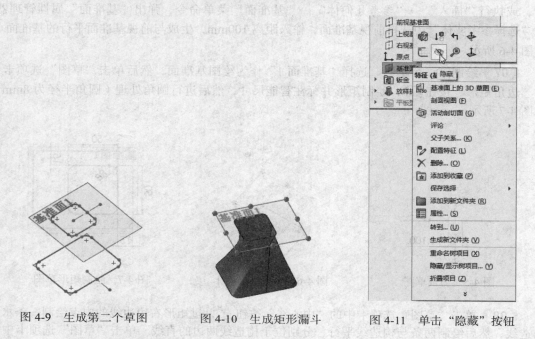

图 4-9 生成第二个草图　　　　图 4-10 生成矩形漏斗　　　　图 4-11 单击"隐藏"按钮

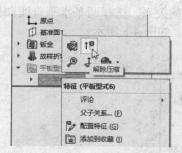

图 4-12 单击"解除压缩"按钮

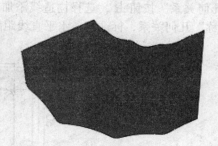

图 4-13 展开钣金件

## 4.2 书挡

本例绘制书挡，通过本实例，可以掌握基体法兰、绘制的折弯、平板型式等钣金工具的使用方法。其创建过程如图 4-14 所示。

【操作步骤】

**01** 启动 SOLIDWORKS 2024，单击快速访问工具栏中的"新建"按钮，或执行"文件"→"新建"菜单命令，在弹出的"新建 SOLIDWORKS 文件"对话框中选择"零件"按钮，单击"确定"按钮，创建一个新的零件文件。

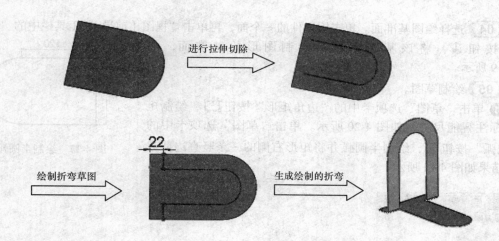

图 4-14　书挡的创建过程

**02** 绘制草图。

❶ 在左侧的 FeatureManager 设计树中选择"前视基准面"作为绘图基准面，然后单击"草图"选项卡中的"边角矩形"按钮⬜，绘制一个矩形并标注智能尺寸，如图 4-15 所示。

❷ 单击"草图"选项卡中的"添加几何关系"按钮⊥，或执行"工具"→"几何关系"→"添加几何关系"菜单命令。在弹出的"添加几何关系"属性管理器中选择矩形的竖直边和坐标原点，选择"中点"选项，单击"确定"按钮✔，添加"中点"约束，如图 4-16 所示。

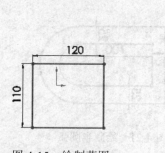

图 4-15　绘制草图

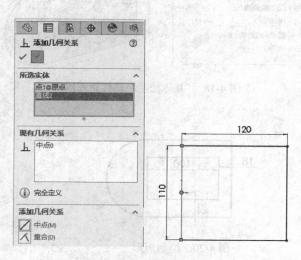

图 4-16　"添加几何关系"属性管理器

❸ 单击"草图"选项卡中的"切线弧"按钮🝀，绘制半圆弧，然后将矩形的一条竖直边剪裁掉，结果如图 4-17 所示。

**03** 生成"基体法兰"特征。单击"钣金"选项卡中的"基体法兰 / 薄片"按钮🥄，或执行"插入"→"钣金"→"基体法兰"菜单命令，在弹出的属性管理器中"钣金参数"的"厚度"文本框中输入 1mm，其他设置如图 4-18 所示。最后单击"确定"按钮✔。

**04** 选择绘图基准面。单击钣金件的一个面，再单击"视图（前导）"工具栏中的"正视于"按钮 ↕，将该基准面作为绘制图形的基准面，如图 4-19 所示。

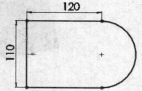

图 4-17 绘制半圆弧

**05** 绘制草图。

❶ 单击"草图"选项卡中的"边角矩形"按钮 □，绘制矩形并标注智能尺寸，如图 4-20 所示。单击"草图"选项卡中的"切线弧"按钮 ⌒，绘制半圆弧并将矩形右侧的一条竖直边剪裁掉，结果如图 4-21 所示。

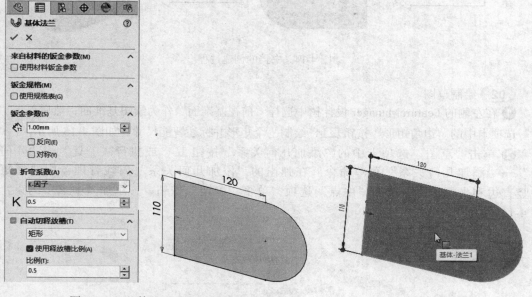

图 4-18 "基体法兰"属性管理器　　　　　　　图 4-19 选择基准面

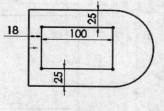

图 4-20 绘制矩形

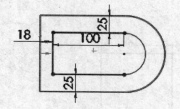

图 4-21 绘制半圆弧

❷ 单击"草图"选项卡中的"等距实体"按钮 ⬚，在弹出的"等距实体"属性管理器中取消勾选"选择链"选项，然后依次选择图 4-22 所示草图的两条水平直线及圆弧，生成等距 1mm 的草图，如图 4-22 所示。更改等距尺寸并剪裁草图，结果如图 4-23 所示。

**06** 生成拉伸切除特征。在草图编辑状态下，单击"特征"选项卡中的"拉伸切除"按钮 ▣，或执行"插入"→"切除"→"拉伸"菜单命令，系统弹出"切除 - 拉伸"属性管理器，在"方向 1"的"终止条件"中选择"完全贯穿"。单击"确定"按钮 ✔，结果如图 4-24 所示。

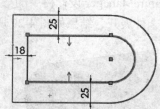
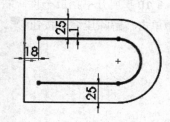

图 4-22　绘制等距草图　　　　　　　　　　　图 4-23　编辑草图

**07** 选择绘图基准面。单击图 4-25 所示钣金件的面，再单击"视图（前导）"工具栏中的"正视于"按钮，将该基准面作为绘制图形的基准面。

**08** 绘制折弯草图。单击"草图"选项卡中的"直线"按钮，绘制两条直线（这两条直线要共线），然后标注智能尺寸，如图 4-26 所示。

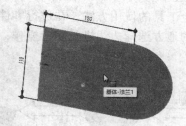
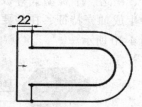

图 4-24　生成拉伸切除特征　　　　图 4-25　选择基准面　　　　图 4-26　绘制两条直线

**09** 生成绘制的折弯特征。单击"钣金"选项卡中的"绘制的折弯"按钮，或执行"插入"→"钣金"→"绘制的折弯"菜单命令，在弹出的"绘制的折弯"属性管理器的"折弯半径"文本框中输入 1mm，单击"材料在内"按钮，选择图 4-27 所示的面作为固定面。单击"确定"按钮，结果如图 4-28 所示。

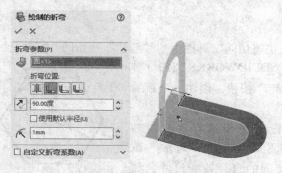

图 4-27　"绘制的折弯"属性管理器　　　　　　　图 4-28　生成书挡

**注意**

在绘制折弯的草图时，绘制的草图直线可以短于要折弯的边，但是不能长于折弯边的边界。

**10** 展开书挡钣金件。右击 FeatureManager 设计树中的"平板型式 1"，在弹出的快捷菜单中单击"解除压缩"按钮 ↑🖿，将钣金件展开，结果如图 4-29 所示。

图 4-29　展开的书挡

## 4.3　六角盒

本例绘制六角盒，通过本实例，可以练习从实体转换到钣金件的设计方法，掌握切口、褶边、平板型式等钣金工具的使用方法。在进行零件设计时，可以先生成实体零件，然后生成抽壳特征，在需要的地方选择边线进行切口操作，最后添加褶边特征。其创建过程如图 4-30 所示。

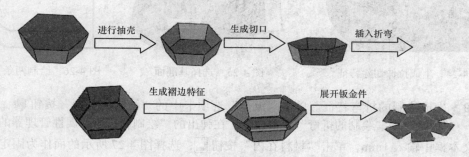

图 4-30　六角盒的创建过程

**【操作步骤】**

**01** 启动 SOLIDWORKS 2024，单击快速访问工具栏中的"新建"按钮📄，或执行"文件"→"新建"菜单命令，在弹出的"新建 SOLIDWORKS 文件"对话框中选择"零件"按钮🧊，然后单击"确定"按钮，创建一个新的零件文件。

**02** 绘制草图。在 FeatureManager 设计树中选择"前视基准面"作为绘图基准面，单击"草图"选项卡中的"多边形"按钮⬡，绘制一个六边形，标注六边形内接圆的直径智能尺寸，如图 4-31 所示。

图 4-31　绘制草图

**03** 生成拉伸特征。单击"特征"选项卡中的"拉伸凸台 / 基体"按钮，或执行"插入"→"凸台 / 基体"→"拉伸"菜单命令，系统弹出"凸台 - 拉伸"属性管理器，在方向 1 的"终止条件"选项中选择"给定深度"，在"深度"文本框中输入 50mm，在"拔模角度"选项中输入数值 20 度，如图 4-32 所示。单击"确定"按钮。

**04** 生成抽壳特征。单击"特征"选项卡中的"抽壳"按钮，或执行"插入"→"特征"→"抽壳"菜单命令，系统弹出"抽壳 1"属性管理器，在"厚度"文本框中输入 1mm，单击实体表面作为要移除的面，如图 4-33 所示。单击"确定"按钮，结果如图 4-34 所示。

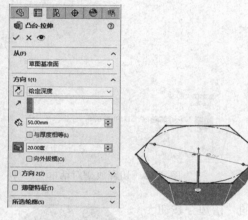

图 4-32　"凸台 - 拉伸"属性管理器

图 4-33　"抽壳 1"属性管理器

**05** 生成切口特征。单击"钣金"选项卡中的"切口"按钮，或执行"插入"→"钣金"→"切口"菜单命令，系统弹出"切口"属性管理器。在"切口缝隙"文本框中输入 0.1mm，单击实体表面的各棱线作为要生成切口的边线，如图 4-35 所示，单击"确定"按钮，结果如图 4-36 所示。

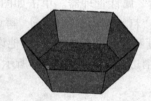

图 4-34　抽壳后的实体

图 4-35　"切口"属性管理器

图 4-36　生成切口特征

**06** 插入折弯。单击"钣金"选项卡中的"插入折弯"按钮，或执行"插入"→"钣金"→"折弯"菜单命令，系统弹出"折弯"属性管理器。单击如图 4-37 所示的面作为固定表面，输入折弯半径 2mm，其他设置如图 4-37 所示。单击"确定"按钮，弹出如图 4-38 所示的对话框。单击"确定"按钮，插入折弯，结果如图 4-39 所示。

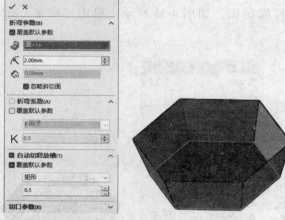

图 4-37 "折弯"属性管理器

图 4-38 切释放槽对话框

**07** 生成褶边特征。单击"钣金"选项卡中的"褶边"按钮，或执行"插入"→"钣金"→"褶边"菜单命令，系统弹出"褶边"属性管理器。单击如图 4-40 所示的边作为添加褶边的边线，单击"材料在内"按钮，再单击"滚轧"按钮，输入角度数值200 度和半径数值 5mm，其他设置采用默认，单击"确定"按钮，生成褶边，结果如图 4-41 所示。

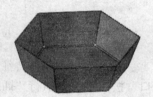

图 4-39 插入折弯

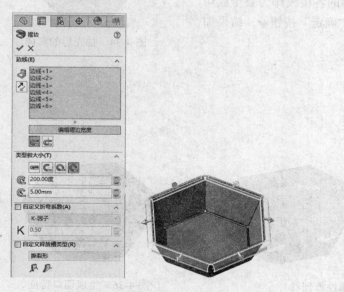

图 4-40 "褶边"属性管理器

图 4-41 生成褶边

**08** 展开六角盒钣金件。右击 FeatureManager 设计树中"平板型式 1"中的"平板型式 1"，在弹出的快捷菜单中单击"解除压缩"按钮 ↑⊞，将钣金件展开，结果如图 4-42 所示。

图 4-42　展开六角盒

## 4.4　U 形槽

本例绘制 U 形槽，通过本实例，可以进一步熟练掌握边线法兰等钣金工具的使用方法，尤其是在曲线边线上生成边线法兰，此项功能是新增的钣金设计功能。其创建过程如图 4-43 所示。

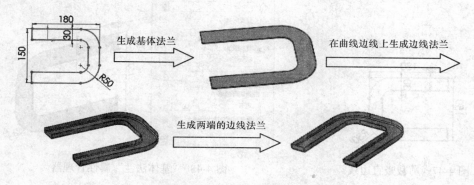

图 4-43　U 形槽的创建过程

**【操作步骤】**

**01** 启动 SOLIDWORKS 2024，单击快速访问工具栏中的"新建"按钮 ，或执行"文件"→"新建"菜单命令，创建一个新的零件文件。

**02** 绘制草图。

❶ 在 FeatureManager 设计树中选择"前视基准面"作为绘图基准面，单击"草图"选项卡中的"边角矩形"按钮 ，绘制一个矩形并标注智能尺寸，如图 4-44 所示。

❷ 单击"草图"选项卡中的"绘制圆角"按钮 ，绘制圆角，如图 4-45 所示。

❸ 单击"草图"选项卡中的"等距实体"按钮 ，在弹出的"等距实体"属性管理器中取消勾选"选择链"选项，然后选择图 4-45 所示草图的线条，输入等距距离 30mm，生成等距 30mm 的草图，如图 4-46 所示。剪裁竖直的一条边，结果如图 4-47 所示。

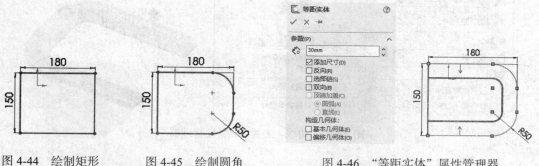

图 4-44　绘制矩形　　　图 4-45　绘制圆角　　　图 4-46　"等距实体"属性管理器

**03** 生成基体法兰特征。单击"钣金"选项卡中的"基体法兰/薄片"按钮🖐，或执行"插入"→"钣金"→"基体法兰"菜单命令，在弹出的属性管理器中"钣金参数"厚度文本框中输入1mm，其他设置如图4-48所示。单击"确定"按钮✔。

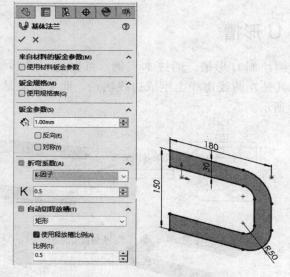

图 4-47　剪裁竖直边线

图 4-48　"基体法兰"属性管理器

**04** 生成边线法兰特征。单击"钣金"选项卡中的"边线法兰"按钮🖐，或执行"插入"→"钣金"→"边线法兰"菜单命令，在弹出的"边线-法兰1"属性管理器的"法兰长度"文本框中输入10mm，其他设置如图4-49所示。单击钣金件的外边线，单击"确定"按钮✔。

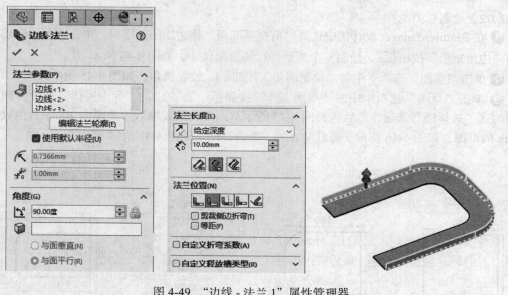

图 4-49　"边线-法兰1"属性管理器

**05** 生成边线法兰特征。重复上述的操作，设置"法兰长度"为 10mm，其他设置与图 4-49 中相同，单击拾取钣金件的其他边线，生成另一侧边线法兰，结果如图 4-50 所示。

**06** 生成端面的边线法兰。单击"钣金"选项卡中的"边线法兰"按钮 ，或执行"插入"→"钣金"→"边线法兰"菜单命令，在弹出的"边线 - 法兰 3"属性管理器的"法兰长度"文本框中输入 10mm，勾选"剪裁侧边折弯"，其他设置如图 4-51 所示。单击如图 4-52 所示的钣金件端面的一条边线，生成边线法兰，如图 4-53 所示。

**07** 生成另一侧端面的边线法兰。单击"钣金"选项卡中的"边线法兰"按钮 ，或执行"插入"→"钣金"→"边线法兰"菜单命令，设置参数与图 4-50 相同，生成另一侧端面的边线法兰，结果如图 4-54 所示。

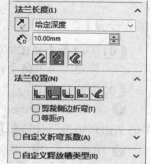

图 4-50　生成另一侧边线法兰　　　　　图 4-51　"边线 - 法兰 3"属性管理器

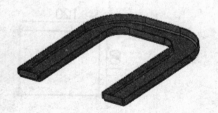

图 4-52　选择边线　　　图 4-53　生成边线法兰　　　　图 4-54　U 形槽

## 4.5　电器支架

电器支架的设计过程是通过实体设计，添加折弯将实体转换为钣金件，然后在钣金件展开的状态下进行其他相关设计，最后进行折叠。

通过本实例，可以进一步熟练掌握折弯、展开等钣金工具的使用方法。其创建过程如图 4-55 所示。

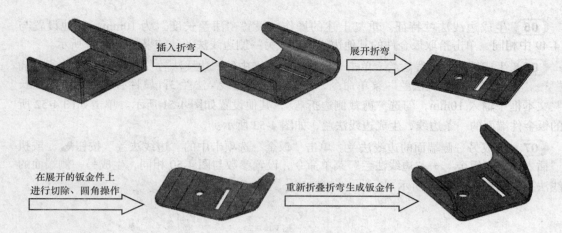

图 4-55　电器支架的创建过程

**【操作步骤】**

**01** 启动 SOLIDWORKS 2024，单击快速访问工具栏中的"新建"按钮 🗋，或执行"文件"→"新建"菜单命令，创建一个新的零件文件。

**02** 绘制草图。

❶ 在 FeatureManager 设计树中选择"前视基准面"作为绘图基准面，单击"草图"选项卡中的"边角矩形"按钮 ⬜，绘制一个矩形并标注智能尺寸，如图 4-56 所示。

❷ 单击"草图"选项卡中的"添加几何关系"按钮 ⊥，或执行"工具"→"几何关系"→"添加几何关系"菜单命令，在弹出的"添加几何关系"属性管理器中单击选择矩形的水平边和坐标原点，选择"中点"选项，然后单击"确定"按钮 ✔，添加"中点"约束，如图 4-57 所示。

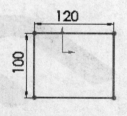

图 4-56　绘制矩形

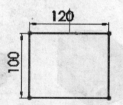

图 4-57　添加"中点"约束

❸ 绘制草图的其他图素并标注智能尺寸，如图 4-58 所示。

**03** 生成拉伸特征。单击"特征"选项卡中的"拉伸凸台 / 基体"按钮 📦，或执行"插入"→"凸台 / 基体"→"拉伸"菜单命令，系统弹出"凸台 - 拉伸"属性管理器。在"方向 1"的"终止条件"选项中选择"给定深度"，在"深度"文本框中输入 5mm，如图 4-59 所示。单击"确定"按钮 ✔。

**04** 选择基准面。选取图 4-60 所示的面，单击"视图（前导）"工具栏中的"正视于"按钮 ⬆，将该基准面作为绘制图形的基准面。

**05** 绘制草图。利用"草图"选项卡中的绘图工具绘制草图，结果如图 4-61 所示。

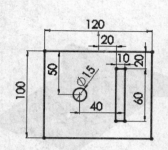

图 4-58　绘制草图的其他图素

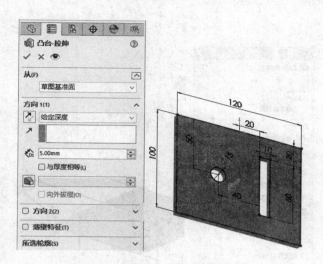

图 4-59　"凸台 - 拉伸"属性管理器

图 4-60　选择基准面

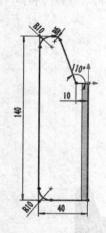

图 4-61　绘制草图

**06** 生成拉伸特征。单击"特征"选项卡中的"拉伸凸台 / 基体"按钮 ，或执行"插入"→"凸台 / 基体"→"拉伸"菜单命令，系统弹出"凸台 - 拉伸"属性管理器。在"方向 1"的"终止条件"选项中选择"给定深度"，在"深度"文本框中输入 5mm，如图 4-62 所示。单击"确定"按钮 。

**07** 选择基准面。单击如图 4-63 所示的面，再单击"视图（前导）"工具栏"视图定向"下拉列表中的"正视于"按钮 ，将该基准面作为绘制图形的基准面。

**08** 绘制草图。单击"草图"选项卡中的"边角矩形"按钮 ，绘制一个矩形并标注智能尺寸如图 4-64 所示。

**09** 生成拉伸特征。单击"特征"选项卡中的"拉伸凸台 / 基体"按钮 ，或执行"插入"→"凸台 / 基体"→"拉伸"菜单命令，系统弹出"凸台 - 拉伸"属性管理器。在"方向 1"的"终止条件"选项中选择"给定深度"，在"深度"文本框中输入 5mm，如图 4-65 所示。单击"确定"按钮 。

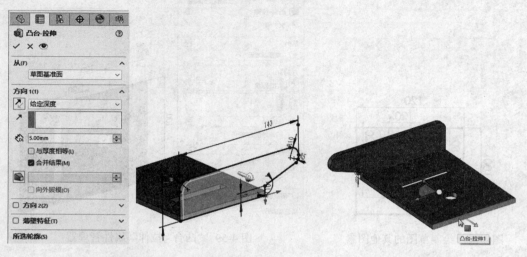

图 4-62 "凸台 - 拉伸"属性管理器          图 4-63 选择基准面

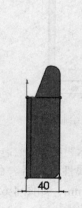

图 4-64 绘制矩形

图 4-65 "凸台 - 拉伸"属性管理器

**10** 生成折弯。单击"钣金"选项卡中的"插入折弯"按钮🗋，或执行"插入"→"钣金"→"折弯"菜单命令，系统弹出"折弯"属性管理器。单击如图 4-66 所示的面作为固定表面，输入折弯半径 15mm，其他设置如图 4-66 所示。单击"确定"按钮✔，生成折弯，结果如图 4-67 所示。

**11** 展开折弯。单击"钣金"选项卡中的"展开"按钮🗋，或执行"插入"→"钣金"→"展开"菜单命令，系统弹出"展开"属性管理器。单击图 4-68 所示的面作为固定表面，拾取两个折弯，单击"确定"按钮将折弯展开，结果如图 4-69 所示。

图 4-66　"折弯"属性管理器

图 4-67　生成折弯

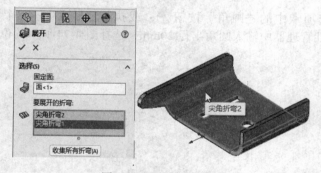

图 4-68　展开折弯操作

图 4-69　展开折弯

**(12)** 选择基准面。单击图 4-70 所示的面，再单击"视图（前导）"工具栏"视图定向"下拉列表中的"正视于"按钮，将该基准面作为绘制图形的基准面。

**(13)** 绘制草图。单击"草图"选项卡中的"直线"按钮，绘制一条直线并标注智能尺寸，如图 4-71 所示。

图 4-70　选择基准面

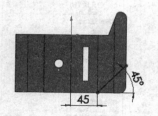

图 4-71　绘制直线

**14** 生成拉伸切除特征。在草图编辑状态下，单击"特征"选项卡中的"拉伸切除"按钮，或执行"插入"→"切除"→"拉伸"菜单命令，系统弹出"切除-拉伸"属性管理器。在"方向1"的"终止条件"选项中选择"完全贯穿"，如图4-72所示，勾选"反侧切除"选项。单击"确定"按钮 ✓，结果如图4-73所示。

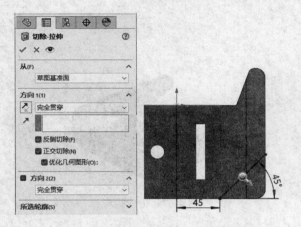

图4-72 "切除-拉伸"属性管理器

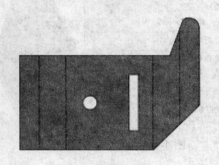

图4-73 拉伸切除的实体

**15** 生成圆角。单击"特征"选项卡中的"圆角"按钮 ，或执行"插入"→"特征"→"圆角"菜单命令，在弹出的属性管理器中输入圆角半径20mm，选择图4-74所示的位置单击"确定"按钮 ✓，添加圆角。

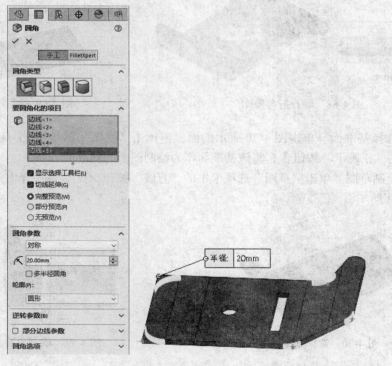

图4-74 "圆角"属性管理器

**(16)** 折叠展开的折弯。单击"钣金"选项卡中的"折叠"按钮，或执行"插入"→"钣金"→"折叠"菜单命令，系统弹出"折叠"属性管理器，单击如图 4-75 所示的面作为固定表面，拾取两个折弯，单击"确定"按钮，将折弯折叠，结果如图 4-76 所示。

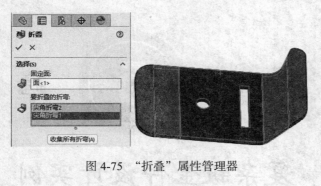

图 4-75　"折叠"属性管理器

图 4-76　折叠后的钣金件

# 第 **5** 章

## 复杂钣金件设计实例

本章将介绍计算机机箱侧板、仪表面板、硬盘支架、等径三通管 4 个较复杂钣金件的设计思路及设计步骤。对复杂钣金件的设计，需要综合运用钣金设计工具的各项功能。通过这些实例，可以使读者进一步掌握设计技巧，具备独立完成复杂钣金件的设计能力。

学 习 要 点

- ◉ 计算机机箱侧板
- ◉ 仪表面板
- ◉ 硬盘支架
- ◉ 等径三通管

## 5.1　计算机机箱侧板

本案例将设计一个计算机机箱侧板钣金件，在设计过程中将运用边线法兰、薄片、褶边、转折等工具，以及自定义成形工具、添加成形工具。计算机机箱侧板是综合运用钣金设计功能的一个实例。其创建过程如图 5-1 所示。

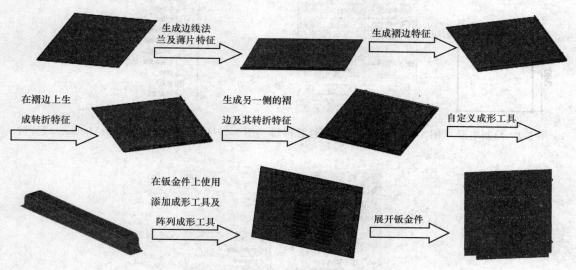

图 5-1　计算机机箱侧板的创建过程

【操作步骤】

### 5.1.1　创建机箱侧板主体

**01** 启动 SOLIDWORKS 2024，单击快速访问工具栏中的"新建"按钮🗋，或执行"文件"→"新建"菜单命令，在弹出的"新建 SOLIDWORKS 文件"对话框中选择"零件"按钮🖪，单击"确定"按钮，创建一个新的零件文件。

**02** 绘制草图。在 FeatureManager 设计树中选择"前视基准面"作为绘图基准面，单击"草图"选项卡中的"边角矩形"按钮🗖，绘制一个矩形并标注智能尺寸，如图 5-2 所示。

**03** 生成基体法兰钣金件。单击"钣金"选项卡中的"基体法兰/薄片"按钮🪣，或执行"插入"→"钣金"→"基体法兰"菜单命令，在弹出的"基体法兰"属性管理器中输入厚度 0.6mm，其他参数取默认值，如图 5-3 所示。单击"确定"按钮✅。

基体法兰在 FeatureManager 设计树中显示为"基体-法兰"，同时添加了"钣金"和"平板"型式两种特征，如图 5-4 所示。

**04** 生成边线法兰特征。

❶ 单击"钣金"选项卡中的"边线法兰"按钮🪣，或执行"插入"→"钣金"→"边线法兰"菜单命令，弹出"边线-法兰 1"属性管理器。选择钣金件的一条边，如图 5-5 所示，在属性管理器的选择边线选项中将显示所选择的边线。

❷ 在属性管理器中输入折弯半径 0.5mm，输入法兰长度 8mm，选择"外部虚拟交点"选项🗖和"材料在外"选项🖪，如图 5-6 所示。单击"确定"按钮✅，生成边线法兰，结果如图 5-7 所示。

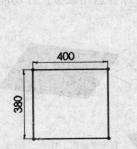

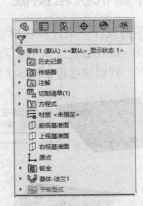

图 5-2　绘制矩形　　图 5-3　"基体法兰"属性管理器　　图 5-4　生成钣金件的 FeatureManager 设计树

图 5-5　选择生成边线法兰的边线　　图 5-6　"边线 - 法兰 1"属性管理器　　图 5-7　生成边线法兰

## 5.1.2　创建机箱侧板卡口

**01** 绘制生成薄片特征的草图。单击图 5-8 中箭头所指的平面，然后单击"标准视图"工具栏中的"垂直于"按钮，将该表面作为绘制草图的基准面。单击"草图"选项卡中的"圆"按钮⊙和"直线"按钮╱，使用"剪裁实体"按钮，绘制半圆草图（圆心在边线上），并且标注智能尺寸，如图 5-9 所示。

**02** 生成薄片特征。单击"钣金"选项卡中的"基体法兰 / 薄片"按钮，或执行"插入"→"钣金"→"基体法兰"菜单命令，生成薄片特征，如图 5-10 所示。

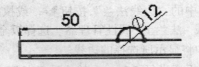

图 5-8　选择绘图基准面　　　图 5-9　绘制薄片草图　　　图 5-10　生成薄片特征

> 🔆 **注意**
>
> 　　如果在退出薄片草图的编辑状态下单击"基体法兰 / 薄片"按钮 🔩，系统将提示选择生成薄片的草图，这时选择所绘制的草图即可。

**03** 阵列薄片特征。单击"特征"选项卡中的"线性阵列"按钮 🔠，或执行"插入"→"阵列 / 镜像"→"线性阵列"菜单命令，弹出"线性阵列"属性管理器，在 Feature-Manager 设计树中选择薄片特征作为要阵列的特征，并且选择一条边线来确定阵列的方向，输入阵列距离数值 300mm，阵列个数为 2，如图 5-11 所示。单击"确定"按钮 ✔，结果如图 5-12 所示。

**04** 绘制草图。单击边线法兰的外侧面，然后单击"标准视图"工具栏中的"垂直于"按钮 🔱，将该表面作为绘制草图的基准面，如图 5-13 所示。单击"草图"选项卡中的"圆"按钮 ⊙，绘制一个与半圆薄片同心的圆并标注尺寸，如图 5-14 所示。

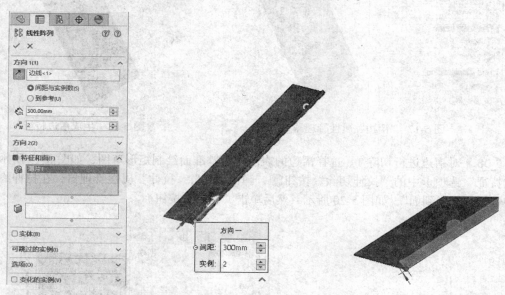

图 5-11　"线性阵列"属性管理器　　图 5-12　生成阵列薄片特征　　　　图 5-13　选择草图基准面

**05** 生成切除特征。单击"特征"选项卡中的"拉伸切除"按钮 📮，或执行"插入"→"切除"→"拉伸"菜单命令，弹出"切除 - 拉伸"属性管理器，在拉伸终止条件中选择"完全贯穿"，然后单击"确定"按钮 ✔，结果如图 5-15 所示。

**06** 阵列切除特征。重复上述线性阵列的操作，将生成的切除特征进行线性阵列，阵列的方向和间距与薄片阵列相同，结果如图 5-16 所示。

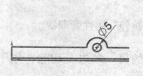

图 5-14　绘制草图　　　　　图 5-15　生成切除特征　　　　　图 5-16　阵列切除特征

**07** 生成褶边特征。单击"钣金"选项卡中的"褶边"按钮，或执行"插入"→"钣金"→"褶边"菜单命令，弹出"褶边"属性管理器，选择图 5-17 所示实体的边线，在属性管理器中的"类型和大小"选项中选择"闭合"选项，输入长度数值 20mm，然后单击"确定"按钮，结果如图 5-18 所示。

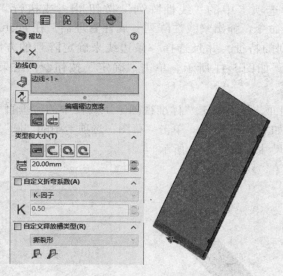

图 5-17 "褶边"属性管理器

图 5-18 生成褶边特征

**08** 对褶边进行切除 1。选择褶边的表面作为基准面绘制矩形草图，如图 5-19 所示。单击"特征"选项卡中的"拉伸切除"按钮，弹出"切除 - 拉伸"属性管理器，在拉伸终止条件中选择"成形到面"，如图 5-20 所示，然后单击"确定"按钮。

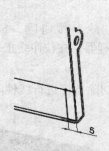

图 5-19 绘制矩形草图

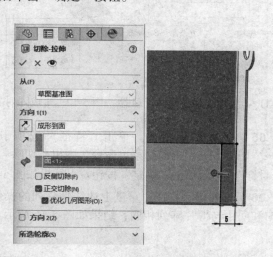

图 5-20 "切除 - 拉伸"属性管理器

**09** 对褶边进行切除 2。重复步骤 **08** 中的操作，在褶边的另一端进行切除，用于切除的草图尺寸及位置如图 5-21 所示。切除完成后的图形如图 5-22 所示。

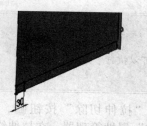
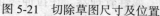

图 5-21　切除草图尺寸及位置　　　　　　　　　　图 5-22　切除完成后的图形

**10** 展开褶边。单击"钣金"选项卡中的"展开"按钮，或执行"插入"→"钣金"→"展开"菜单命令，弹出"展开"属性管理器。选择图 5-23 所示的平面作为固定面，然后将零件局部放大，选择图中的褶边折弯作为要展开的折弯。单击"确定"按钮，将褶边展开，结果如图 5-24 所示。

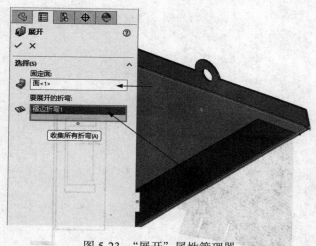

图 5-23　"展开"属性管理器　　　　　　　　　　图 5-24　展开褶边

**11** 绘制草图。选择图 5-25 所示钣金件的平面作为绘制草图基准面，绘制草图并标注草图的尺寸，如图 5-26 所示。

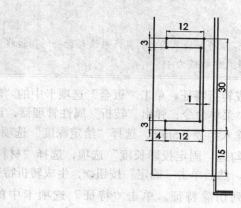

图 5-25　选择绘制草图的基准面　　　　　　　　　图 5-26　绘制草图

💡 **注意**

在操作过程中可以将不需要显示的图素类型隐藏。例如，可以执行"视图"→"隐藏/显示"→"草图"菜单命令将上述操作中绘制的草图隐藏，如图 5-27 所示。

**(12)** 生成切除特征。单击"特征"选项卡中的"拉伸切除"按钮 ，或执行"插入"→"切除"→"拉伸"菜单命令，弹出"切除 - 拉伸"属性管理器。在拉伸终止条件中选择"完全贯穿"，然后单击"确定"按钮 ，生成切除特征，结果如图 5-28 所示。

**(13)** 绘制生成转折特征的草图。在图 5-29 所示的平面上绘制一条直线，标注位置尺寸。

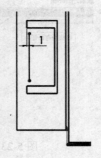

图 5-27 隐藏草图　　　　　图 5-28 生成切除特征　　　图 5-29 绘制转折草图

💡 **注意**

在绘制图 5-29 所示的草图时，直线应该与箭头所指边线保留一定的距离，否则不能生成转折特征。在此例中，标注尺寸数值为 1。

**(14)** 生成转折特征。单击"钣金"选项卡中的"转折"按钮 ，或执行"插入"→"钣金"→"转折"菜单命令，弹出"转折"属性管理器，选择图 5-29 中光标指针所指的平面作为固定面，然后输入半径 0.5mm，选择"给定深度"选项，输入等距距离 5mm，选择"总尺寸"选项 ，取消勾选"固定投影长度"选项，选择"材料在内"选项 ；输入转折角度 60 度，如图 5-30 所示。然后单击"确定"按钮 ，生成转折特征，结果如图 5-31 所示。

**(15)** 阵列切除特征。单击"特征"选项卡中的"线性阵列"按钮 ，或执行"插入"→"阵列/镜像"→"线性阵列"菜单命令，弹出"线性阵列"属性管理器，设置阵列方向和阵列间距如图 5-32 所示，然后单击"确定"按钮 ，阵列步骤 **(12)** 中生成的切除特征。

图 5-30　"转折"属性管理器　　　　　　　图 5-31　生成转折特征

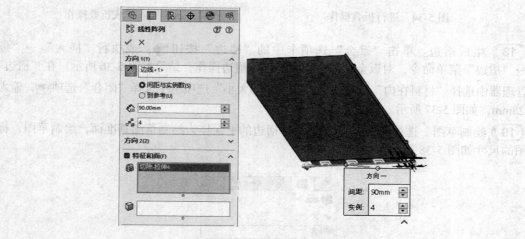

图 5-32　"线性阵列"属性管理器

**16** 生成其他转折特征。重复步骤 **13**、**14** 的操作，生成其他三个转折特征，结果如图 5-33 所示。

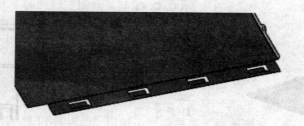

图 5-33　生成其他转折特征

注意

　　进行线性阵列操作时，无法阵列转折特征。

⑰ 进行折叠操作。单击"钣金"选项卡中的"折叠"按钮，或执行"插入"→"钣金"→"折叠"菜单命令，弹出"折叠"属性管理器，选择图 5-34 所示的平面作为固定面，在 FeatureManager 设计树中选择褶边折弯 1 特征或者在钣金件实体上选择褶边折弯，将其作为要折叠的折弯，然后单击"确定"按钮，完成对折弯的折叠操作，结果如图 5-35 所示。

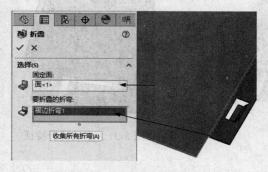 

图 5-34　进行折叠操作　　　　　　　　　　　图 5-35　完成折叠操作

⑱ 生成褶边。单击"钣金"选项卡中的"褶边"按钮，或执行"插入"→"钣金"→"褶边"菜单命令，对钣金件的另一条边进行褶边操作，结果如图 5-36 所示。在"褶边"属性管理器中选择"材料在内"选项，在"类型和大小"选项组中选择"闭合"选项，输入长度 28mm，如图 5-37 所示。单击"确定"按钮。

⑲ 绘制草图。选择图 5-36 所示钣金件褶边的平面作为绘制草图基准面，绘制草图，标注草图的尺寸如图 5-38 所示。

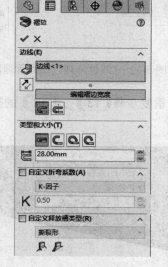 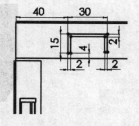

图 5-36　对另一条边进行褶边操作　　图 5-37　"褶边"属性管理器　　　图 5-38　标注草图尺寸

**20** 生成切除特征。单击"特征"选项卡中的"拉伸切除"按钮，弹出"切除 - 拉伸"属性管理器，在拉伸终止条件中选择"成形到面"，选择钣金件的大平面（即图 5-39 中的 A 面），生成切除特征。

**21** 阵列切除特征。单击"特征"选项卡中的"线性阵列"按钮，或执行"插入"→"阵列 / 镜像"→"线性阵列"菜单命令，弹出"线性阵列"属性管理器，输入阵列间距数值为 90mm，阵列个数为 4，阵列切除特征，如图 5-40 所示。

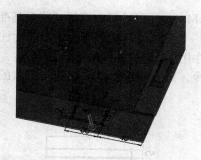

图 5-39　生成切除特征

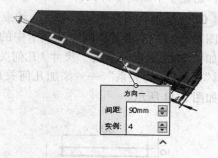

图 5-40　线性阵列切除特征

**22** 生成转折特征。绘制一条位置尺寸与图 5-29 所示相同的折弯直线，然后单击"钣金"选项卡中的"转折"按钮，或执行"插入"→"钣金"→"转折"菜单命令，弹出"转折"属性管理器。选择图 5-41 中光标指针所指的平面作为固定面，然后输入半径 0.5mm，选择"给定深度"选项，输入等距距离 5mm，选择"总尺寸"选项，取消勾选"固定投影长度"选项，选择"材料在内"选项，输入转折角度 60 度，如图 5-41 所示。单击"确定"按钮，生成转折特征。

**23** 生成其他转折特征。重复步骤 **22** 的操作，生成其他三个转折特征，并将展平的褶边折弯重新折弯，结果如图 5-42 所示。

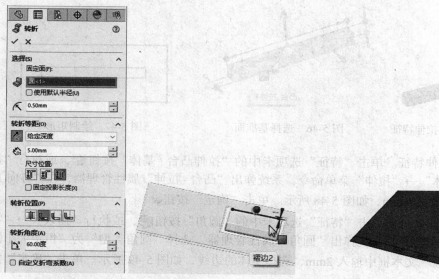

图 5-41　进行转折操作

图 5-42　生成其他转折特征

### 5.1.3 创建成形工具

建立自定义的成形工具。在钣金设计过程中，如果设计库中没有需要的成形特征，这就要求用户自己创建。下面介绍在设计机箱侧板过程中创建成形工具的方法。

**01** 建立新文件。单击快速访问工具栏中的"新建"按钮□，或执行"文件"→"新建"菜单命令，在弹出的"新建 SOLIDWORKS 文件"对话框中选择"零件"按钮✎，单击"确定"按钮，创建一个新的零件文件。

**02** 绘制草图并添加"中点"约束。在 FeatureManager 设计树中选择"前视基准面"作为绘图基准面，单击"草图"选项卡中的"边角矩形"按钮□，绘制一个矩形并标注智能尺寸，如图 5-43 所示。单击"尺寸 / 几何关系"工具栏中的"添加几何关系"按钮⊥，或执行"工具"→"几何关系"→"添加几何关系"菜单命令，添加矩形上水平边线与原点的中点约束，如图 5-44 所示。

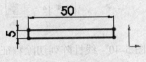

图 5-43　绘制矩形

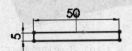

图 5-44　添加"中点"约束

**03** 生成拉伸特征。单击"特征"选项卡中的"拉伸凸台 / 基体"按钮⬚，或执行"插入"→"凸台 / 基体"→"拉伸"菜单命令，系统弹出"凸台 - 拉伸"属性管理器，在"方向 1"的"深度"选项中输入 5mm。单击"确定"按钮✔，生成拉伸特征如图 5-45 所示。

**04** 绘制草图。单击图 5-46 所示拉伸实体的一个面作为基准面，然后单击"草图"选项卡中的"边角矩形"按钮□，绘制一个矩形，矩形要大于拉伸实体的投影面积，如图 5-47 所示。

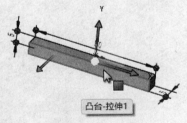

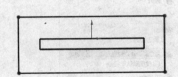

图 5-45　生成拉伸特征　　　　图 5-46　选择基准面　　　　图 5-47　绘制矩形

**05** 生成拉伸特征。单击"特征"选项卡中的"拉伸凸台 / 基体"按钮⬚，或执行"插入"→"凸台 / 基体"→"拉伸"菜单命令，系统弹出"凸台 - 拉伸"属性管理器，在"方向 1"的"深度"选项中输入 5mm，如图 5-48 所示。单击"确定"按钮✔。

**06** 生成圆角特征。单击"特征"选项卡中的"圆角"按钮⬚，或执行"插入"→"特征"→"圆角"菜单命令，系统弹出"圆角"属性管理器。选择"圆角类型"为"恒定大小圆角"，在"圆角半径"文本框中输入 2mm，选择实体的边线，如图 5-49 所示。单击"确定"按钮，✔生成圆角。

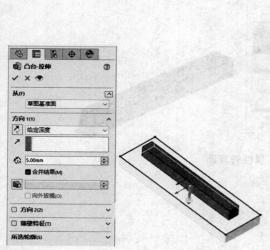

图 5-48　"凸台 - 拉伸"属性管理器　　　　　　图 5-49　"圆角"属性管理器

**07** 绘制草图。在实体上选择图 5-50 所示的面作为绘图的基准面，单击"草图"选项卡中的"草图绘制"按钮▢，然后单击"草图"选项卡中的"转换实体引用"按钮▢，将选择的矩形表面转换成矩形图素，如图 5-51 所示。

**08** 生成拉伸切除特征。单击"特征"选项卡中的"拉伸切除"按钮▣，或执行"插入"→"切除"→"拉伸"菜单命令，弹出"切除 - 拉伸"属性管理器。在"方向 1"的终止条件中选择"完全贯穿"。单击"确定"按钮✔，完成拉伸切除操作，结果如图 5-52 所示。

图 5-50　选择基准面　　　　　　图 5-51　生成草图　　　　　　图 5-52　完成拉伸切除操作

**09** 更改成形工具切穿部位的颜色。在生成成形工具时，需要切穿的部位要将其颜色更改为红色。拾取成形工具的两个侧面，单击"视图（前导）"工具栏中的"编辑外观"按钮🎨，弹出"颜色"属性管理器。选择"红色"RGB 标准颜色，即 R=255，G=0，B=0，其他设置采用默认，如图 5-53 所示。单击"确定"按钮✔。

**10** 绘制成形工具定位草图。单击成形工具，以图 5-54 所示的表面作为基准面，单击"草图"选项卡中的"草图绘制"按钮▢，然后单击"草图"选项卡中的"转换实体引用"按钮▢，将选择表面转换成图素，如图 5-55 所示。单击"退出草图"按钮↳。

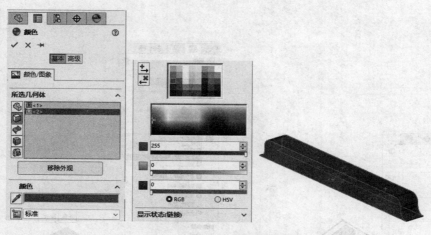

图 5-53 "颜色"属性管理器

图 5-54 选择基准面

图 5-55 转换成图素

**11** 保存成形工具。单击快速访问工具栏中的"保存"按钮 🖫，或执行"文件"→"保存"菜单命令，在弹出的"另存为"对话框中输入名称为"计算机机箱侧板成形工具"，单击"保存"按钮。在 FeatureManager 设计树中右击成形工具零件名称，在弹出的菜单中选择"添加到库"命令，如图 5-56 所示，系统弹出"添加到库"属性管理器，在"设计库文件夹"栏中选择"lances"文件夹作为成形工具的保存位置，如图 5-57 所示。将此成形工具命名为"计算机机箱侧板成形工具"，如图 5-58 所示，设置保存类型为".sldprt"，单击"确定"按钮 ✔，完成对成形工具的保存。

图 5-56 添加到库

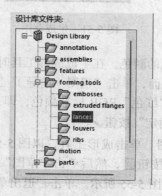

图 5-57 选择保存位置

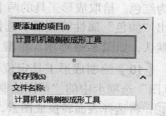

图 5-58 将成形工具命名

### 5.1.4　添加成形工具

**01** 向计算机机箱侧板添加成形工具。

❶ 单击右边的"设计库"按钮 🛢，根据图 5-59 所示的路径找到保存成形工具的文件夹 🛢 lances，找到需要添加的"计算机机箱侧板成形工具"，将其拖放到钣金件的侧面上，弹出"成形工具特征"属性管理器，单击"确定"按钮 ✔，完成对成形工具的添加。

图 5-59　已保存成形工具

❷ 在 FeatureManager 设计树中选择"计算机机箱侧板成形工具"下拉列表中的第一个草图进行编辑，单击"草图"选项卡中的"智能尺寸"按钮 ᶜ，标注成形工具在钣金件上的位置尺寸，如图 5-60 所示。

图 5-60　标注成形工具的位置尺寸

> 💡 **注意**
>
> 在添加成形工具时，系统默认成形工具所放置的面是凹面。拖放成形工具的过程中，如果按下 Tab 键，可使成形工具在钣金件上所放置的面在凹面和凸面间进行切换。

**02** 线性阵列成形工具。单击"特征"选项卡中的"线性阵列"按钮 ⬚⬚，或执行"插入"→"阵列/镜像"→"线性阵列"菜单命令，弹出"线性阵列"属性管理器，在"方向 1"的"阵列方向"中单击，拾取钣金件的一条边线，单击 ⤸ 按钮切换阵列方向，在"间距"文本框中输入 20mm，在属性管理器中的"方向 2"的"阵列方向"中单击，拾取钣金件的一条边线，并且切换阵列方向，如图 5-61 所示。然后在 FeatureManager 设计树中单击"计算机机箱侧板成形工具"名称，单击"确定"按钮✔，完成对成形工具的线性阵列，结果如图 5-62 所示。

**03** 展开钣金件。右击 FeatureManager 设计树中的"平板型式 1"，在弹出的快捷菜单中选择"解除压缩"命令，将钣金件展开，结果如图 5-63 所示。

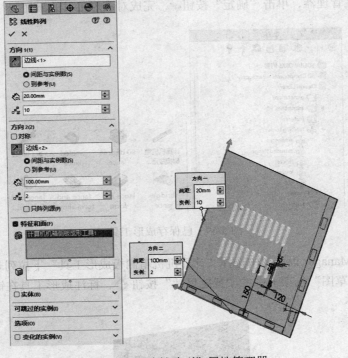

图 5-61 "线性阵列"属性管理器

图 5-62 线性阵列成形工具

图 5-63 展开后的钣金件

## 5.2 仪表面板

本节将介绍仪表面板的设计过程，其创建过程如图 5-64 所示。。在设计过程中运用了插入折弯、边线法兰、展开、异型孔向导等工具，采用了先设计零件实体，然后通过钣金工具在实体上添加钣金特征，从而形成钣金件的设计方法。

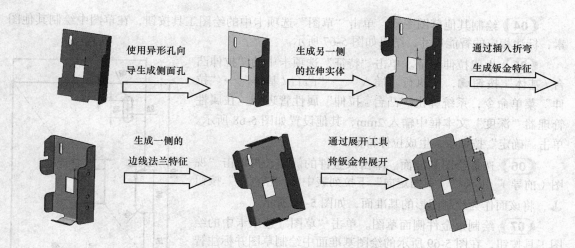

图 5-64　仪表面板的创建过程

【操作步骤】

(01) 启动 SOLIDWORKS 2024，单击快速访问工具栏中的"新建"按钮，或执行"文件"→"新建"菜单命令，在弹出的"新建 SOLIDWORKS 文件"对话框中选择"零件"按钮，单击"确定"按钮，创建一个新的零件文件。

(02) 绘制草图及添加中点约束。

❶ 在 FeatureManager 设计树中选择"前视基准面"作为绘图基准面，单击"草图"选项卡中的"边角矩形"按钮，绘制一个矩形并标注智能尺寸。单击"草图"选项卡中的"中心线"按钮，绘制一条对角构造线。

❷ 单击"草图"选项卡中的"添加几何关系"按钮，在弹出的"添加几何关系"属性管理器中单击，拾取矩形对角构造线和坐标原点，选择"中点"选项（添加中点约束），然后单击"确定"按钮，结果如图 5-65 所示。

(03) 绘制矩形。单击"草图"选项卡中的"边角矩形"按钮，在草图中绘制一个矩形（矩形的对角点分别在坐标原点和大矩形的对角线上）并标注智能尺寸，如图 5-66 所示。

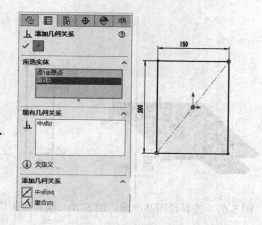

图 5-65　绘制矩形草图

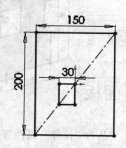

图 5-66　绘制草图中的矩形

**04** 绘制其他草图图素。单击"草图"选项卡中的绘图工具按钮，在草图中绘制其他图素，标注相应的智能尺寸，结果如图 5-67 所示。

**05** 生成拉伸特征。单击"特征"选项卡中的"拉伸凸台 / 基体"按钮 ⬛，或执行"插入"→"凸台 / 基体"→"拉伸"菜单命令，系统弹出"凸台 - 拉伸"属性管理器，在属性管理器"深度"文本框中输入 2mm，其他设置如图 5-68 所示。单击"确定"按钮 ✔，生成拉伸特征。

**06** 选择绘图基准面。单击钣金件的侧面，再单击"视图（前导）"工具栏"视图定向"下拉列表中的"正视于"按钮 ↧，将该面作为绘制图形的基准面，如图 5-69 所示。

**07** 绘制钣金件侧面草图。单击"草图"选项卡中的绘图工具按钮，在图 5-69 所示的绘图基准面中绘制草图并标注智能尺寸，如图 5-70 所示。

**08** 生成拉伸特征。单击"特征"选项卡中的"拉伸凸台 / 基体"按钮 ⬛，或执行"插入"→"凸台 / 基体"→"拉伸"菜单命令，系统弹出"凸台 - 拉伸"属性管理器，输入拉伸厚度为 2mm，单击"反向"按钮 ↗，如图 5-71 所示。单击"确定"按钮 ✔，结果如图 5-72 所示。

**09** 选择绘制孔位置草图基准面。单击钣金件侧板的外面，再单击"标准视图"工具栏中的"垂直于"按钮 ↧，将该面作为绘制草图的基准面，如图 5-73 所示。

**10** 绘制草图。单击"草图"选项卡中的"中心线"按钮 ⁄，绘制一条构造线，再单击"草图"选项卡中的"点"按钮 ▪，在构造线上绘制三个点并标注智能尺寸，如图 5-74 所示，然后单击"退出草图"按钮 ↳。

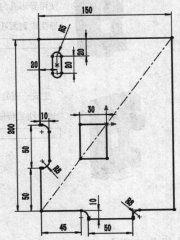

图 5-67 绘制其他草图图素

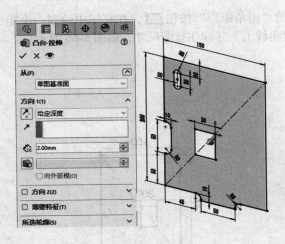

图 5-68 "凸台 - 拉伸"属性管理器　　图 5-69 选择绘图基准面

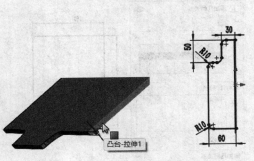

图 5-70 绘制侧面草图

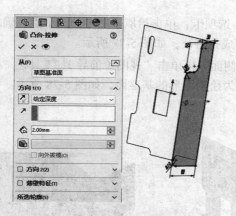

图 5-71　"凸台 - 拉伸"属性管理器

图 5-72　生成的拉伸特征

图 5-73　选择基准面

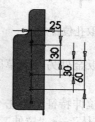

图 5-74　绘制草图

**11** 生成孔特征。

❶ 单击"特征"选项卡中的"异型孔向导"按钮，或执行"插入"→"特征"→"孔向导"菜单命令，系统弹出"孔规格"属性管理器。在"孔类型"选项组中单击"孔"按钮，选择"GB"标准，设置"大小"为 M10、"深度"为 10mm，如图 5-75 所示。

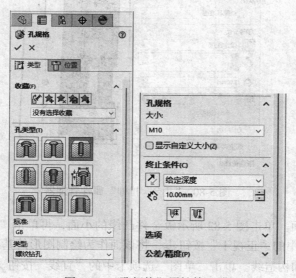

图 5-75　"孔规格"属性管理器

❷ 选择"孔规格"属性管理器中的"位置"选项卡，单击拾取草图中的三个点，确定孔的位置，如图 5-76 所示。单击"确定"按钮✔，生成孔特征，如图 5-77 所示。

**12** 选择绘图基准面。单击钣金件的另一侧面，再单击"视图（前导）"工具栏"视图定向"下拉列表中的"正视于"按钮↥，将该面作为绘制图形的基准面，如图 5-78 所示。

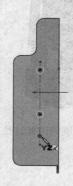
图 5-76 拾取孔位置点

图 5-77 生成孔特征

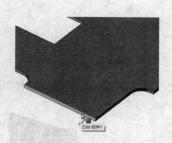
图 5-78 选择基准面

**13** 绘制钣金件另一侧草图。单击"草图"选项卡中的绘图工具按钮，绘制草图，结果如图 5-79 所示。

**14** 生成拉伸特征。单击"特征"选项卡中的"拉伸凸台 / 基体"按钮🗐，或执行"插入"→"凸台 / 基体"→"拉伸"菜单命令，系统弹出"凸台 - 拉伸"属性管理器，在"方向 1"的"厚度"中输入 2mm，单击"反向"按钮⤵，如图 5-80 所示。单击"确定"按钮✔，结果如图 5-81 所示。

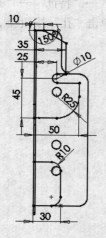
图 5-79 绘制草图

图 5-80 "凸台 - 拉伸"属性管理器

图 5-81 生成拉伸特征

**15** 选择基准面。单击图 5-82 所示钣金件凸缘的小面，再单击"视图（前导）"工具栏"视图定向"下拉列表中的"正视于"按钮↥，将该面作为绘制图形的基准面。

**16** 绘制直线和构造线。单击"草图"选项卡中的"直线"按钮╱，绘制一条直线和构造线，结果如图 5-83 所示。

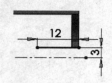

图 5-82 选择绘图基准面 　　　　　　　　　　图 5-83 绘制直线和构造线

**(17)** 绘制第一条圆弧。单击"草图"选项卡中的"圆心 / 起点 / 终点画弧"按钮，绘制一条圆弧，如图 5-84 所示。

**(18)** 添加几何关系。单击"草图"选项卡中的"添加几何关系"按钮，在弹出的如图 5-85 所示的"添加几何关系"属性管理器中单击拾取圆弧的起点（即直线左侧端点）和圆弧的圆心，选择"竖直"选项，单击"确定"按钮，添加竖直约束。最后标注圆弧的智能尺寸，如图 5-86 所示。

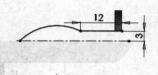

图 5-84 绘制第一条圆弧

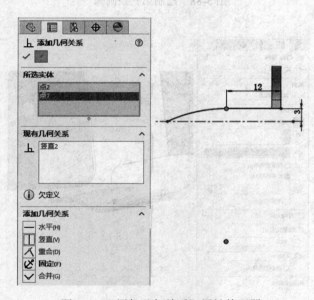

图 5-85 "添加几何关系"属性管理器

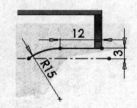

图 5-86 标注智能尺寸

**(19)** 绘制第二条圆弧。单击"草图"选项卡中的"切线弧"按钮，绘制第二条圆弧（圆弧的两端点均在构造线上）并标注其尺寸，如图 5-87 所示。

**(20)** 绘制第三条圆弧。单击"草图"选项卡中的"切线弧"按钮，绘制第三条圆弧（圆弧的起点与第二条圆弧的终点重合），设置圆弧终点与圆心的几何关系为"竖直"约束，然后标注智能尺寸，如图 5-88 所示。

**(21)** 拉伸生成薄壁特征。单击"特征"选项卡中的"拉伸凸台 / 基体"按钮，或执行"插入"→"凸台 / 基体"→"拉伸"菜单命令，在弹出的"凸台 - 拉伸"属性管理器的"方向1"中选择"成形到面"，拾取图 5-89 所示的小面，在"薄壁特征"的"厚度"文本框中输入2mm，如图 5-90 所示。单击"确定"按钮，结果如图 5-91 所示。

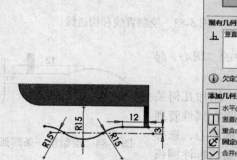

图 5-87　绘制第二条圆弧

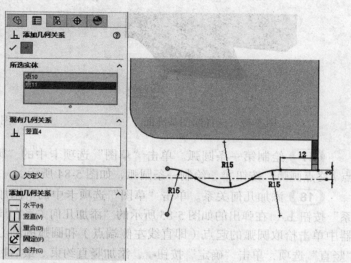

图 5-88　绘制第三条圆弧

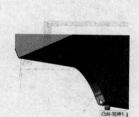

图 5-89　拾取小面

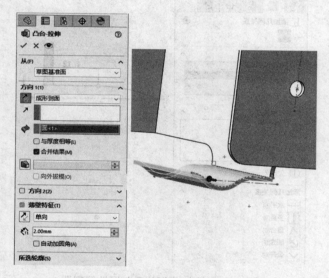

图 5-90　"凸台 - 拉伸"属性管理器

图 5-91　生成的薄壁特征

**22** 生成折弯。单击"钣金"选项卡中的"插入折弯"按钮，或执行"插入"→"钣金"→"折弯"菜单命令，弹出"折弯"属性管理器。单击钣金件的大平面作为固定面，输入折弯半径 3mm，其他设置如图 5-92 所示，单击"确定"按钮，结果如图 5-93 所示。

图 5-92　"折弯"属性管理器

图 5-93　生成折弯

> **注意**
>
> 在进行插入折弯操作时，只要钣金件是同一厚度，选定固定面或边后，系统将会自动将折弯添加在零件的转折部位。

**23** 生成边线法兰特征。

❶ 单击"钣金"选项卡中的"边线法兰"按钮，或执行"插入"→"钣金"→"边线法兰"菜单命令，弹出"边线 - 法兰 1"属性管理器。单击如图 5-94 所示的钣金件边线，输入法兰长度 30mm，其他设置如图 5-95 所示。单击"确定"按钮。

图 5-94　边线法兰

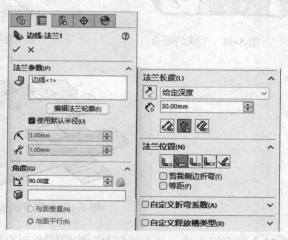

图 5-95　"边线 - 法兰 1"属性管理器

❷ 单击"编辑法兰轮廓"按钮，通过标注智能尺寸编辑边线法兰的轮廓，如图 5-96 所示，单击图 5-97 所示的"轮廓草图"对话框中的"完成"按钮，生成边线法兰。

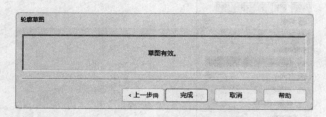

图 5-96 编辑边线法兰轮廓      图 5-97 "轮廓草图"对话框

**24** 对边线法兰进行圆角。单击"特征"选项卡中的"圆角"按钮 🔲，或执行"插入"→"特征"→"圆角"菜单命令，对边线法兰进行半径为 10mm 的圆角操作，生成的钣金件如图 5-98 所示。

**25** 展开钣金件。单击"钣金"选项卡中的"展开"按钮 🔄，或执行"插入"→"钣金"→"展开"菜单命令，弹出"展开"属性管理器。选择钣金件的大平面作为固定面，单击"收集所有折弯"按钮，系统将自动收集所有需要展开的折弯，如图 5-99 所示。单击"确定"按钮 ✔，展开钣金件，如图 5-100 所示。

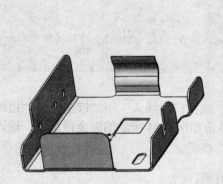

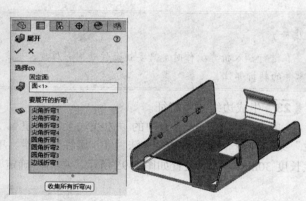

图 5-98 生成的钣金件      图 5-99 进行展开钣金件操作

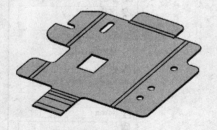

图 5-100 展开的钣金件

**26** 保存钣金件。单击"保存"按钮 🖫 将钣金件文件保存。

## 5.3　硬盘支架

本节将介绍硬盘支架的设计过程。在设计过程中运用了基体法兰、边线法兰、褶边、自定义成形工具、添加成形工具及通风口等钣金设计工具。此钣金件是一个较复杂的钣金件，在设计过程中综合运用了钣金的各项设计功能，其创建过程如图 5-101 所示。

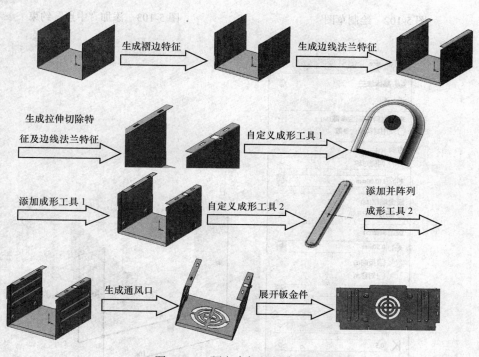

图 5-101　硬盘支架的创建过程

【操作步骤】

### 5.3.1　创建硬盘支架主体

**01** 启动 SOLIDWORKS 2024，单击快速访问工具栏中的"新建"按钮，或执行"文件"→"新建"菜单命令，在弹出的"新建 SOLIDWORKS 文件"对话框中选择"零件"按钮，单击"确定"按钮，创建一个新的零件文件。

**02** 绘制草图。在 FeatureManager 设计树中选择"前视基准面"作为绘图基准面，单击"草图"选项卡中的"边角矩形"按钮，绘制一个矩形，将矩形上直线删除，标注智能尺寸，如图 5-102 所示。将水平线与坐标原点添加"中点"约束几何关系，如图 5-103 所示。单击"退出草图"按钮。

**03** 生成基体法兰特征。单击刚绘制的草图，然后单击"钣金"选项卡中的"基体法兰 / 薄片"按钮，或执行"插入"→"钣金"→"基体法兰"菜单命令，弹出"基体法兰"属性管理器。在"方向 1"的"终止条件"下拉列表中选择"两侧对称"，在"深度"文本框中输入 110mm，在"厚度"文本框中输入 0.5mm，在"圆角半径"文本框中输入 1mm，其他设置如图 5-104 所示。单击"确定"按钮，生成基体法兰特征。

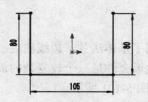

图 5-102　绘制草图

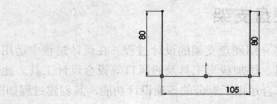

图 5-103　添加"中点"约束

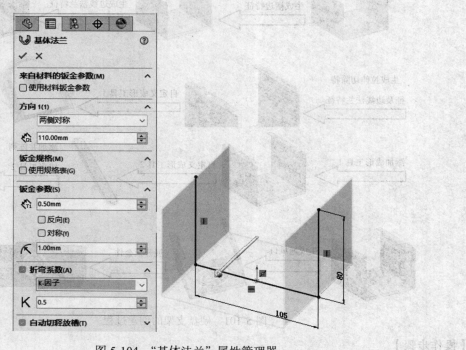

图 5-104　"基体法兰"属性管理器

**04** 生成褶边特征。单击"钣金"选项卡中的"褶边"按钮，或执行"插入"→"钣金"→"褶边"菜单命令，在弹出的属性管理器中选择"材料在内"选项，在"类型和大小"选项组中选择"闭合"选项，其他设置如图 5-105 所示。选择图 5-105 中所示的三条边线，单击"确定"按钮，生成褶边特征。

**05** 生成"边线法兰"特征。

❶ 单击"钣金"选项卡中的"边线法兰"按钮，或执行"插入"→"钣金"→"边线法兰"菜单命令，在属性管理器中的"法兰长度"栏中输入 10mm，选择"外部虚拟交点"选项，在"法兰位置"栏中选择"折弯在外"选项，其他设置如图 5-106 所示。

❷ 选择如图 5-107 所示的边线，然后单击属性管理器中的"编辑法兰轮廓"按钮，进入编辑法兰轮廓状态，如图 5-108 所示。单击图 5-109 所示的边线，删除其"在边线上 2"的约束，然后通过标注智能尺寸编辑法兰轮廓，如图 5-110 所示。单击"完成"按钮，结束对法兰轮廓的编辑。

**06** 采用同样的方法，生成钣金件另一侧面上的边线法兰特征，如图 5-111 所示。

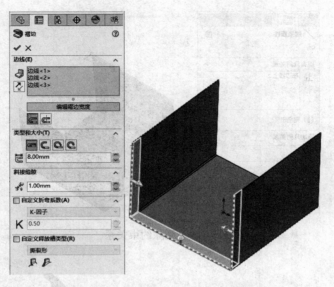

图 5-105　"褶边"属性管理器

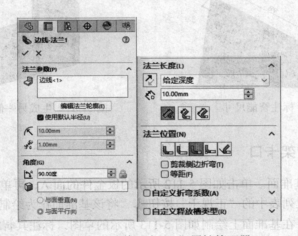

图 5-106　"边线 - 法兰 1"属性管理器

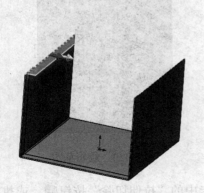

图 5-107　选择边线

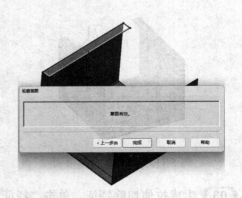

图 5-108　编辑法兰轮廓

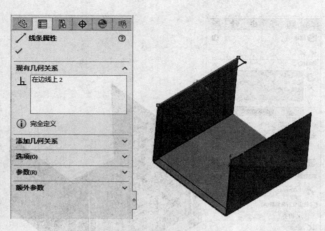

图 5-109　删除约束关系

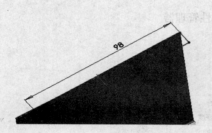

图 5-110　标注智能尺寸

图 5-111　生成另一侧边线法兰特征

## 5.3.2　创建硬盘支架卡口

**01** 选择绘图基准面。单击如图 5-112 所示的钣金件的面 A，再单击"视图（前导）"工具栏"视图定向"下拉列表中的"正视于"按钮，将该基准面作为绘制图形的基准面。

**02** 绘制草图。在基准面上绘制如图 5-113 所示的草图，标注其智能尺寸。

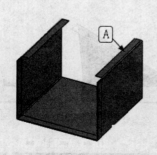

图 5-112　选择绘图基准面

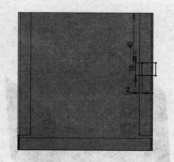

图 5-113　绘制草图

**03** 生成拉伸切除特征。单击"特征"选项卡中的"拉伸切除"按钮，或执行"插入"→"切除"→"拉伸"菜单命令，在弹出的属性管理器的"深度"文本框中输入 1.5mm，其他设置如图 5-114 所示。单击"确定"按钮 ✔，完成拉伸切除。

**04** 生成边线法兰特征。

❶ 单击"钣金"选项卡中的"边线法兰"按钮 🦴，或执行"插入"→"钣金"→"边线法兰"菜单命令，弹出"边线 - 法兰 3"属性管理器。在"法兰长度"选项组中输入 6mm，选择"外部虚拟交点"选项 🔗，在"法兰位置"选项组中选择"折弯在外"选项 📐，其他设置如图 5-115 所示。

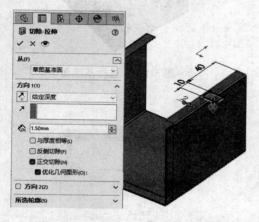

图 5-114　"切除 - 拉伸"属性管理器

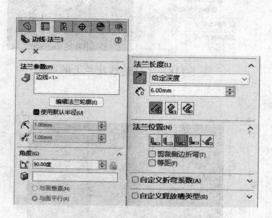

图 5-115　"边线 - 法兰 3"属性管理器

❷ 选择如图 5-116 所示的边线，单击属性管理器中的"编辑法兰轮廓"按钮，进入编辑法兰轮廓状态，通过标注智能尺寸编辑法兰轮廓，如图 5-117 所示。单击"完成"按钮，结束对法兰轮廓的编辑。

图 5-116　拾取边线

图 5-117　编辑法兰轮廓

**05** 生成边线法兰上的孔。在图 5-117 所示的边线法兰面上绘制一个直径为 3mm 的圆，进行拉伸切除操作，生成一个通孔，如图 5-118 所示。单击"确定"按钮 ✔。

**06** 选择绘图基准面。单击图 5-119 所示的钣金件面 A，再单击"视图（前导）"工具栏"视图定向"下拉列表中的"正视于"按钮 ↓，将该面作为绘制图形的基准面。

**07** 绘制草图。单击"草图"选项卡中的"边角矩形"按钮 □，在如图 5-119 所示的基准面上绘制 4 个矩形，然后标注智能尺寸，如图 5-120 所示。

**08** 生成拉伸切除特征。单击"特征"选项卡中的"拉伸切除"按钮 📵，或执行"插入"→"切除"→"拉伸"菜单命令，在弹出的属性管理器中的"深度"文本框中输入 0.5mm，其他设置如图 5-121 所示。单击"确定"按钮 ✔，生成拉伸切除特征，结果如图 5-122 所示。

图 5-118 生成边线法兰上的通孔

图 5-119 选择基准面

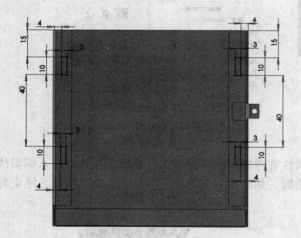

图 5-120 绘制草图

图 5-121 "切除 - 拉伸"属性管理器

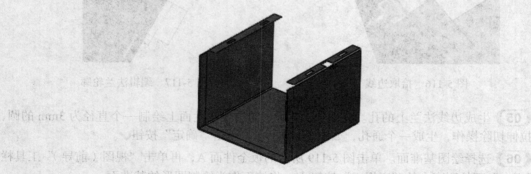

图 5-122 生成拉伸切除特征

### 5.3.3 创建成形工具 1

在进行钣金设计过程中，如果软件设计库中没有需要的成形特征，就要求用户自己创建，下面介绍本钣金件中创建自定义成形工具 1 的步骤。

**01** 建立新文件。单击快速访问工具栏中的"新建"按钮，或执行"文件"→"新建"菜单命令，在弹出的"新建 SOLIDWORKS 文件"对话框中选择"零件"按钮，单击"确定"按钮，创建一个新的零件文件。

**02** 绘制草图。在 FeatureManager 设计树中选择"前视基准面"作为绘图基准面，单击"草图"选项卡中的"圆"按钮，绘制一个圆，将圆心落在坐标原点上，再单击"草图"选项卡中的"边角矩形"按钮，绘制一个矩形，如图 5-123 所示。单击"草图"选项卡中的"添加几何关系"按钮，添加矩形左边竖边线与圆的相切约束，如图 5-124 所示。然后添加矩形另外一条竖边线与圆的相切约束。单击"草图"选项卡中的"剪裁实体"按钮，将矩形上边线和圆的部分线条剪裁掉，如图 5-125 所示，标注智能尺寸如图 5-126 所示。

图 5-123　绘制草图

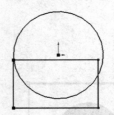

图 5-124　添加相切约束

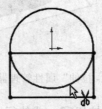

图 5-125　剪裁草图

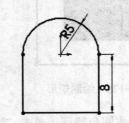

图 5-126　标注智能尺寸

**03** 生成拉伸特征。单击"特征"选项卡中的"拉伸凸台/基体"按钮，或执行"插入"→"凸台/基体"→"拉伸"菜单命令，系统弹出"凸台-拉伸"属性管理器，在方向 1 的"深度"文本框中输入 2mm，如图 5-127 所示。单击"确定"按钮，完成拉伸操作。

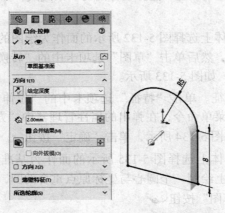

图 5-127　"凸台-拉伸"属性管理器

**04** 绘制另一个草图。选择图 5-128 所示的拉伸实体的一个面作为基准面，然后单击"草图"选项卡中的"边角矩形"按钮 □，绘制一个矩形（矩形要大于拉伸实体的投影面积），如图 5-128 所示。

**05** 生成拉伸特征。单击"特征"选项卡中的"拉伸凸台／基体"按钮 ，或执行"插入"→"凸台／基体"→"拉伸"菜单命令，系统弹出"凸台 - 拉伸"属性管理器，在"方向 1"的"深度"文本框中输入 5mm，如图 5-129 所示，单击"确定"按钮 ✓，完成拉伸操作。

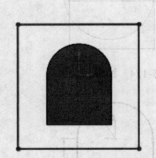

图 5-128　绘制矩形

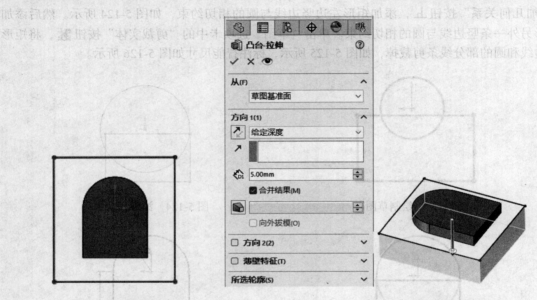

图 5-129　"凸台 - 拉伸"属性管理器

**06** 生成圆角特征。单击"特征"选项卡中的"圆角"按钮 ，或执行"插入"→"特征"→"圆角"菜单命令，系统弹出"圆角"属性管理器，选择"圆角类型"为"恒定大小圆角"，在"圆角半径"文本框中输入 1.5mm，选择实体的边线，如图 5-130 所示。单击"确定"按钮 ✓，生成圆角。继续单击"特征"选项卡中的"圆角"按钮 ，或执行"插入"→"特征"→"圆角"菜单命令，弹出"圆角"属性管理器，选择"圆角类型"为"恒定大小圆角"，在"圆角半径"文本框中输入 0.5mm，选择实体的另一条边线，如图 5-131 所示，单击"确定"按钮 ✓，生成另一个圆角。

**07** 绘制草图。在实体上选择图 5-132 所示的面作为绘图的基准面，单击"草图"选项卡中的"草图绘制"按钮 □，然后单击"草图"选项卡中的"转换实体引用"按钮 ，将选择的矩形表面转换成矩形图素，如图 5-133 所示。

**08** 生成拉伸切除特征。单击"特征"选项卡中的"拉伸切除"按钮 ，或执行"插入"→"切除"→"拉伸"菜单命令，在弹出的属性管理器中"方向 1"的"终止条件"下拉列表中选择"完全贯穿"，如图 5-134 所示，单击"确定"按钮 ✓，完成拉伸切除操作。

**09** 绘制草图。在实体上选择图 5-135 所示的面作为基准面，单击"草图"选项卡中的"圆"按钮 ⊙，在基准面上绘制一个圆心与坐标原点重合的圆，然后标注直径智能尺寸，如图 5-136 所示，单击"退出草图"按钮 。

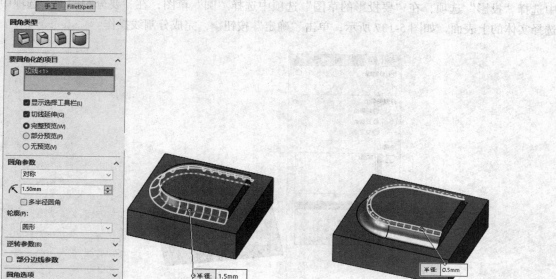

图 5-130　设置圆角 1 参数　　　　　　　　图 5-131　设置圆角 2 参数

图 5-132　选择基准面　　　　　　　　　图 5-133　转换成矩形图素

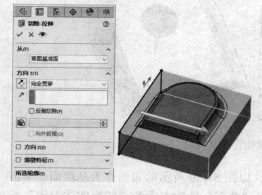

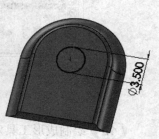

图 5-134　进行拉伸切除操作　　　　　图 5-135　选择基准面　　图 5-136　绘制草图

**10** 生成分割线特征。单击"特征"选项卡中的"分割线"按钮💿，或执行"插入"→"曲线"→"分割线"菜单命令，弹出"分割线"属性管理器，在"分割类型"选项组中选择"投影"选项，在"要投影的草图"选项中选择"圆"草图，在"要分割的面"选项中选择实体的上表面，如图 5-137 所示，单击"确定"按钮✔，完成分割线操作。

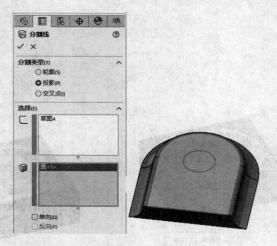

图 5-137 "分割线"属性管理器

**11** 更改成形工具切穿部位的颜色。在使用成形工具时，如果遇到成形工具中红色的表面，系统将对钣金件做切穿处理，所以在生成成形工具时，需要切穿的部位要将其颜色更改为红色。拾取成形工具的两个表面，单击"视图（前导）"工具栏中的"编辑外观"按钮🍐，弹出"颜色"属性管理器，选择"红色"RGB 标准颜色，即 R=255，G=0，B=0，其他设置采用默认，如图 5-138 所示。单击"确定"按钮✔完成颜色设置。

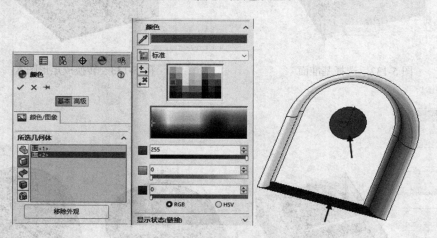

图 5-138 "颜色"属性管理器

**12** 绘制成形工具定位草图。单击成形工具，以图 5-139 所示的表面作为基准面，单击"草图"选项卡中的"草图绘制"按钮▭，然后单击"草图"选项卡中的"转换实体引用"按钮⬡，将选择表面转换成图素，如图 5-140 所示。单击"退出草图"按钮↳。

图 5-139　选择基准面

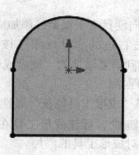

图 5-140　表面转换成图素

💡 注意

在设计成形工具的过程中必须绘制定位草图，如果没有定位草图，这个成形工具将不能够使用。

**(13)** 保存成形工具。单击快速访问工具栏中的"保存"按钮 📇，或执行"文件"→"保存"菜单命令，在弹出的"另存为"对话框中输入名称"硬盘成形工具 1"，然后单击"保存"按钮。在 FeatureManager 设计树中右击成形工具零件名称，在弹出的快捷菜单中选择"添加到库"命令，如图 5-141 所示。系统弹出"添加到库"属性管理器，在"设计库文件夹"中选择"lances"文件夹作为成形工具的保存位置，如图 5-142 所示。将此成形工具命名为"硬盘成形工具 1"，如图 5-143 所示，设置保存类型为".sldprt"，单击"确定"按钮 ✔，完成对成形工具的保存。

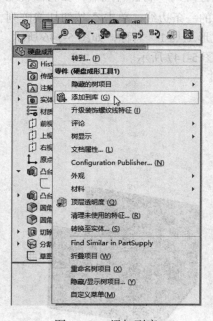

图 5-141　添加到库

图 5-142　选择保存位置

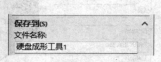

图 5-143　为成形工具命名

### 5.3.4 添加成形工具 1

**01** 向硬盘支架钣金件添加成形工具。

❶ 单击右边的"设计库"按钮 ，根据图 5-144 所示的路径找到成形工具的文件夹 🎍 lances，找到需要添加的"硬盘成形工具 1"，将其拖放到钣金件的侧面上，弹出"成形工具特征"属性管理器。

❷ 选择"成形工具特征"属性管理器中的"位置"选项卡，单击"草图"选项卡中的"智能尺寸"按钮，标注成形工具在钣金件上的位置尺寸，如图 5-145 所示。，单击"确定"按钮，完成对成形工具的添加。

图 5-144 已保存成形工具

图 5-145 标注成形工具的位置尺寸

**02** 线性阵列成形工具。单击"特征"选项卡中的"线性阵列"按钮，或执行"插入"→"阵列/镜像"→"线性阵列"菜单命令，弹出"线性阵列"属性管理器，在属性管理器中的"方向 1"的"阵列方向"选项中单击，拾取钣金件的一条边线，单击按钮切换阵列方向，在"间距"文本框中输入 70mm，然后单击"硬盘成形工具 1"名称，如图 5-146 所示。单击"确定"按钮，完成对成形工具的线性阵列，结果如图 5-147 所示。

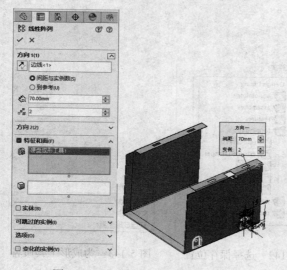

图 5-146 "线性阵列"属性管理器

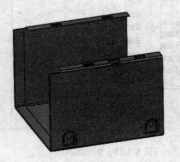

图 5-147 线性阵列成形工具

> **注意**
>
> 　在添加成形工具时，系统默认成形工具所放置的面是凹面，拖放成形工具的过程中，如果按下
> Tab 键，以便成形工具在钣金件上所放置的面在凹面和凸面间进行切换。

**03** 镜像成形工具。单击"特征"选项卡中的"镜像"按钮 ，或执行"插入"→"阵列 / 镜像"→"镜像"菜单命令，弹出"镜像"属性管理器。在"镜像面 / 基准面"选项组中选择"右视基准面"作为镜像面，在"要镜像的特征"选项组中选择"硬盘成形工具 1"和"阵列（线形）1"作为要镜像的特征，其他设置采用默认，如图 5-148 所示。单击"确定"按钮 ，完成对成形工具的镜像。

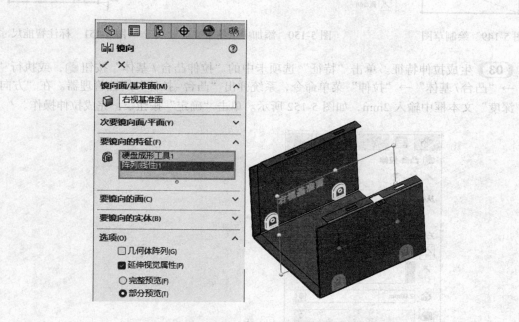

图 5-148　"镜像"属性管理器

## 5.3.5　创建成形工具 2

**01** 建立新文件。单击快速访问工具栏中的"新建"按钮 ，或执行"文件"→"新建"菜单命令，在弹出的"新建 SOLIDWORKS 文件"对话框中选择"零件"按钮 ，单击"确定"按钮，创建一个新的零件文件。

**02** 绘制草图。在 FeatureManager 设计树中选择"前视基准面"作为绘图基准面，单击"草图"选项卡中的"边角矩形"按钮 ，绘制一个矩形，再单击"草图"选项卡中的"中心线"按钮 ，绘制矩形的一条对角线，结果如图 5-149 所示。单击"草图"选项卡中的"添加几何关系"按钮 ，添加矩形对角线与坐标原点的中点约束，如图 5-150 所示。然后标注矩形的智能尺寸，如图 5-151 所示。

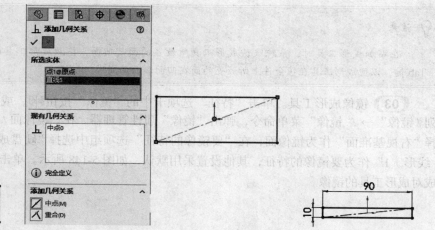

图 5-149　绘制草图　　　　图 5-150　添加中点约束　　　　图 5-151　标注智能尺寸

**03** 生成拉伸特征。单击"特征"选项卡中的"拉伸凸台/基体"按钮，或执行"插入"→"凸台/基体"→"拉伸"菜单命令，系统弹出"凸台-拉伸"属性管理器。在"方向1"的"深度"文本框中输入2mm，如图5-152所示。单击"确定"按钮，完成拉伸操作。

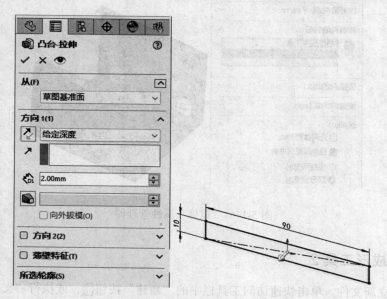

图 5-152　"凸台-拉伸"属性管理器

**04** 绘制另一个草图。选择图 5-152 所示的拉伸实体的一个面作为基准面，然后单击"草图"选项卡中的"边角矩形"按钮，绘制一个矩形（矩形要大于拉伸实体的投影面积），如图 5-153 所示。

**05** 生成拉伸特征。单击"特征"选项卡中的"拉伸凸台/基体"按钮，或执行"插入"→"凸台/基体"→"拉伸"菜单命令，系统弹出"凸台-拉伸"属性管理器。在"方向1"的"深度"文本框中输入5mm，如图5-154所示，单击"确定"按钮，完成拉伸操作。

单击"特征"选项卡中的……插入"……"圆角"……菜单命令，
选择"圆角类型"为"恒定大小圆角"，又本框中输入 0.5mm，选择实体的
另一条边线，如图 5-157 所示。……生成另一个圆角。

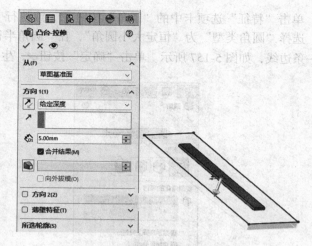

图 5-154　"凸台-拉伸"属性管理器

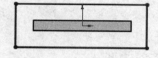

图 5-153　绘制矩形

**06** 生成圆角特征。单击"特征"选项卡中的"圆角"按钮，或执行"插入"→"特征"→"圆角"菜单命令，系统弹出"圆角"属性管理器。选择"圆角类型"为"恒定大小圆角"，在"圆角半径"文本框中输入 4mm，选择实体的边线，如图 5-155 所示。单击"确定"按钮，生成圆角。

单击"特征"选项卡中的"圆角"按钮，或执行"插入"→"特征"→"圆角"菜单命令，弹出"圆角"属性管理器。选择"圆角类型"为"恒定大小圆角"，在"圆角半径"文本框中输入 1.5mm，选择实体的另一条边线，如图 5-156 所示。单击"确定"按钮，生成另一个圆角。

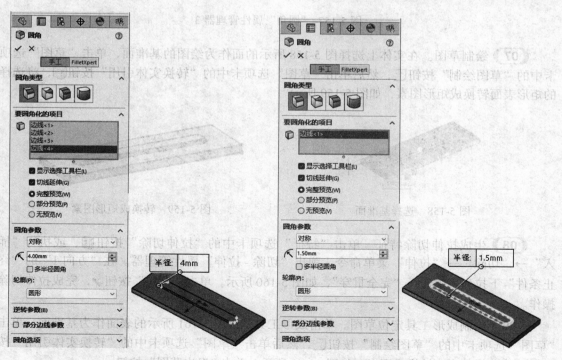

图 5-155　"圆角"属性管理器 1　　　　　　　图 5-156　"圆角"属性管理器 2

单击"特征"选项卡中的"圆角"按钮 ，或执行"插入"→"特征"→"圆角"菜单命令，选择"圆角类型"为"恒定大小圆角"，在"圆角半径"文本框中输入 0.5mm，选择实体的另一条边线，如图 5-157 所示。单击"确定"按钮 ✔，生成另一个圆角。

图 5-157 "圆角"属性管理器 3

**07** 绘制草图。在实体上选择图 5-158 所示的面作为绘图的基准面，单击"草图"选项卡中的"草图绘制"按钮 📝，然后单击"草图"选项卡中的"转换实体引用"按钮 📦，将选择的矩形表面转换成矩形图素，如图 5-159 所示。

图 5-158 选择基准面

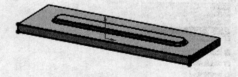

图 5-159 转换成矩形图素

**08** 生成拉伸切除特征。单击"特征"选项卡中的"拉伸切除"按钮 📦，或执行"插入"→"切除"→"拉伸"菜单命令，弹出"切除 - 拉伸"属性管理器。在"方向 1"的"终止条件"下拉列表中选择"完全贯穿"，如图 5-160 所示。单击"确定"按钮 ✔，完成拉伸切除操作。

**09** 绘制成形工具定位草图。单击成形工具，以图 5-161 所示的表面作为基准面，单击"草图"选项卡中的"草图绘制"按钮 📝，然后单击"草图"选项卡中的"转换实体引用"按钮 📦，将选择的表面转换成图素，如图 5-162 所示，单击"退出草图"按钮 📝。

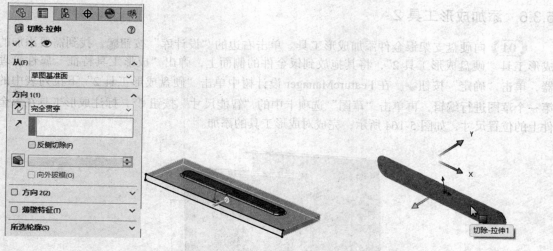

图 5-160　"切除 - 拉伸"属性管理器　　　　　　图 5-161　选择基准面

**10** 保存成形工具。单击快速访问工具栏中的"保存"按钮 🖫，或执行"文件"→"保存"菜单命令，在弹出的"另存为"对话框中输入名称为"硬盘成形工具 2"，然后单击"保存"按钮。在 FeatureManager 设计树中右击成形工具零件名称，在弹出的快捷菜单中选择"添加到库"命令，弹出"添加到库"属性管理器。在"设计库文件夹"中选择"lances"文件夹作为成形工具的保存位置，将此成形工具命名为"硬盘成形工具 2"，睡着"保存类型"为".sldprt"，如图 5-163 所示。单击"确定"按钮 ✓，完成对成形工具 2 的保存。

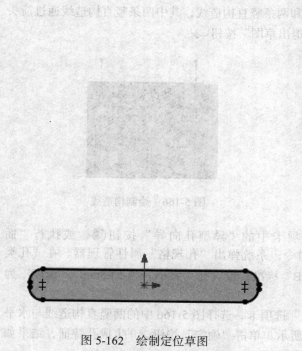

图 5-162　绘制定位草图

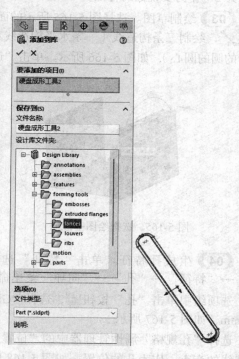

图 5-163　保存成形工具

### 5.3.6  添加成形工具 2

**01** 向硬盘支架钣金件添加成形工具。单击右边的"设计库"按钮🔍，找到需要添加的成形工具"硬盘成形工具 2"，将其拖放到钣金件的侧面上，弹出"成形工具特征"属性管理器，单击"确定"按钮✔。在 FeatureManager 设计树中单击"硬盘成形工具 2"下拉列表中的第一个草图进行编辑，再单击"草图"选项卡中的"智能尺寸"按钮✧，标注成形工具在钣金件上的位置尺寸，如图 5-164 所示，完成对成形工具的添加。

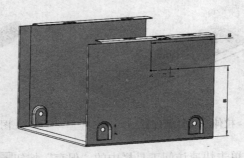

图 5-164　标注成形工具的位置尺寸

**02** 镜像成形工具。单击"特征"选项卡中的"镜像"按钮🗝，或执行"插入"→"阵列 / 镜像"→"镜像"菜单命令，弹出"镜像"属性管理器。在属性管理器中的"镜像面 / 基准面"选项组中选择"右视基准面"作为镜像面，在"要镜像的特征"选项组中选择"硬盘成形工具 2"作为要镜像的特征。

**03** 绘制草图。选择图 5-165 所示的面作为基准面，单击"草图"选项卡中的"中心线"按钮✍，绘制三条构造线（一条水平构造线和两条竖直构造线，其中两条竖直构造线通过箭头所指的圆的圆心），如图 5-166 所示。单击"退出草图"按钮↳。

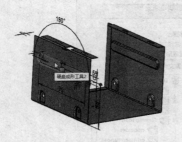

图 5-165　选择绘图基准面

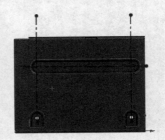

图 5-166　绘制构造线

**04** 生成孔特征。单击"特征"选项卡中的"异型孔向导"按钮🔩，或执行"插入"→"特征"→"孔"→"向导"菜单命令，系统弹出"孔规格"属性管理器。在"孔类型"选项组中单击"孔"按钮🔲，选择"GB"标准，设置孔"大小"为 $\phi$3.5mm、"深度"为 120mm，如图 5-167 所示。

选择"孔规格"属性管理器中的"位置"选项卡，选择图 5-166 中的两竖直构造线与水平构造线的交点，作为孔的位置，如图 5-168 所示。单击"确定"按钮✔，生成孔特征，结果如图 5-169 所示。

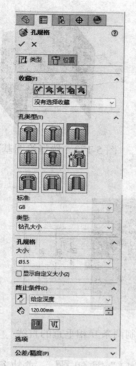

图 5-167　"孔规格"属性管理器　　　图 5-168　拾取孔位置点　　　　　图 5-169　生成孔特征

**05** 线性阵列成形工具。单击"特征"选项卡中的"线性阵列"按钮，或执行"插入"→"阵列/镜像"→"阵列线性"菜单命令，弹出"线性阵列"属性管理器，在"方向1"的"阵列方向"选项中单击，选择钣金件的一条边线作为阵列方向，如图 5-170 所示。在"间距"文本框中输入 20mm，然后单击"硬盘成形工具 2""镜像 2""M3.5 螺纹孔的螺纹孔钻头 1"名称，如图 5-171 所示，单击"确定"按钮，完成对成形工具 2 的线性阵列，结果如图 5-172 所示。

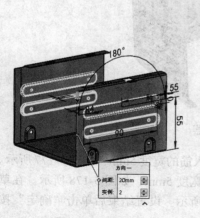

图 5-170　选择阵列方向　　　图 5-171　"线性阵列"属性管理器　　　图 5-172　线性阵列成形工具 2

### 5.3.7 创建排风扇以及细节处理

**01** 选择基准面。选择钣金件的底面，单击"视图（前导）"工具栏"视图定向"下拉列表中的"正视于"按钮，将该面作为绘制图形的基准面，如图 5-173 所示。

图 5-173 选择绘图基准面

**02** 绘制草图。单击"草图"选项卡中的"圆"按钮⊙，绘制 4 个同心圆并标注其直径尺寸，如图 5-174 所示。单击"草图"选项卡中的"直线"按钮，过圆心绘制两条互相垂直的直线，如图 5-175 所示。单击"退出草图"按钮。

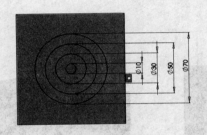

图 5-174 绘制同心圆

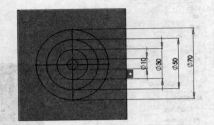

图 5-175 绘制两条互相垂直的直线

**03** 生成通风口特征。单击"钣金"选项卡中的"通风口"按钮，或执行"插入"→"扣合特征"→"通风口"菜单命令，弹出"通风口"属性管理器，选择通风口草图中最大直径的圆作为边界，输入圆角半径 2mm，如图 5-176 所示。

图 5-176 "通风口"属性管理器

在草图中选择两条互相垂直的直线作为通风口的筋，输入筋的宽度 5mm，如图 5-177 所示。在草图中选择中间的两个圆作为通风口的翼梁，输入翼梁的宽度 5mm，如图 5-178 所示。在草图中选择最小直径的圆作为通风口的填充边界，如图 5-179 所示。设置结束后单击"确定"按钮，生成通风口，如图 5-180 所示。

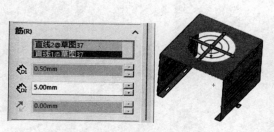

图 5-177　设置通风口筋

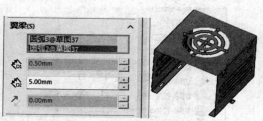

图 5-178　设置通风口翼梁

图 5-179　设置通风口填充边界

图 5-180　生成通风口

**04** 生成边线法兰特征。单击"钣金"选项卡中的"边线法兰"按钮 ，或执行"插入"→"钣金"→"边线法兰"菜单命令，在弹出的属性管理器中的"法兰长度"选项组中输入 10mm，选择"外部虚拟交点"选项 ，在"法兰位置"选项组中选择"材料在内"选项 ，勾选"剪裁侧边折弯"选项，其他设置如图 5-181 所示。

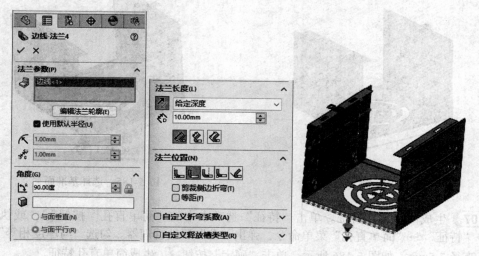

图 5-181　"边线 - 法兰 4"属性管理器

**05** 编辑边线法兰的草图。在 FeatureManager 设计树中右击"边线法兰"，在弹出的快捷菜单中单击"编辑草图"按钮 ，如图 5-182 所示，进入边线法兰的草图编辑状态，如图 5-183 所示。

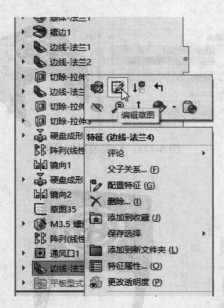

图 5-182　单击"编辑草图"按钮

图 5-183　进入草图编辑状态

单击"草图"选项卡中的"绘制圆角"按钮，输入"圆角半径"5mm，在草图中添加圆角，如图 5-184 所示。单击"退出草图"按钮。

**06** 选择基准面。单击图 5-185 所示的面，单击"视图（前导）"工具栏"视图定向"下拉列表中的"正视于"按钮，将该面作为绘制图形的基准面。

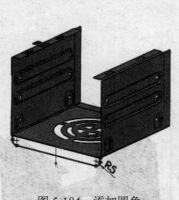

图 5-184　添加圆角

图 5-185　选择基准面

**07** 生成简单直孔特征。单击"特征"选项卡中的"简单直孔"按钮，或执行"插入"→"特征"→"简单直孔"菜单命令，弹出"孔"属性管理器。勾选"与厚度相等"选项，输入孔直径 3.5mm，如图 5-186 所示。单击"确定"按钮，生成简单直孔特征。

**08** 编辑简单直孔的位置。在生成简单直孔时，孔的位置可能不合适，需要重新定位。在 FeatureManager 设计树中右击"孔 1"，在弹出的快捷菜单中单击"编辑草图"按钮，如图 5-187 所示，进入草图编辑状态，标注智能尺寸如图 5-188 所示，单击"退出草图"按钮。

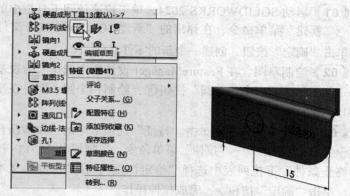

图 5-186　"孔"属性管理器　　图 5-187　单击"编辑草图"按钮　　图 5-188　标注智能尺寸

**09** 生成另一个简单直孔。重复上述操作，在同一个表面上生成另一个简单直孔，直孔的位置如图 5-189 所示。

**10** 展开硬盘支架。右击 FeatureManager 设计树中的"平板型式 1"，在弹出的快捷菜单中选择"解除压缩"命令，将钣金件展开，结果如图 5-190 所示。

图 5-189　生成另一个简单直孔

图 5-190　展开钣金件

## 5.4　等径三通管

本节将介绍一个管道类钣金件——等径三通管的设计过程。等径三通管的设计方法与其他常见钣金件的设计方法有较大差别，其创建过程如图 5-191 所示。首先用常见的实体设计工具生成等径三通管的实体特征，然后在等径三通管的实体特征中选择不同的实体生成"薄壁拉伸切除"特征。

图 5-191　等径三通管的创建过程

127

【操作步骤】

**01** 启动 SOLIDWORKS 2024，单击快速访问工具栏中的"新建"按钮 📄，或执行"文件"→"新建"菜单命令，在弹出的"新建 SOLIDWORKS 文件"对话框中选择"零件"按钮 🍱，单击"确定"按钮，创建一个新的零件文件。

**02** 绘制草图。在 FeatureManager 设计树中选择"前视基准面"作为绘图基准面，然后单击"草图"选项卡中的"圆"按钮 ⊙，绘制一个圆（圆心在坐标原点）并标注智能尺寸，如图 5-192 所示。

**03** 生成拉伸特征。单击"特征"选项卡中的"拉伸凸台/基体"按钮 🔩，或执行"插入"→"凸台/基体"→"拉伸"菜单命令，系统弹出"凸台-拉伸"属性管理器。在"方向1"的"终止条件"下拉列表中选择"给定深度"，在"深度"文本框中输入 240mm，如图 5-193 所示。单击"确定"按钮 ✔，完成拉伸操作。

**04** 绘制构造线。在 FeatureManager 设计树中选择"前视基准面"作为绘图基准面，过圆心绘制一条水平中心线，如图 5-194 所示。单击"退出草图"按钮 ↳。

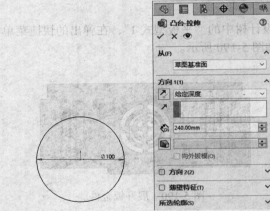
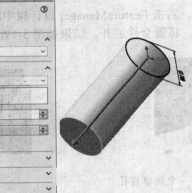

图 5-192　绘制圆草图　　　图 5-193　"凸台-拉伸"属性管理器　　　图 5-194　绘制构造线

**05** 添加基准面。单击"特征"面板"参考几何体"下拉列表中的"基准面"按钮 📐，或执行"插入"→"参考几何体"→"基准面"菜单命令，弹出"基准面"属性管理器。在属性管理器中的"选择参考实体"选项中选择"前视基准面"和草图2（即构造线），输入角度50度，生成与前视基准面平行的基准面，如图 5-195 所示。单击"确定"按钮 ✔。

单击"视图（前导）"工具栏"视图定向"下拉列表中的"正视于"按钮 ⊥，将该面作为绘制图形的基准面。为了绘图方便，可以使用鼠标拖放基准面将其放大，如图 5-196 所示。

**06** 绘制草图。单击"草图"选项卡中的"圆"按钮 ⊙，绘制一个圆并标注智能尺寸，如图 5-197 所示。单击"草图"选项卡中的"添加几何关系"按钮 ⊥，在弹出的"添加几何关系"属性管理器中单击选择圆心和坐标原点，选择"竖直"选项，添加"竖直"几何关系。

**07** 生成拉伸特征。单击"特征"选项卡中的"拉伸凸台/基体"按钮 🔩，或执行"插入"→"凸台/基体"→"拉伸"菜单命令，系统弹出"凸台-拉伸"属性管理器。在"方向1"的"终止条件"下拉列表中选择"给定深度"，在"深度"文本框中输入 140mm，选择"合并结果"选项，如图 5-198 所示。单击"确定"按钮 ✔，完成拉伸操作。

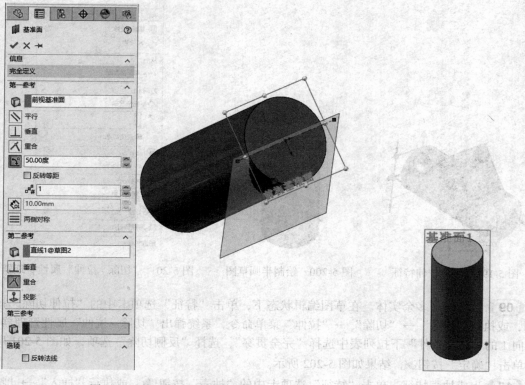

图 5-195　"基准面"属性管理器

图 5-196　放大基准面

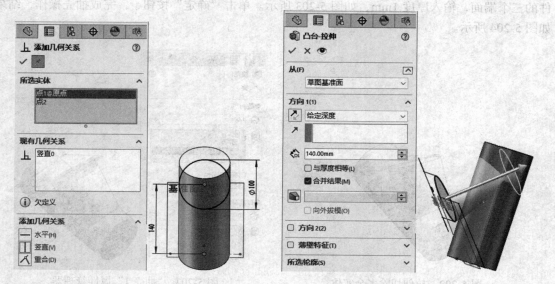

图 5-197　绘制草图

图 5-198　"凸台 - 拉伸"属性管理器

**08** 绘制半圆草图。选取图 5-199 所示的圆柱体的端面 A，将其作为绘制图形的基准面，单击"草图"选项卡中的"三点圆弧"按钮，绘制直径为 100mm 的半圆草图，如图 5-200 所示。

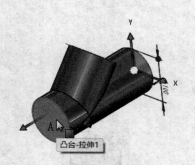

图 5-199　生成拉伸特征

图 5-200　绘制半圆草图

图 5-201　"切除 - 拉伸"属性管理器

**09** 拉伸切除多余实体。在草图编辑状态下，单击"特征"选项卡中的"拉伸切除"按钮，或执行"插入"→"切除"→"拉伸"菜单命令，系统弹出"切除 - 拉伸"属性管理器，在方向 1 的"终止条件"下拉列表中选择"完全贯穿"，选择"反侧切除"选项，如图 5-201 所示，单击"确定"按钮，结果如图 5-202 所示。

**10** 生成抽壳特征。单击"特征"选项卡中的"抽壳"按钮，或执行"插入"→"特征"→"抽壳"菜单命令，系统弹出"抽壳"属性管理器。在"移除的面"选项中选择实体零件的三个端面，输入厚度 1mm，如图 5-203 所示。单击"确定"按钮，完成抽壳操作，结果如图 5-204 所示。

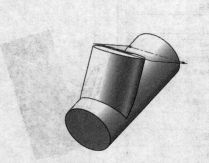

图 5-202　拉伸切除多余实体

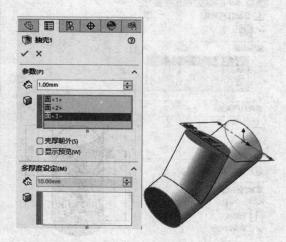

图 5-203　"抽壳 1"属性管理器

**11** 绘制草图。在 FeatureManager 设计树中选择"右视基准面"作为绘图基准面，单击"草图"选项卡中的"直线"按钮，使用智能捕捉功能，绘制两条相交直线，即两圆柱体的相贯线，如图 5-205 所示。

图 5-204　生成抽壳特征

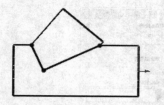

图 5-205　绘制相贯线草图

**12** 生成薄壁拉伸切除特征。在图 5-205 所示草图的编辑状态下，单击"特征"选项卡中的"拉伸切除"按钮 ，或执行"插入"→"切除"→"拉伸"菜单命令，弹出"切除 - 拉伸"属性管理器。在"方向 1"的"终止条件"下拉列表中选择"两侧对称"，在"深度"文本框中输入 120mm，选择"薄壁特征"选项，在如图 5-206 所示的"薄壁特征"的"类型"下拉列表中选择"两侧对称"，输入厚度 0.01mm。单击"确定"按钮 ，弹出"要保留的实体"对话框。在对话框中选择"所有实体"选项，如图 5-207 所示。单击"确定"按钮，将零件实体分割为两个实体。

图 5-206　"切除 - 拉伸"属性管理器

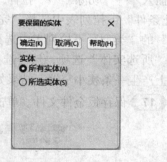

图 5-207　"要保留的实体"对话框

**13** 绘制草图。在 FeatureManager 设计树中选择"上视基准面"作为绘图基准面，单击"草图"选项卡中的"直线"按钮 ，绘制一条过坐标原点且贯穿整个圆柱体的竖直直线，如图 5-208 所示。

**14** 生成薄壁拉伸切除特征。单击"特征"选项卡中的"拉伸切除"按钮 ，或执行"插入"→"切除"→"拉伸"菜单命令，弹出"切除 - 拉伸"属性管理器。在"方向 1"的"终止条件"下拉列表中选择"完全贯穿"，取消"方向 2"的选择，在"薄壁特征"的"类型"中选择"两侧对称"，输入厚度 0.01mm，如图 5-209 所示。单击"确定"按钮 ，产生一条狭小窄缝，结果如图 5-210 所示。

图 5-208　绘制草图

131

图 5-209　进行薄壁拉伸切除操作　　　　　图 5-210　生成薄壁拉伸切除特征

**15** 绘制草图。在 FeatureManager 设计树中选择"基准面 1"作为绘图基准面，单击"草图"选项卡中的"直线"按钮 ✏，绘制一条竖直直线，如图 5-211 所示。

**16** 生成"薄壁拉伸切除"特征。单击"特征"选项卡中的"拉伸切除"按钮 ⬚，或执行"插入"→"切除"→"拉伸"菜单命令，弹出"切除 - 拉伸"属性管理器。在"方向 1"的"终止条件"下拉列表中选择"完全贯穿"，选择"反向"方向，取消方向 2 的选择，在"薄壁特征"的"类型"下拉列表中选择"两侧对称"，输入厚度 0.01mm，在"特征范围"选项组中选择"所选实体"选项，然后选择斜管实体，如图 5-212 所示。单击"确定"按钮 ✔，在斜管实体上产生一条狭小窄缝，结果如图 5-213 所示。

**17** 保存钣金件文件。单击"保存"按钮 💾，保存"等径三通管"钣金件文件。

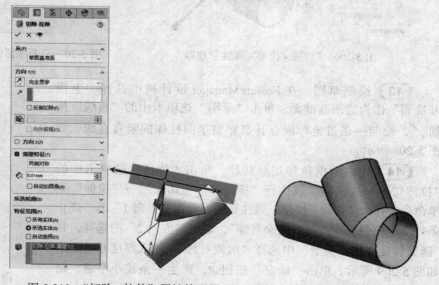

图 5-211　绘制草图　　　　　图 5-212　"切除 - 拉伸"属性管理器　　　　　图 5-213　生成薄壁拉伸切除特征

# 第 **6** 章

## 钣金件关联设计实例

　　SOLIDWORKS2024 的装配体设计方法有两种：一种是自下而上的装配体建模方法，即首先设计零件，然后在装配体中插入零件，用装配关系将各个零件装配成一个整体；另一种是自上而下的装配体建模方法。即首先在装配体的设计环境中进行零件设计和建模，然后充分利用装配体的关联关系，使零件之间或不同零件的特征之间具有相互参考关联。

　　本章以 3 个实例介绍使用自上而下建模方法，即关联设计的设计过程。

- ◎ 合页
- ◎ 电气箱
- ◎ 裤形三通管

## 6.1 合页

本节将采用钣金设计方法中的关联设计生成合页装配体。首先在装配体环境中生成第一个合页的实体，然后进行关联设计生成第二个合页实体。在设计过程中，运用了插入折弯、异型孔向导等工具。通过本设计可以了解关联设计的基本步骤及方法。其创建过程如图 6-1 所示。

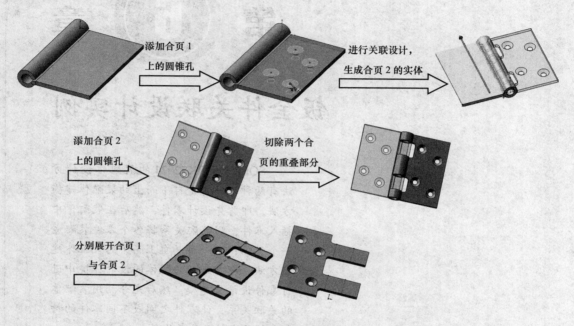

图 6-1　合页的创建过程

【操作步骤】

### 6.1.1　绘制合页 1

**01** 启动 SOLIDWORKS 2024，单击快速访问工具栏中的"新建"按钮□，或执行"文件"→"新建"菜单命令，在弹出的"新建 SOLIDWORKS 文件"对话框中选择"零件"按钮🧊，单击"确定"按钮，创建一个新的零件文件。

**02** 绘制草图。在 FeatureManager 设计树中选择"前视基准面"作为绘图基准面，然后单击"草图"选项卡中的"圆"按钮⊙，以原点为圆心绘制两个同心圆并标注智能尺寸，如图 6-2 所示。

❶ 单击"草图"选项卡中的"直线"按钮／，绘制两条水平线和一条斜线（其中要求上边的水平线和斜线过坐标原点），标注智能尺寸，如图 6-3 所示。

❷ 单击"草图"选项卡中的"剪裁实体"按钮➤，对草图中的线条进行剪裁，剪裁后的结果如图 6-4 所示。单击"草图"选项卡中的"绘制圆角"按钮⌐，绘制两个圆角如图 6-5 所示。

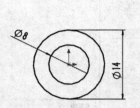

图 6-2　绘制同心圆

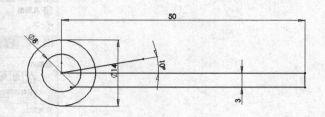

图 6-3　绘制直线

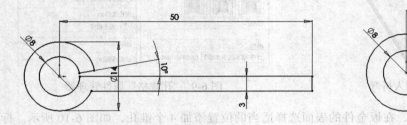

图 6-4　剪裁草图实体

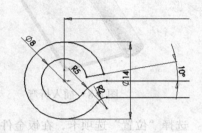

图 6-5　绘制圆角

**03** 生成拉伸特征。单击"特征"选项卡中的"拉伸凸台 / 基体"按钮，或执行"插入"→"凸台 / 基体"→"拉伸"菜单命令，系统弹出"凸台 - 拉伸"属性管理器。在"深度"文本框中输入 80mm。单击"确定"按钮，结果如图 6-6 所示。

**04** 插入折弯。单击"钣金"选项卡中的"插入折弯"按钮，或执行"插入"→"钣金"→"折弯"菜单命令，系统弹出"折弯"属性管理器。选择图 6-7 所示的面作为固定面，其他设置采用默认。单击"确定"按钮，插入折弯，结果如图 6-8 所示。

**05** 生成锥孔特征。单击"特征"选项卡中的"异型孔向导"按钮，或执行"插入"→"特征"→"孔向导"菜单命令，系统弹出"孔规格"属性管理器。在"孔类型"选项组中选择"锥形沉头孔"选项，其他设置如图 6-9 所示。

图 6-6　生成拉伸实体

图 6-7　"折弯"属性管理器

135

图 6-9　"孔规格"属性管理器

图 6-8　插入折弯

选择"位置"选项卡，在钣金件的表面选择适当的位置添加 4 个锥孔，如图 6-10 所示。标注锥孔位置的智能尺寸，如图 6-11 所示。

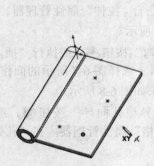

图 6-10　添加锥孔

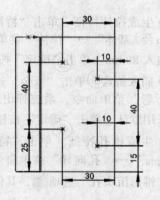

图 6-11　标注锥孔位置智能尺寸

**06** 保存文件。单击"保存"按钮，输入文件名为"合页 1"将文件保存。

## 6.1.2　绘制合页 2

**01** 建立钣金装配体文件。执行"文件"→"新建"菜单命令，在弹出的如图 6-12 所示的"新建 SOLIDWORKS 文件"对话框中选择"装配体"文件，然后单击"确定"按钮，弹出如图 6-13 所示的"开始装配体"属性管理器，单击选择"合页 1"零件，将其插入装配体中。单击"保存"按钮，弹出"另存为"对话框，将装配体文件命名为"合页"保存，如图 6-14 所示。

**02** 插入新零件。执行"插入"→"零部件"→"新零件"菜单命令，系统将添加一个新零件在 FeatureManager 设计树中，如图 6-15 所示。

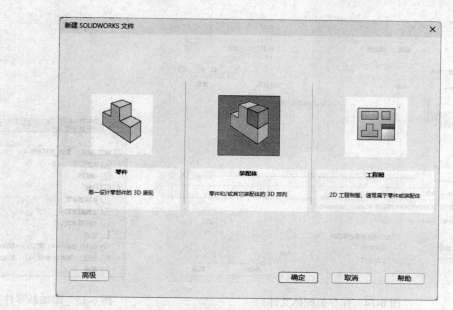

图 6-12　"新建 SOLIDWORKS 文件"对话框

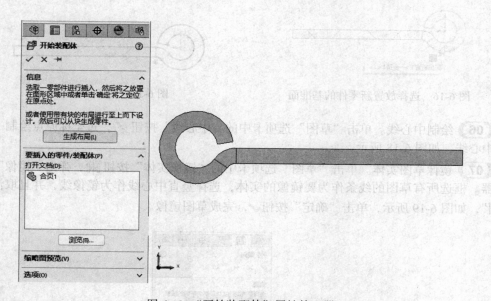

图 6-13　"开始装配体"属性管理器

**03** 编辑新零件。在右侧模型树中选取新插入的零件后右击，系统弹出右键快捷菜单，选取"编辑零件"按钮 ，进入零件编辑模式。

**04** 选择基准面。单击光标指针所指的面，将其作为放置新零件的基准面，如图 6-16 所示。

**05** 绘制草图。在草图绘制状态下，按下 Ctrl 键，单击所选基准面的各条外边线，然后单击"草图"选项卡中的"转换实体引用"按钮 ，将各条边线转化为草图图素，如图 6-17 所示。

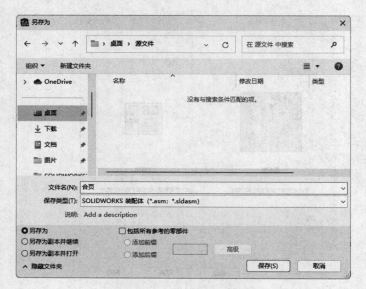

图 6-14　保存装配体文件　　　　　　　　　　　图 6-15　添加新零件

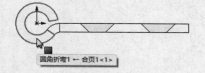

图 6-16　选择放置新零件的基准面

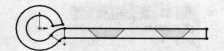

图 6-17　转换实体引用

**06** 绘制中心线。单击"草图"选项卡中的"中心线"按钮✔，过坐标原点绘制一条竖直的中心线，如图 6-18 所示。

**07** 镜像草图实体。单击"草图"选项卡中的"镜像实体"按钮，弹出"镜像"属性管理器。框选所有草图的线条作为要镜像的实体，选择竖直中心线作为镜像线，并且取消勾选"复制"，如图 6-19 所示，单击"确定"按钮✔，完成草图镜像。

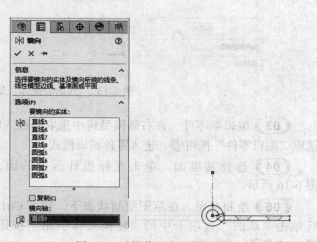

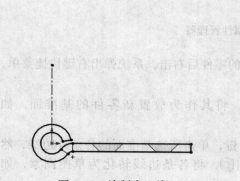

图 6-18　绘制中心线　　　　　　　　　　　　图 6-19　"镜像"属性管理器

**08** 生成拉伸特征。单击"特征"选项卡中的"拉伸凸台 / 基体"按钮，或执行"插入"→"凸台 / 基体"→"拉伸"菜单命令，系统弹出"凸台 - 拉伸"属性管理器，在"深度"文本框中输入 80mm，如图 6-20 所示，单击"确定"按钮，生成拉伸实体特征，结果如图 6-21 所示。

**09** 重新命名新零件。在 FeatureManager 设计树中右击新插入的零件，在弹出的快捷菜单中选择"重新命名零件"命令，如图 6-22 所示，重新命名零件的名称为"合页 2"，如图 6-23 所示。

**10** 插入折弯。单击"钣金"选项卡中的"插入折弯"按钮，或执行"插入"→"钣金"→"折弯"菜单命令，系统弹出"折弯"属性管理器，单击如图 6-24 所示"合页 2"的面作为固定面，其他设置采用默认，单击"确定"按钮，插入折弯。

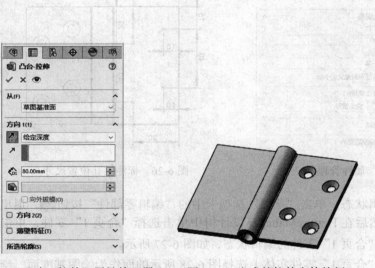

图 6-20 "凸台 - 拉伸"属性管理器　　　图 6-21 生成的拉伸实体特征　　　图 6-22 快捷菜单

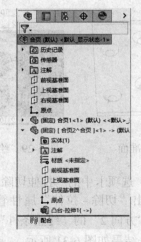

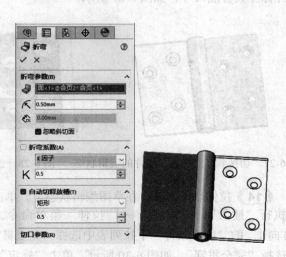

图 6-23 FeatureManager 设计树　　　　　图 6-24 插入折弯操作

**11** 生成锥孔特征。单击"特征"选项卡中的"异型孔向导"按钮，或执行"插入"→"特征"→"孔向导"菜单命令，系统弹出"孔规格"属性管理器。在"孔类型"选项组中选择"锥形沉头孔"选项，其他设置如图 6-25 所示。

选择"位置"选项卡，在钣金件的表面选择适当的位置添加 4 个锥孔，然后标注锥孔的位置的智能尺寸，如图 6-26 所示。

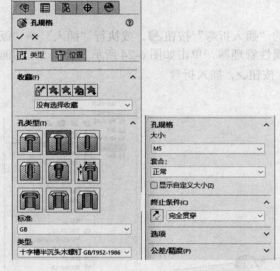

图 6-25　"孔规格"属性管理器　　　　　　图 6-26　标注锥孔位置尺寸

**12** 切换零件的编辑状态。单击"草图"选项卡中的"编辑零部件"按钮，退出"合页 2"零件的编辑状态。然后在 FeatureManager 设计树中单击选择"合页 1"零件，单击"编辑零件"按钮，切换到"合页 1"零件的编辑状态，如图 6-27 所示。

**13** 绘制草图。在"合页 1"零件实体上选择图 6-28 所示的面作为绘图基准面，绘制草图并标注其智能尺寸，如图 6-29 所示。

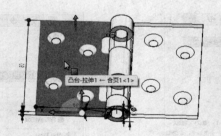
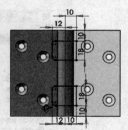

图 6-27　切换到"合页 1"零件的编辑状态　　图 6-28　选择绘图基准面　　图 6-29　绘制草图

**14** 拉伸切除实体。在草图编辑状态下，单击"特征"选项卡中的"拉伸切除"按钮，或执行"插入"→"切除"→"拉伸"菜单命令，系统弹出"切除 - 拉伸"属性管理器。在"方向 1"的"终止条件"下拉列表中选择"完全贯穿"，在"方向 2"的"终止条件"下拉列表中选择"完全贯穿"，如图 6-30 所示。单击"确定"按钮，结果如图 6-31 所示。

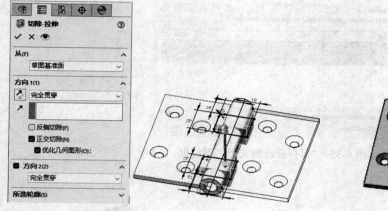

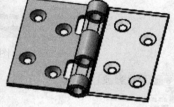

图 6-30 "切除 - 拉伸"属性管理器 图 6-31 拉伸切除实体

**15** 切换零件的编辑状态。单击"编辑零部件"按钮📎，退出"合页 1"的编辑状态。在 FeatureManager 设计树中单击选择"合页 2"零件，单击"装配体"选项卡中的"编辑零部件"按钮📎，切换到"合页 2"零件的编辑状态。

**16** 绘制草图。在"合页 2"零件实体上选择图 6-32 所示的面作为绘图基准面，绘制草图并标注其智能尺寸，如图 6-33 所示。

**17** 拉伸切除实体。在草图编辑状态下，单击"特征"选项卡中的"拉伸切除"按钮📧，或执行"插入"→"切除"→"拉伸"菜单命令，系统弹出"切除 - 拉伸"属性管理器，在"方向 1"的"终止条件下拉列表中选择"完全贯穿"，在"方向 2"的"终止条件"下拉列表中选择"完全贯穿"，单击"确定"按钮✔，结果如图 6-34 所示。

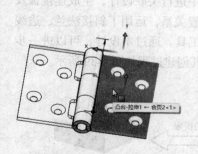

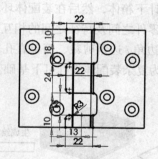

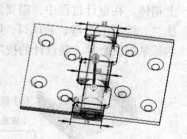

图 6-32 选择绘图基准面 图 6-33 绘制草图并标注其智能尺寸 图 6-34 拉伸切除实体

**18** 退出零件编辑状态并保存文件。单击"编辑零部件"按钮📎，退出"合页 2"的编辑状态，进入装配体设计环境。单击快速访问工具栏中的"保存"按钮🖫将文件保存，弹出"保存修改的文档"对话框，如图 6-35 所示。单击"保存所有"按钮，零部件将保存在与装配体相同的路径下。

**19** 展开各个钣金件。在装配体的 FeatureManager 设计树中右击"合页 1"或者"合页 2"零件，在弹出的快捷菜单中单击"打开零件"按钮📂，如图 6-36 所示，可以打开各个钣金件。打开钣金件后，单击"钣金"选项卡中的"展开"按钮📦，可以将各个钣金件展开，展开的"合页 1"和"合页 2"零件分别如图 6-37、图 6-38 所示。

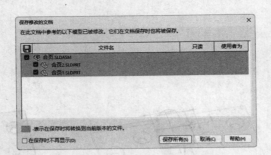

图 6-35　"保存修改的文档"对话框

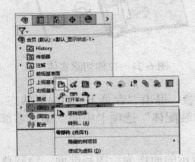

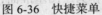

图 6-36　快捷菜单　　图 6-37　展开的"合页 1"零件　图 6-38　展开的"合页 2"零件

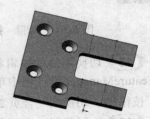

## 6.2　电气箱

本节将以电气箱装配体为例，介绍钣金件的关联设计。电气箱装配体包括三个零件，分别是下箱体、上箱体及连接板。首先设计下箱体，然后在装配体环境中进行关联设计，生成连接板及上箱体。在设计过程中，需要注意零件之间及特征之间的相互位置关系，运用了斜接法兰、边线法兰、绘制的折弯、通风口、断裂边角 / 边角剪裁、简单直孔等工具。通过本设计，可以进一步熟练掌握钣金件关联设计的技巧，为复杂装配体设计打下基础。其创建过程如图 6-39 所示。

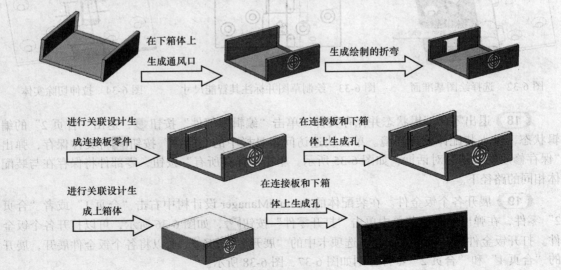

图 6-39　电气箱的创建过程

【操作步骤】

## 6.2.1　绘制电气箱下箱体

**01** 启动 SOLIDWORKS 2024，单击快速访问工具栏中的"新建"按钮📄，或执行"文件"→"新建"菜单命令，在弹出的"新建 SOLIDWORKS 文件"对话框中选择"零件"按钮🦋，单击"确定"按钮，创建一个新的零件文件。

**02** 绘制草图。

❶ 在 FeatureManager 设计树中选择"前视基准面"作为绘图基准面，然后单击"草图"选项卡中的"直线"按钮✏，过坐标原点绘制一条水平直线和两条竖直直线，标注智能尺寸。

❷ 单击"尺寸/几何关系"工具栏中的"添加几何关系"按钮⏚，添加水平直线和坐标原点的"中点"几何约束关系，如图 6-40 所示。

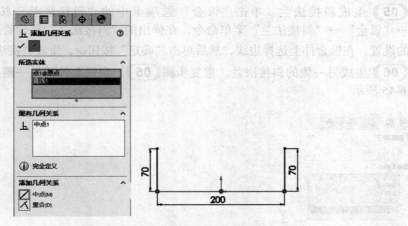

图 6-40　绘制草图并添加几何约束关系

**03** 生成基体法兰。单击"钣金"选项卡中的"基体法兰/薄片"按钮👜，或执行"插入"→"钣金"→"基体法兰"菜单命令，在弹出的"基体法兰"属性管理器中，输入厚度值 0.5mm，折弯半径数值 1mm，其他参数取默认值，如图 6-41 所示。单击"确定"按钮✔。

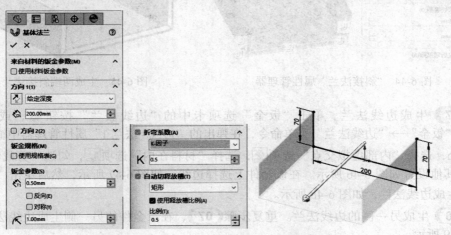

图 6-41　"基体法兰"属性管理器

**04** 绘制斜接法兰草图。选择如图 6-42 所示的平面作为绘图基准面，绘制一条直线并标注其尺寸，如图 6-43 所示。

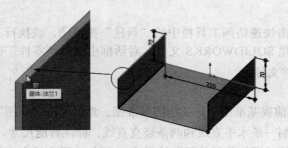

图 6-42　选择基准面　　　　　　　　　图 6-43　绘制一条直线并标注其尺寸

**05** 生成斜接法兰。单击"钣金"选项卡中的"斜接法兰"按钮，或执行"插入"→"钣金"→"斜接法兰"菜单命令，在弹出的"斜接法兰"属性管理器中进行如图 6-44 所示的设置，在钣金件上选择边线，然后单击"确定"按钮，生成斜接法兰。

**06** 生成另一侧的斜接法兰。重复步骤 **05**，在钣金件的另一侧生成斜接法兰，结果如图 6-45 所示。

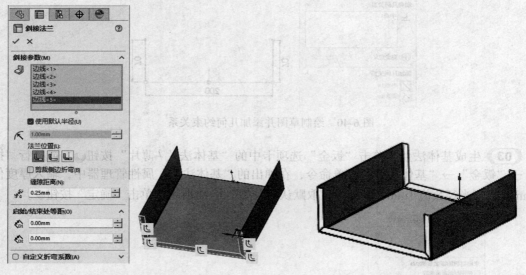

图 6-44　"斜接法兰"属性管理器　　　　　　　图 6-45　生成两端斜接法兰

**07** 生成边线法兰。单击"钣金"选项卡中的"边线法兰"按钮，或执行"插入"→"钣金"→"边线法兰"菜单命令，在弹出的"边线 - 法兰 1"属性管理器中输入长度数值 10mm，选择"内部虚拟交点"选项，选择"材料在内"选项，勾选"剪裁侧边折弯"选项，其他设置如图 6-46 所示。在钣金件上选择边线，如图 6-47 所示，然后单击"确定"按钮，生成边线法兰，如图 6-48 所示。

**08** 生成另一侧的边线法兰。重复步骤 **07**，在钣金件的另一侧生成边线法兰，结果如图 6-49 所示。

图 6-46　"边线 - 法兰 1" 属性管理器

图 6-47　选择生成边线法兰的边线

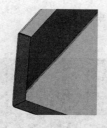

图 6-48　生成边线法兰

图 6-49　生成另一侧的边线法兰

**09** 选择基准面。单击钣金件的一个侧面，再单击"视图（前导）"工具栏"视图定向"下拉列表中的"正视于"按钮 ↓，将该面作为绘制图形的基准面，如图 6-50 所示。

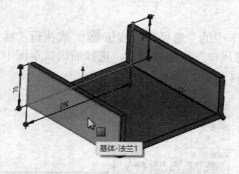

图 6-50　选择绘图基准面

**10** 绘制通风口草图。

❶ 单击"草图"选项卡中的"圆"按钮 ⊙，绘制 4 个同心圆，标注其直径尺寸。单击"尺寸 / 几何关系"工具栏中的"添加几何关系"按钮 ⊥，添加 4 个圆的"同心"几何约束关系，如图 6-51 所示。

❷ 添加圆心相对于钣金件边线的位置尺寸，如图 6-52 所示。单击"草图"选项卡中的"直线"按钮 ／，过圆心绘制两条互相垂直的直线，如图 6-53 所示。单击"退出草图"按钮 ↳。

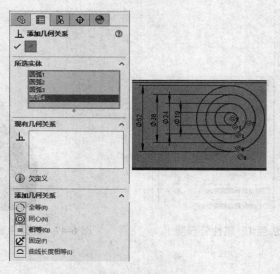

图 6-51 绘制草图并添加几何约束

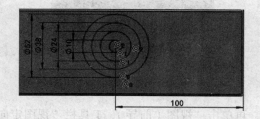

图 6-52 添加位置尺寸

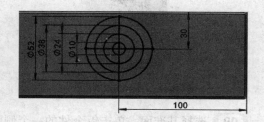

图 6-53 绘制两条互相垂直的直线

**(11)** 生成通风口。

❶ 单击"钣金"选项卡中的"通风口"按钮 ❋，或执行"插入"→"扣合特征"→"通风口"菜单命令，弹出"通风口"属性管理器，选择通风口草图中直径最大的圆作为边界，输入圆角半径 1mm，如图 6-54 所示。

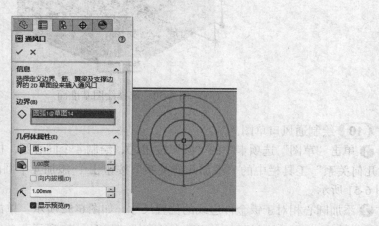

图 6-54 "通风口"属性管理器

❷ 在草图中选择两条互相垂直的直线作为通风口的筋，输入筋的宽度 4mm，如图 6-55 所示。在草图中选择中间的两个圆作为通风口的翼梁，输入翼梁的宽度 3mm，如图 6-56 所示。在草图中选择直径最小的圆作为通风口的填充边界，如图 6-57 所示。然后单击"确定"按钮 ✔，生成通风口，结果如图 6-58 所示。

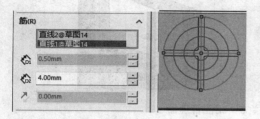

图 6-55　选择通风口筋

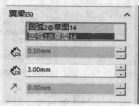

图 6-56　选择通风口翼梁

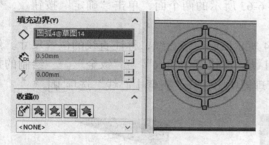

图 6-57　选择填充边界

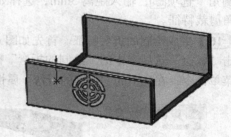

图 6-58　生成的通风口

（12）绘制草图。单击图 6-59 所示箭头所指的面，将该面作为绘制图形的基准面。利用"草图"选项卡中的绘图工具绘制草图并标注其智能尺寸，如图 6-60 所示。

（13）生成切除特征。单击"特征"选项卡中的"拉伸切除"按钮 📷，或执行"插入"→"切除"→"拉伸"菜单命令，弹出"切除 - 拉伸"属性管理器，输入拉伸深度 10mm，单击"确定"按钮 ✔，生成切除特征，如图 6-61 所示。

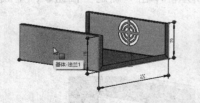

图 6-59　选择绘图基准面

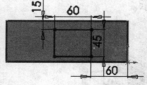

图 6-60　绘制草图

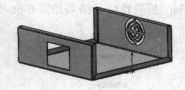

图 6-61　生成切除特征

（14）生成边线法兰。单击"钣金"选项卡中的"边线法兰"按钮 🔧，或执行"插入"→"钣金"→"边线法兰"菜单命令，在弹出的"边线 - 法兰 3"属性管理器中，输入长度 15mm，选择"内部虚拟交点"选项 ⚙，选择"材料在内"选项 🔲，其他设置如图 6-62 所示。在钣金件上选择两条竖直边线，单击"确定"按钮 ✔，生成边线法兰。

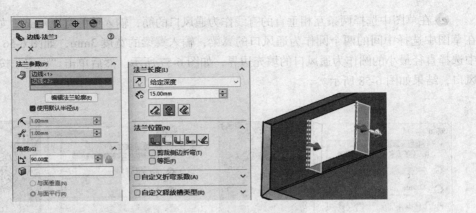

图 6-62 "边线 - 法兰 3"属性管理器

**15** 生成边角剪裁特征。单击"钣金"选项卡中的"断裂边角/边角剪裁"按钮，或执行"插入"→"钣金"→"断裂边角"菜单命令，在弹出的"断裂边角"属性管理器中，选择"倒角"选项，输入距离 5mm，选择如图 6-63 所示的两个面，单击"确定"按钮，生成边角剪裁特征。

**16** 生成绘制的折弯特征。首先如图 6-64 所示绘制一条直线，标注直线的位置尺寸。然后单击"钣金"选项卡中的"绘制的折弯"按钮，或执行"插入"→"钣金"→"绘制的折弯"菜单命令，在弹出的"绘制的折弯"属性管理器中，选择"折弯中心线"选项。

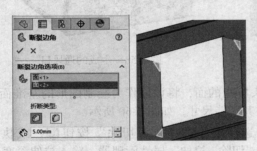

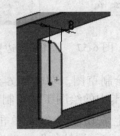

图 6-63 "断裂边角"属性管理器　　　　　　　　图 6-64 绘制折弯的直线

单击图 6-64 所示的面作为固定面，其他设置如图 6-65 所示。单击"确定"按钮，生成绘制的折弯特征，结果如图 6-66 所示。

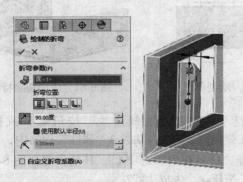

图 6-65 "绘制的折弯"属性管理器　　　　　　　　图 6-66 生成的折弯

**17** 生成另一个折弯。如图 6-67 所示绘制一条直线，然后执行"插入"→"钣金"→"绘制的折弯"菜单命令，在弹出的属性管理器中设置参数，如图 6-68 所示。单击"确定"按钮✅，生成另一个折弯，结果如图 6-69 所示。

图 6-67　绘制折弯的直线　　　　图 6-68　设置参数　　　　图 6-69　生成另一个折弯

**18** 保存文件。单击快速访问工具栏中的"保存"按钮💾，输入文件名为"电气箱下箱体"，将文件保存。

### 6.2.2　绘制连接板

**01** 创建钣金装配体文件。执行"文件"→"新建"菜单命令，在弹出的"新建 SOLID-WORKS 文件"对话框中选择"装配体"文件。单击"确定"按钮，弹出"开始装配体"属性管理器，如图 6-70 所示。选择"电气箱下箱体"零件，将其插入装配体中。单击"保存"按钮💾，将装配体文件命名为"电气箱"保存，如图 6-71 所示。

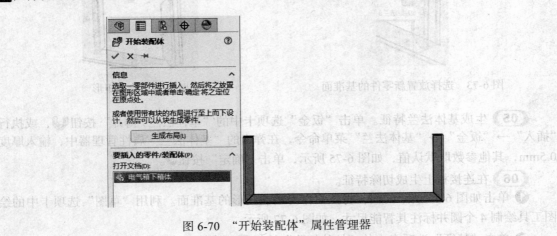

图 6-70　"开始装配体"属性管理器

**02** 插入新零件。执行"插入"→"零部件"→"新零件"菜单命令，系统将添加一个新零件在 FeatureManager 设计树中，如图 6-72 所示。

**03** 选择基准面。选择光标指针所指的面作为放置新零件的基准面，如图 6-73 所示。

**04** 绘制草图。在草图绘制状态下，单击"草图"选项卡中的"直线"按钮✏，以两个边线法兰的四个端点作为角点绘制一个矩形，如图 6-74 所示。

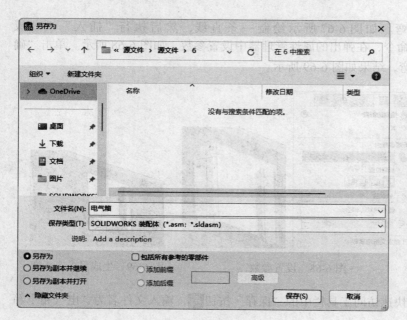

图 6-71　保存装配体

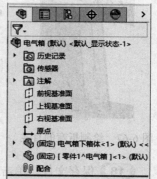

图 6-72　添加新零件

图 6-73　选择放置新零件的基准面

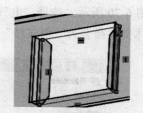

图 6-74　绘制矩形

**05** 生成基体法兰特征。单击"钣金"选项卡中的"基体法兰 / 薄片"按钮，或执行"插入"→"钣金"→"基体法兰"菜单命令，在弹出的"基体法兰"属性管理器中，输入厚度 0.5mm，其他参数取默认值，如图 6-75 所示，单击"确定"按钮。

**06** 在连接板上生成切除特征。

❶ 单击如图 6-76 所示的面，将该面作为绘制图形的基准面。利用"草图"选项卡中的绘图工具绘制 4 个圆并标注其智能尺寸，如图 6-77 所示。

❷ 单击"特征"选项卡中的"拉伸切除"按钮，或执行"插入"→"切除"→"拉伸"菜单命令，弹出"切除 - 拉伸"属性管理器，输入拉伸深度 10mm，单击"确定"按钮，生成切除特征，如图 6-78 所示。

**07** 重新命名新零件。单击"编辑零部件"按钮，退出零件编辑状态。在 Feature-Manager 设计树中右击新插入的零件，在弹出的菜单中选择"重新命名零件"命令，如图 6-79 所示，重新命名新零件为"连接板"，如图 6-80 所示。

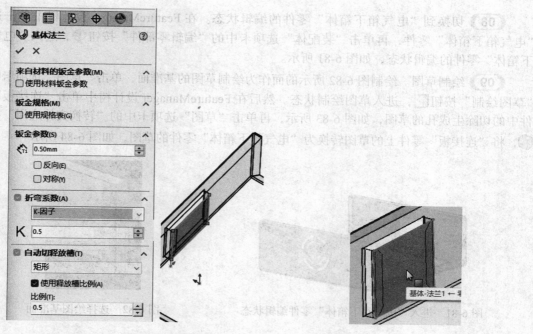

图 6-75　"基体法兰"属性管理器

图 6-76　选择绘图基准面

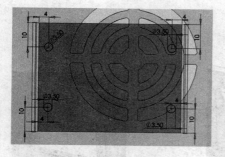

图 6-77　绘制的草图

图 6-78　生成切除特征

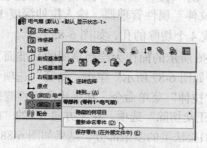

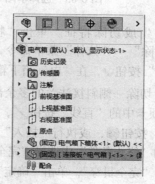

图 6-79　选择"重新命名零件"

图 6-80　FeatureManager 设计树

**08** 切换到"电气箱下箱体"零件的编辑状态。在 FeatureManager 设计树中单击选择"电气箱下箱体"零件，再单击"装配体"选项卡中的"编辑零部件"按钮 ，进入"电气箱下箱体"零件的编辑状态，如图 6-81 所示。

**09** 绘制草图。绘制图 6-82 所示的面作为绘制草图的基准面，单击"草图"选项卡中的"草图绘制"按钮 ，进入草图绘制状态。然后在 FeatureManager 设计树中单击"连接板"零件中的切除生成孔的草图，如图 6-83 所示，再单击"草图"选项卡中的"转换实体应用"按钮 ，将"连接板"零件上的草图转换为"电气箱下箱体"零件的草图，如图 6-84 所示。

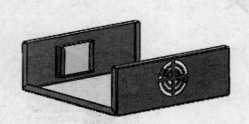

图 6-81  进入"电气箱下箱体"零件编辑状态　　图 6-82  选择绘图基准面

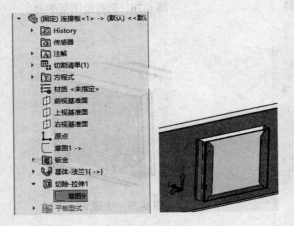

图 6-83  选择草图　　　　　　　　　　图 6-84  转换零件草图

**10** 生成切除特征。单击"特征"选项卡中的"拉伸切除"按钮 ，或执行"插入"→"切除"→"拉伸"菜单命令，弹出"切除-拉伸"属性管理器，输入拉伸深度 10mm，单击"确定"按钮 ，在"电气箱下箱体"零件上生成 4 个切除的孔，如图 6-85 所示。

**11** 切除一侧斜接法兰的多余部分。选择图 6-86 所示的面作为绘制草图的基准面，单击"草图"选项卡中的"直线"按钮 ，绘制一条直线，如图 6-87 所示。单击"特征"选项卡中的"拉伸切除"按钮 ，或执行"插入"→"切除"→"拉伸"菜单命令，在弹出的属性管理器中"方向 1"的"终止条件"中选择"完全贯穿"，勾选"正交切除"选项，在"方向 2"的"终止条件"中选择"完全贯穿"，单击"确定"按钮 ，切除斜接法兰的多余部分，结果如图 6-88 所示。

**12** 切除另一侧斜接法兰的多余部分。重复上述的操作，在另一侧的斜接法兰上绘制一条直线，如图 6-89 所示，然后进行切除操作，结果如图 6-90 所示。

图 6-85 生成切除的孔　　　图 6-86 选择基准面　　　图 6-87 绘制直线

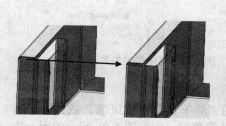  

图 6-88 切除一侧斜接法兰的多余部分　图 6-89 绘制直线　图 6-90 切除另一侧斜接法兰的多余部分

**13** 退出零件编辑状态。单击"编辑零部件"按钮 ，退出"电气箱下箱体"零件的编辑状态。

## 6.2.3 绘制电气箱上箱体

**01** 插入新零件。执行"插入"→"零部件"→"新零件"菜单命令，在装配体中插入一个新零件。

**02** 选择基准面。选择光标指针所指的面作为放置新零件的基准面，如图 6-91 所示。

**03** 绘制草图。在草图绘制状态下，单击"草图"选项卡中的"直线"按钮 ，沿电气箱下箱体的外轮廓绘制一条水平线和两条竖直直线，如图 6-92 所示。

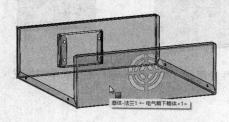 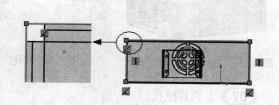

图 6-91 选择放置新零件的基准面　　　图 6-92 绘制草图

**04** 生成基体法兰特征。单击"钣金"选项卡中的"基体法兰/薄片"按钮 ，或执行"插入"→"钣金"→"基体法兰"菜单命令，弹出"基体法兰"属性管理器。选择"方向 1"的"终止条件"为"成形到面"，选择钣金件的前侧表面（见图 6-93），输入厚度 0.5mm、折弯半径 1mm，勾选"反向"复选框，使基体法兰材料在直线外侧（见图 6-94），其他参数设置如图 6-95 所示。单击"确定"按钮 。

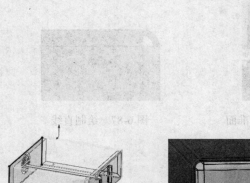

图 6-93　选择前侧表面　　图 6-94　使基体法兰材料在　　　　图 6-95　基体法兰参数设置
　　　　　　　　　　　　　　　　直线外侧

**05** 生成简单直孔特征。单击"特征"选项卡中的"简单直孔"按钮，或执行"插入"→"特征"→"简单直孔"菜单命令，弹出"孔"属性管理器。在如图 6-96 所示的面上生成简单直孔，在属性管理器中选择"终止条件"为"完全贯穿"，输入直径尺寸为 3.5mm，如图 6-97 所示。

**06** 编辑孔草图。在 FeatureManager 设计树中右击"孔 1"，在弹出的快捷菜单中单击"编辑草图"按钮，添加孔草图的位置尺寸，如图 6-98 所示。单击"退出草图"按钮。

图 6-96　生成简单直孔特征　　　　图 6-97　"孔"属性管理器　　　图 6-98　添加孔草图位置尺寸

**07** 生成其他孔。

❶ 重复上述操作，在电气箱上箱体上继续添加简单直孔特征，其位置如图 6-99 所示。

❷ 在 FeatureManager 设计树中右击新插入的零件，在弹出的快捷菜单中选择"重新命名零件"命令，重新命名零件为"电气箱上箱体"。

**08** 切换到"电气箱下箱体"零件的编辑状态。单击"编辑零部件"按钮，退出"电气箱上箱体"零件的编辑状态。在 Fea-

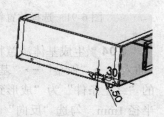

图 6-99　添加其他直孔位置

tureManager 设计树中单击"电气箱下箱体"零件，单击"装配体"选项卡中的"编辑零部件"
按钮🐾，切换到"电气箱下箱体"零件的编辑状态。

（**09**）绘制草图。选择图 6-100 所示的面作为绘制草图的基准面，单击"草图"选项卡
中的"草图绘制"按钮▭，进入草图绘制状态。按下 Ctrl 键，在 FeatureManager 设计树中
单击"电气箱上箱体"零件中的"孔 1"和"孔 2"的草图，如图 6-101 所示，再单击"草
图"选项卡中的"转换实体应用"按钮▢，将草图转换为"电气箱下箱体"零件的草图，如
图 6-102 所示。

（**10**）生成切除特征。单击"特征"选项卡中的"拉伸切除"按钮▢，或执行"插
入"→"切除"→"拉伸"菜单命令，弹出"切除 - 拉伸"属性管理器。在"终止条件"中
选择"完全贯穿"。单击"确定"按钮✔，在"电气箱下箱体"零件上生成 4 个孔，如
图 6-103 所示。

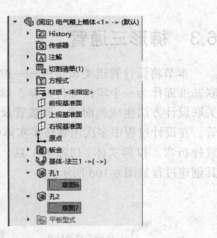

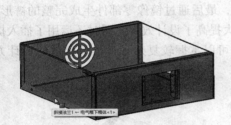

图 6-100　选择基准面　　　　　　　图 6-101　选择草图

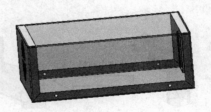

图 6-102　利用"转换实体应用"生成草图　　　　图 6-103　生成孔

（**11**）保存零件文件。

❶ 在 FeatureManager 设计树中右击"连接板"零件，在弹出的菜单中选择"保存零件（在
外部文件中）"命令（见图 6-104），弹出"另存为"对话框。在对话框中选择"连接板"零件，
单击"与装配体相同"按钮（见图 6-105），再单击"确定"按钮，完成"连接板"零件的保存。

❷ 重复上述操作，完成"电气箱上箱体"零件的保存，保存路径与装配体相同。

（**12**）保存装配体文件。单击快速访问工具栏中的"保存"按钮🖫，将装配体文件保存。

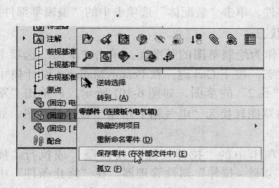

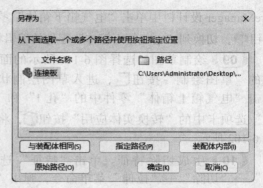

图 6-104　选择"保存零件"命令　　　　　　图 6-105　"另存为"对话框

## 6.3　裤形三通管

本节将设计管道类钣金件——裤形三通管，首先建立装配体所需的各个关联基准面，将关联基准面作为一个零件文件保存，然后将其插入到装配体环境中去，在关联基准面上依次执行关联设计方法生成侧面管、斜接管及中间管钣金件，最后通过镜像零部件生成完整的裤形三通管。在设计过程中多次用到转换实体引用工具，大大提高了设计效率。同时还运用了插入折弯、放样折弯、拉伸实体/切除等工具，通过本设计，可以掌握较复杂管道类钣金件的设计方法。其创建过程如图 6-106 所示。

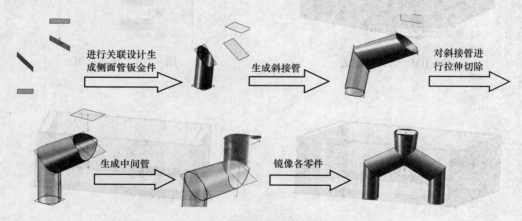

图 6-106　裤形三通管的创建过程

## 【操作步骤】

### 6.3.1　绘制关联基准面

**01** 启动 SOLIDWORKS 2024，单击快速访问工具栏中的"新建"按钮，或执行"文件"→"新建"菜单命令，在弹出的"新建 SOLIDWORKS 文件"对话框中选择"零件"按钮，单击"确定"按钮，创建一个新的零件文件。

**02** 绘制草图构造线。在 FeatureManager 设计树中选择"前视基准面"作为绘图基准面，单击"草图"选项卡中的"中心线"按钮 ⌀，绘制两条竖直直线和一条斜线并标注智能尺寸，如图 6-107 所示。

**03** 绘制草图。

❶ 单击"草图"选项卡中的"直线"按钮 ⌀，绘制两条水平线和两条斜线，如图 6-108 所示。对草图进行智能尺寸标注，如图 6-109 所示。

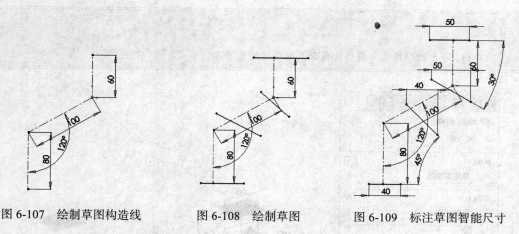

图 6-107　绘制草图构造线　　　图 6-108　绘制草图　　　图 6-109　标注草图智能尺寸

❷ 单击"尺寸 / 几何关系"工具栏中的"添加几何关系"按钮 ⌊，为第一条水平线和竖直构造线的端点添加"中点"和"重合"约束，如图 6-110 所示。

❸ 添加几何关系约束，将其他两条斜线和一条水平线添加与构造线端点和交点的"中点"和"重合"约束，如图 6-111 所示。单击"退出草图"按钮 ⌊，退出草图绘制状态。

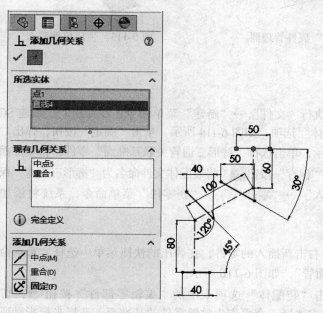

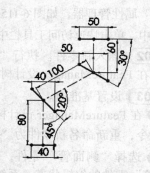

图 6-110　添加"中点"和"重合"约束　　　图 6-111　添加几何关系约束
"中点"和"重合"约束

**04** 生成曲面拉伸特征。单击"曲面"选项卡中的"拉伸曲面"按钮，或执行"插入"→"曲面"→"拉伸曲面"菜单命令，然后单击选择的草图，弹出"曲面-拉伸"属性管理器。在"终止条件"下拉列表中选择"两侧对称"，在"深度"文本框中输入 40mm，如图 6-112 所示。单击"确定"按钮，生成拉伸曲面，如图 6-113 所示。

**05** 保存基准面文件。单击快速访问工具栏中的"保存"按钮，将此文件命名为"裤形三通管关联基准面"保存。

**注意**

图 6-113 所示的拉伸曲面将作为钣金关联设计的基准面。

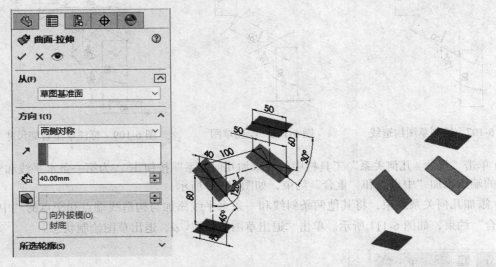

图 6-112　"曲面 - 拉伸"属性管理器　　　　图 6-113　生成拉伸曲面

### 6.3.2　绘制侧面管

**01** 建立钣金装配体文件。执行"文件"→"新建"菜单命令，在弹出的"新建 SOLID-WORKS 文件"对话框中选择"装配体"选项，如图 6-114 所示。单击"确定"按钮，弹出"开始装配体"属性管理器，如图 6-115 所示，单击选择"裤形三通管关联基准面"零件，将基准面插入装配体中，单击快速访问工具栏中的"保存"按钮，将装配体文件命名为"裤形三通管"保存。

**02** 插入新零件。执行"插入"→"零部件"→"新零件"菜单命令，系统将添加一个新零件在 FeatureManager 设计树中。

**03** 设置基准面。

❶ 在 FeatureManager 设计树中右击新插入的零件，在弹出的快捷菜单中选择"重新命名零件"命令，重新命名新零件为"侧面管"，如图 6-116 所示。

❷ 选择"侧面管"零件，单击"装配体"选项卡中的"编辑零部件"按钮，切换到"侧面管"零件的编辑状态。系统要求选择一个面作为放置零件的基准面，选择光标指针所指的面作为放置零件的基准面，如图 6-117 所示。

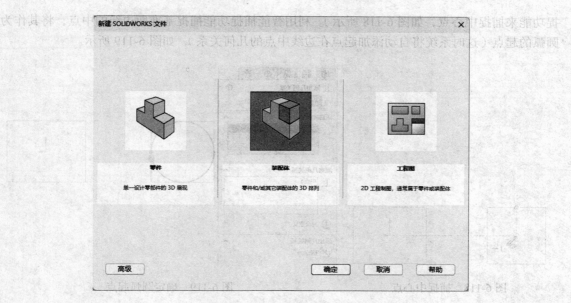

图 6-114　选择"装配体"选项

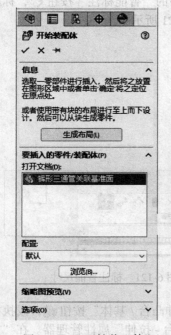

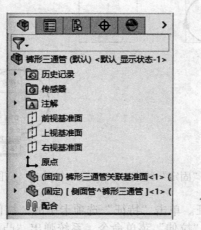

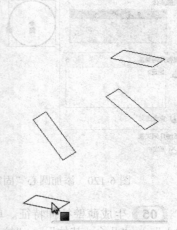

图 6-115　"开始装配体"　　图 6-116　FeatureManager 设计树　　图 6-117　选择放置零件的
　　　　　　属性管理器　　　　　　　　　　　　　　　　　　　　　　　　　　　基准面

**04** 绘制新零件草图。

❶ 选择图 6-117 中光标所指的面，单击"视图（前导）"工具栏"视图定向"下拉列表中的"正视于"按钮，将其作为绘制草图基准面，单击"草图"选项卡中的"圆心/起点/终点圆弧"按钮，将圆弧的圆心确定在绘图基准面的中心点，绘制一个圆弧（可以利用智能捕

捉功能来捕捉中心点，如图 6-118 所示）。利用智能捕捉功能捕捉基准面边线的中点，将其作为圆弧的起点（这时系统将自动添加起点在边线中点的几何关系），如图 6-119 所示。

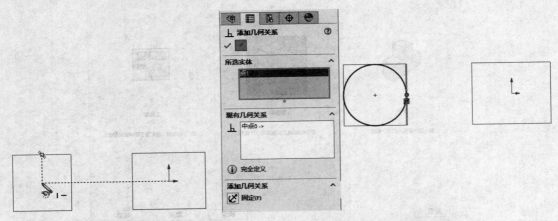

图 6-118　捕捉中心点　　　　　　　图 6-119　确定圆弧起点

❷ 单击圆弧的圆心，弹出"添加几何关系"属性管理器，添加圆心的"固定"约束几何关系，使圆弧中心固定，如图 6-120 所示。单击"草图"选项卡中的"智能标注"按钮 ✍，标注圆弧的起点和终点距离尺寸，修改尺寸数值为 0.1mm，如图 6-121 所示。

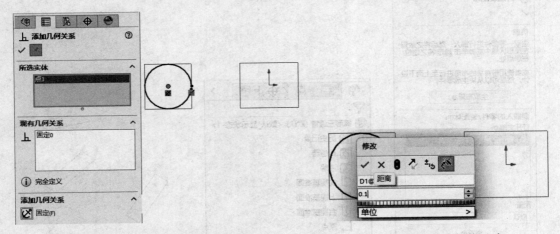

图 6-120　添加圆心"固定"约束　　　　　图 6-121　标注智能尺寸

**05** 生成薄壁拉伸特征。单击"特征"选项卡中的"拉伸凸台 / 基体"按钮 🗐，或执行"插入"→"凸台 / 基体"→"拉伸"菜单命令，系统弹出"凸台 - 拉伸"属性管理器。在"方向 1"的"终止条件"下拉列表中选择"成形到面"，单击倾斜的绘图基准面，选择"薄壁特征"选项，在"类型"下拉列表中选择"单向"，在"厚度"文本框中输入 1mm，如图 6-122 所示。单击"确定"按钮 ✔，结果如图 6-123 所示。

**06** 生成插入折弯特征。单击"钣金"选项卡中的"插入折弯"按钮 📠，或执行"插入"→"钣金"→"折弯"菜单命令，弹出"折弯"属性管理器。在"固定的面和边线"选项中选择"侧面管"零件的一条边线作为固定边，在"折弯半径"文本框中输入 1mm，其他采用默认设置，如图 6-124 所示。单击"确定"按钮 ✔，将插入折弯特征添加在 FeatureManager 设计树中。

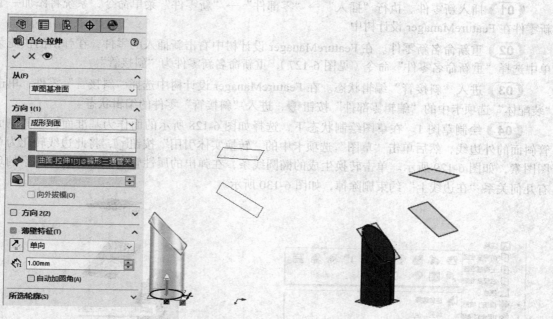

图 6-122　"凸台 - 拉伸"属性管理器　　　　图 6-123　生成薄壁拉伸特征

**07** 展开钣金件。在设计树中拖动回溯杆向上移动一步，或者右击"加工 - 折弯 1"，在弹出的快捷菜单中单击"压缩"按钮 ↓⫶（见图 6-125），展开侧面管钣金件，结果如图 6-126 所示。

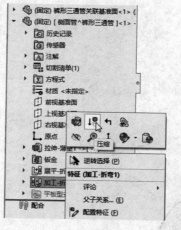

图 6-124　"折弯"属性管理器　　　图 6-125　单击"压缩"按钮　　图 6-126　展开侧面
　　　　　　　　　　　　　　　　　　　　　　　　　　　　　　　　管钣金件

**08** 退出"侧面管"编辑状态。单击"编辑零部件"按钮 🡒，退出"侧面管"零件的编辑状态。

### 6.3.3 绘制斜接管

**01** 插入新零件。执行"插入"→"零部件"→"新零件"菜单命令，系统将添加一个新零件在 FeatureManager 设计树中。

**02** 重新命名新零件。在 FeatureManager 设计树中右击新插入的零件，在弹出的快捷菜单中选择"重新命名零件"命令（见图 6-127），重新命名新零件为"斜接管"。

**03** 进入"斜接管"编辑状态。在 FeatureManager 设计树中选择"斜接管"零件，单击"装配体"选项卡中的"编辑零部件"按钮，进入"斜接管"零件的编辑状态。

**04** 绘制草图 1。在草图绘制状态下，选择如图 6-128 所示的面作为基准面，选择侧面管斜面的外边线，然后单击"草图"选项卡中的"转换实体引用"按钮，将此边线转化为草图图素，如图 6-129 所示。单击转换生成的椭圆线条，在弹出的属性管理器中将椭圆图素的现有几何关系"在边线上"约束删除掉，如图 6-130 所示。

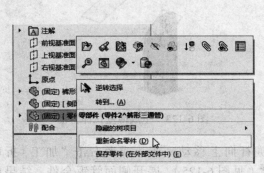

图 6-127　选择"重新命名零件"命令

图 6-128　选择绘制草图 1 基准面

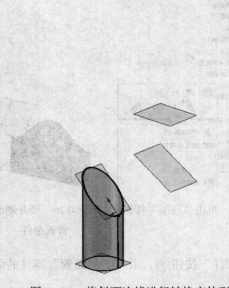

图 6-129　将斜面边线进行转换实体引用

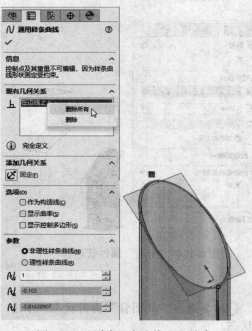

图 6-130　删除"在边线上"约束

**05** 绘制草图 2。

❶ 选择图 6-131 所示的基准面作为绘制斜接管的草图 2 的基准面。为了绘图方便，先过基准面的中点绘制两条互相垂直的构造线，如图 6-132 所示。

> **注意**
>
> 删除几何约束的目的是当侧面管展开时斜接管不会出错。因为斜接管的草图 1 引用了侧面管的斜边线。

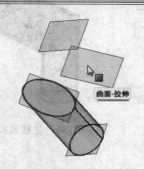

图 6-131　选择绘制草图 2 基准面

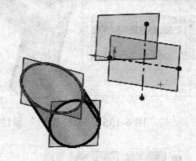

图 6-132　绘制构造线

❷ 单击"草图"选项卡中的"圆心 / 起点 / 终点圆弧"按钮 ⌒，绘制一个圆弧（圆弧的圆心为两条构造线的交点，起点也在一条较长的构造线上），标注智能尺寸，如图 6-133 所示。标注圆弧的半径，如图 6-134 所示。单击"退出草图"按钮 ↵，退出草图绘制状态。

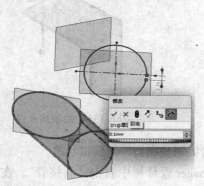

图 6-133　绘制草图 2 的圆弧

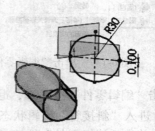

图 6-134　标注圆弧半径

**06** 生成放样折弯特征。单击"钣金"选项卡中的"放样折弯"按钮 ▥，或执行"插入"→"钣金"→"放样的折弯"菜单命令，弹出"放样折弯"属性管理器。在图形区域中选择两个草图，设置"厚度"为 1mm，如图 6-135 所示。单击"确定"按钮 ✔，生成放样折弯特征，如图 6-136 所示。

**07** 编辑关联基准面。

❶ 在 FeatureManager 设计树中右击"裤形三通管关联基准面"，在弹出的快捷菜单中单击"编辑零件"按钮 ⬚，如图 6-137 所示。选择"前视基准面"作为绘图基准面，绘制一条竖直的构造线（构造线过箭头所指曲面投影线的中点），如图 6-138 所示。单击"退出草图"按钮 ↵，退出草图编辑状态。

图 6-135　"放样折弯"属性管理器　　　　　图 6-136　生成放样折弯特征

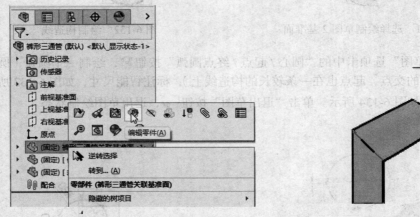

图 6-137　单击"编辑零件"命令　　　　　图 6-138　绘制构造线

❷ 单击"编辑零件"按钮 ，退出"裤形三通管关联基准面"的编辑状态。

**08** 进入"斜接管"编辑状态。在 FeatureManager 设计树中右击"斜接管"，在弹出的快捷菜单中单击"编辑零件"按钮 ，进入编辑状态。选择"前视基准面"作为绘图基准面（见图 6-139），单击"草图"选项卡中的"草图绘制"按钮 ，进入草图绘制状态。

**09** 绘制草图 3。拾取竖直构造线，单击"草图"选项卡中的"转换实体引用"按钮 ，将此构造线转化为竖直直线，如图 6-140 所示。

图 6-139　选择基准面

图 6-140　绘制竖直直线

**10** 进行拉伸切除。

❶ 在草图编辑状态下，单击"特征"选项卡中的"拉伸切除"按钮 ⬚，或执行"插入"→"切除"→"拉伸"菜单命令，系统弹出"切除 - 拉伸"属性管理器。在"方向 1"的"终止条件"下拉列表中选择"完全贯穿"，如图 6-141 所示。单击"确定"按钮 ✔，切除斜接管的多余部分，结果如图 6-142 所示。

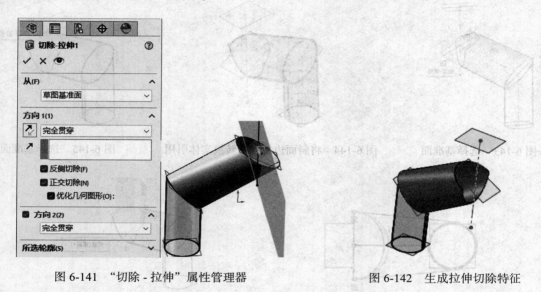

图 6-141　"切除 - 拉伸"属性管理器　　　　图 6-142　生成拉伸切除特征

❷ 单击"编辑零件"按钮 ⬚，退出"斜接管"的编辑状态。

## 6.3.4　绘制中间管

**01** 插入新零件。执行"插入"→"零部件"→"新零件"菜单命令，系统将添加一个新零件在 FeatureManager 设计树中。

**02** 重新命名新零件。在 FeatureManager 设计树中右击新插入的零件，在弹出的快捷菜单中选择"重新命名零件"命令，重新命名新零件为"中间管"。

**03** 进入"中间管"编辑状态。在 FeatureManager 设计树中选择"中间管"零件，单击"装配体"选项卡中的"编辑零部件"按钮 ⬚，进入"中间管"零件的编辑状态。

**04** 绘制中间管草图 1。选择图 6-143 所示的面作为绘图基准面，在草图绘制状态下，单击选择斜接管斜面的外边线，然后单击"草图"选项卡中的"转换实体引用"按钮 ⬚，将此边线转化为草图图素，如图 6-144 所示。单击转换生成的曲线线条，在弹出的"PropertyManager"属性管理器中将此线条的现有几何关系"在边线上"约束删除掉。单击"退出草图"按钮 ⬚，退出草图绘制状态。

**05** 绘制中间管草图 2。首先选择图 6-145 所示的面作为绘制中间管的草图 2 的基准面（为了绘图方便，可单击"标准视图"工具栏中的"垂直于"按钮 ⬚，调整绘制草图基准面的方向）。单击"草图"选项卡中的"圆心 / 起点 / 终点圆弧"按钮 ⬚，绘制一个半圆圆弧（圆弧的圆心在基准面的中心，起点和终点与草图 1 曲线的两端点在基准面上的投影重合），如图 6-146 所示。单击"退出草图"按钮 ⬚，退出草图绘制状态。

**06** 生成放样折弯特征。单击"钣金"选项卡中的"放样折弯"按钮 ，或执行"插入"→"钣金"→"放样的折弯"菜单命令，弹出"放样折弯"属性管理器。在图形区域中选择中间管的两个草图（见图6-147），设置"厚度"为1mm。单击"确定"按钮 ✓，生成放样折弯特征。

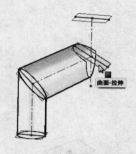

图6-143 选择基准面

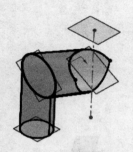

图6-144 将斜面边线进行转换实体引用

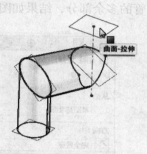

图6-145 选择基准面

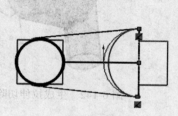

图6-146 绘制草图2

图6-147 选择进行放样折弯的草图

**07** 退出零件编辑状态。单击"编辑零件"按钮 ，退出"中间管"的编辑状态。

**08** 镜像零部件。

❶ 执行"插入"→"镜像零部件"菜单命令，弹出"镜像零部件"属性管理器。在Feature-Manager设计树中选择"裤形三通管"零件的"右视基准面"作为镜像基准面，如图6-148所示。

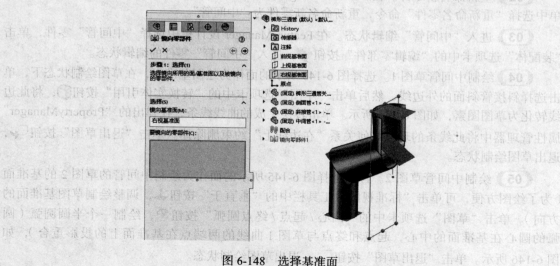

图6-148 选择基准面

❷ 拾取中间管、斜接管和侧面管作为要镜像的零件，如图 6-149 所示。为每个零件设定状态（镜像或复制）后，单击"下一步"按钮 ➡️，进入"步骤 2：设定方位"管理器。在管理器中可以对选取的零件重新定向。

镜像产生的零件将自动保存在与装配体相同的文件夹中，也可以更改保存的路径。

❸ 单击"确定"按钮 ✔，生成裤形三通管，结果如图 6-150 所示。

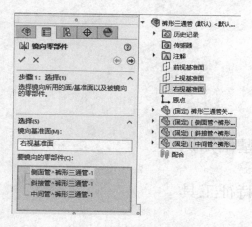

图 6-149 选择要镜像的零件

图 6-150 生成裤形三通管

**09** 保存零件文件。

❶ 在 FeatureManager 设计树中右击"侧面管"零件，在弹出的快捷菜单中选择"保存零件（在外部文件中）"命令（见图 6-151），弹出"另存为"对话框，在对话框中选择"侧面管"零件（见图 6-152），单击"与装配体相同"按钮。单击"确定"按钮，完成"侧面管"零件的保存。

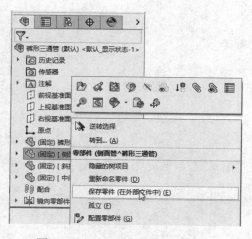

图 6-151 选择"保存零件"命令

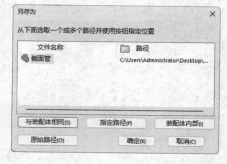

图 6-152 "另存为"对话框

❷ 重复上述操作，设置保存路径与装配体相同，完成"斜接管"和"中间管"零件的保存。

**10** 单击快速访问工具栏中的"保存"按钮 📇，将装配体文件保存。

# 第 2 篇　焊接设计篇

# 第 **7** 章

## 焊件基础知识

利用 SOLIDWORKS 2024 可以方便地进行焊件的设计，可以在装配体中将各个零件装配起来，生成其焊缝。

◎ 焊接基础
◎ 焊件特征选项卡与焊件菜单

## 7.1 概述

使用 SOLIDWORKS 2024 的焊件功能可以进行焊件设计。执行焊件功能中的焊接结构构件可以设计出各种焊接框架结构件，如图 7-1 所示。也可以执行焊件工具栏中的剪裁和延伸特征功能设计各种焊接箱体、支架类零件，如图 7-2 所示。在实体焊件设计过程中都能够设计出相应的焊缝，真实地体现焊件的焊接方式。

设计好实体焊件后，还可以生成焊件的工程图，在工程图中生成焊件的切割清单，如图 7-3 所示。

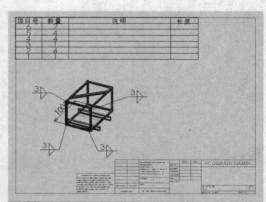

 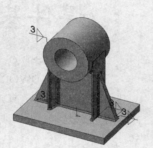

图 7-1　焊件框架　　　　图 7-2　H 形轴承支架　　　　图 7-3　焊件工程图

## 7.2 焊接基础

工业生产中应用焊接的方法很多，按焊接过程可归纳为三大类。

（1）熔焊：利用局部加热的方法将焊接结合处加热到熔化状态，互相熔合，冷凝后彼此结合在一起，常见的有电弧焊、气焊等。

（2）压焊：在焊接时不论对焊接处加热与否，都施加一定的压力，使两个接合面紧密接触，促进原子间产生结合作用，以获得两个焊件的牢固连接，例如电阻焊、摩擦焊等。

（3）钎焊：它与熔焊有相似之处，也可获得牢固的连接，但两者之间有本质的区别。这种方法是利用比焊件熔点低的钎料和焊件一同加热，是钎料熔化，而焊件本身不熔化，利用液态钎料湿润焊件，填充接头间隙，并与焊件相互扩散，实现与固态被焊金属的结合，冷凝后彼此连接起来的，如锡焊和铜焊等。

### 7.2.1 焊缝形式

焊缝是构成焊接接头的主体部分，对接焊缝和角焊缝是焊缝的基本形式。根据是否承受载荷又可分为工作焊缝和联系焊缝，如图 7-4 所示。按焊缝所在的空间位置又可分为平焊缝、立焊缝、横焊缝及仰焊缝等，如图 7-5 所示。按焊缝的断续情况可分为连续焊缝和间断焊缝，如图 7-6 所示。间断焊缝仅起联系作用和对密封没有要求的场合。

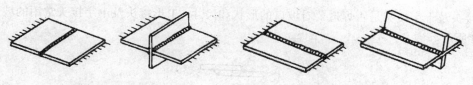

工作焊缝，外力与焊缝垂直 　　　　联系焊缝，外力与焊缝平行

图 7-4　工作焊缝和联系焊缝

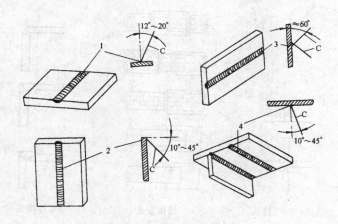

图 7-5　按空间位置分类

1—平焊缝　2—立焊缝　3—横焊缝　4—仰焊缝

连续焊缝　　　间断交错式焊缝　　　间断链状式焊缝

图 7-6　连续焊缝和间断焊缝

## 7.2.2　焊接接头

　　焊接接头的种类和形式很多，可以从不同的角度将它们分类。例如，可按所采用的焊接方法、接头构造形式以及坡口形状、焊缝类型等来分类。但焊接接头的基本类型实际上共有 5 种，如图 7-7 所示。

　　对接接头是把同一平面上的两种被焊工件相对焊接起来而形成的接头。从受力的角度看，对接接头是比较理想的接头形式，与其他类型的接头相比，它的受力状况较好，应力集中程度较小。为了保证焊接质量、减少焊接变形和焊接材料消耗，根据板厚或壁厚的不同，往往需要把被焊工件的对接边缘加工成各种形式的坡口，进行坡口焊接，对接接头常用的坡口形式如图 7-8 所示。

　　T 形接头及十字接头是把相互垂直的或呈一定角度的被焊工件用角焊缝连接起来的接头，是一种典型的电弧焊接头，能承受各种方向的力和力矩。这种接头也有多种类型，有焊透和不焊透的，有不开坡口和开坡口的。不开坡口的 T 形接头及十字接头通常都是不焊透的，开坡口

171

的 T 形接头及十字接头是否焊透要看坡口的形状和尺寸。T 形接头及十字接头常用的坡口形式如图 7-9 所示。

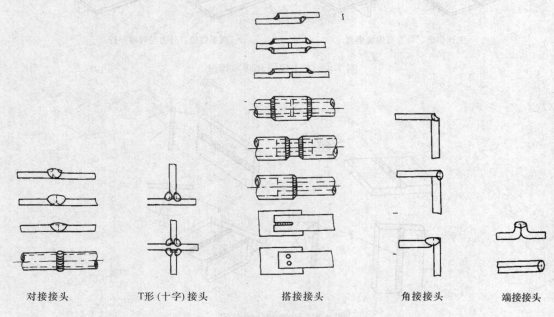

| 对接接头 | T形(十字)接头 | 搭接接头 | 角接接头 | 端接接头 |

图 7-7　焊接接头的基本类型

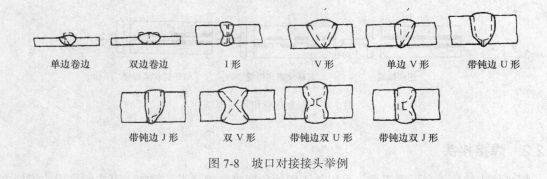

| 单边卷边 | 双边卷边 | I 形 | V 形 | 单边 V 形 | 带钝边 U 形 |

| 带钝边 J 形 | 双 V 形 | 带钝边双 U 形 | 带钝边双 J 形 |

图 7-8　坡口对接接头举例

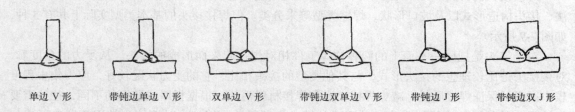

| 单边 V 形 | 带钝边单边 V 形 | 双单边 V 形 | 带钝边双单边 V 形 | 带钝边 J 形 | 带钝边双 J 形 |

图 7-9　开坡口的 T 形接头及十字接头举例

　　搭接接头是把两被焊工件部分地重叠在一起或加上专门的搭接件用角焊缝或塞焊缝、槽焊缝连接起来的接头。搭接接头的应力分布不均匀，疲劳强度较低，不是理想的接头类型。但由于其焊前准备和装配工作简单，在结构中仍然得到广泛应用。搭接接头有多种连接形式。不带搭接件的搭接接头，一般采用正面角焊缝、侧面角焊缝或正面、侧面联合角焊缝连接，有时也用塞焊缝、槽焊缝，如图 7-10 所示。

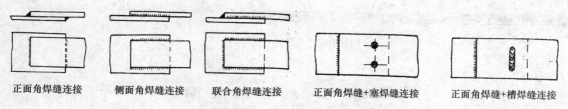

正面角焊缝连接　　侧面角焊缝连接　　联合角焊缝连接　　　正面角焊缝+塞焊缝连接　　　　正面角焊缝+槽焊缝连接

图 7-10　搭接接头举例

角接接头是两被焊工件端面间构成大于 30°、小于 135° 夹角的接头。角接接头多用于箱形构件上，常见的连接形式如图 7-11 所示。它的承载能力视其连接形式不同而各异。图 7-11a 最为简单，但承载能力最差，特别是当接头处承受弯曲力矩时，焊根处会产生严重的应力集中，焊缝容易自根部撕裂。图 7-11b 采用双面角焊缝连接，其承载能力可大大提高。图 7-11c 为开坡口焊透的角接接头，有较高的强度，而且具有很好的棱角，但厚板可能出现层状撕裂问题。图 7-11d 是最易装配的角接接头，不过其棱角并不理想。

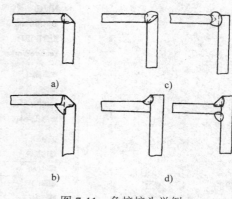

图 7-11　角接接头举例

端接接头是两被焊工件重叠放置或两被焊工件之间的夹角不大于 30°，在端部进行连接的接头。

# 7.3　焊件特征选项卡与焊件菜单

## 7.3.1　启用焊件特征选项卡

启动 SOLIDWORKS 2024 后，在选项卡任意位置右击，在弹出的快捷菜单中选择"选项卡"下拉列表中"焊件"选项，如图 7-12 所示。在 SOLIDWORKS 用户界面显示"焊件"选项卡，如图 7-13 所示。

## 7.3.2　焊件菜单

执行"插入"→"焊件"菜单命令，可以找到焊件下拉菜单，如图 7-14 所示。

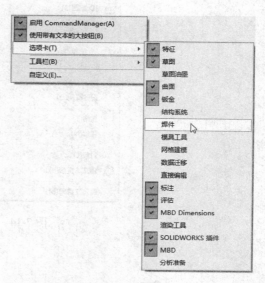

图 7-12　"选项卡"下拉列表

图 7-13 "焊件"选项卡

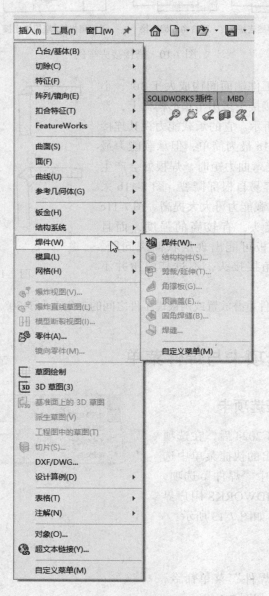

图 7-14 焊件菜单

第 **8** 章

# 焊件特征工具

在 SOLIDWORKS 2024 零件设计环境中，可将多个实体组成焊件，使焊件设计非常简单。利用焊件功能中的"结构构件""角撑板""圆角焊缝"等特征工具，可大大提高焊件设计的效率。本章将介绍焊件特征工具的基本功能及操作，为后面的实例设计打下基础。

◎ 焊件特征
◎ 结构构件特征
◎ 剪裁 / 延伸特征
◎ 顶端盖特征
◎ 角撑板特征
◎ 圆角焊缝特征

## 8.1　焊件特征

在 SOLIDWORKS 2024 系统中，焊件功能主要提供了焊件特征 、结构构件特征工具 、角撑板特征工具 、顶端盖特征工具 、圆角焊缝特征工具 、剪裁 / 延伸特征工具 。焊件选项卡如图 8-1 所示，在工具栏中还包括拉伸凸台 / 基体、拉伸切除、倒角、异型孔向导等特征工具，其使用方法与常见实体设计相同。在本节中主要介绍焊件所特有的特征工具使用方法。

图 8-1　"焊件"选项卡

在进行焊件设计时单击"焊件"选项卡中的"焊件"按钮 ，或执行"插入"→"焊件"→"焊件"菜单命令，可以将实体零件标记为焊件，同时焊件特征将被添加到 FeatureManager 设计树中，如图 8-2 所示。

如果使用焊件功能的结构构件特征工具 来生成焊件，系统将自动将零件标记为焊件，自动将"焊件"按钮 添加到 FeatureManager 设计树中。

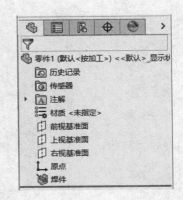

图 8-2　将零件标记为焊件

## 8.2　结构构件特征

在 SOLIDWORKS 2024 中包含多种焊接结构件（例如角铁、方形管、矩形管等）的特征库，可供设计者选择使用。这些焊接结构件在形状及尺寸上具有 ansi 和 iso 两种标准。每一种类型的结构件都有多种尺寸可供选择使用。

在使用结构构件生成焊件时，首先要先绘制草图，即使用线性或弯曲草图实体生成多个带基准面的 2D 草图，或生成 3D 草图，或 2D 和 3D 相组合的草图。

### 8.2.1　结构构件特征说明

单击"焊件"选项卡中的"结构构件"按钮 ，或执行"插入"→"焊件"→"结构构件"菜单命令，选择草图或者绘制草图后，"结构构件"属性管理器如图 8-3 所示。

**1."选择"选项组**

（1）标准：包括 ansi、iso 等标准。

（2）Type：包括 C 槽、sb 横梁、方形管、管道、角铁和矩形管 6 种类型，如图 8-4 所示。

（3）大小：选择轮廓类型后，在下拉列表中选择轮廓的尺寸。每一种类型对应的轮廓尺寸不一样。

（4）组：选择要配置的组。单击"新组"按钮，在此构件中生成一个新组。

**2."设定"选项组**

（1）路径线段：列出选择的创建结构构件的线段。

图 8-3　"结构构件"属性管理器

| C 槽 | sb 横梁 | 方形管 | 管道 | 角铁 | 矩形管 |

图 8-4　结构构件类型示意图

（2）应用边角处理：当结构构件在边角处交叉时定义如何剪裁组的线段。取消"应用边角处理"复选框，结构构件如图 8-5 所示。勾选"应用边角处理"复选框，包括"终端斜接" 、"终端对接 1" 和"终端对接 2" ，示意图如图 8-6 所示。

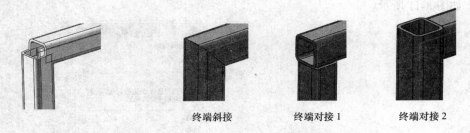

终端斜接　　　终端对接 1　　　终端对接 2

图 8-5　取消"应用边角处理"　　　　图 8-6　勾选"应用边角处理"

（3）"同一组中连接的线段之间的缝隙" ：指定相同组中的线段边角处的焊接缝隙，但仅适用于相邻组。

（4）"不同组线段之间的缝隙" ：指定焊接缝隙，在此处该组的线段端点与另一个组中的线段邻接。

（5）镜像轮廓：沿组的水平轴或竖直轴镜像轮廓。

（6）对齐：将组的水平轴或竖直轴与任何选定的矢量对齐。

（7）"旋转角度" ：设置结构构件的旋转角度。

### 3. 更改穿透点

焊件中的结构构件是由草图拉伸生成的实体，所谓穿透点就是在将结构构件应用到焊件草图中时，结构构件的截面轮廓草图中用于与焊件草图线段相重合的关键点，系统默认的穿透点是结构构件的截面轮廓草图的原点。如图 8-7 所示的方形管的默认穿透点是中心点（即草图原点）。

要更改穿透点，可以单击"找出轮廓"按钮，系统将自动放大显示结构构件的截面轮廓草图，并且显示出多个可能使用的穿透点，如图 8-8 中箭头所指点，可以用光标指针选择更改不同的穿透点，如图 8-9 所示将穿透点更改为截面轮廓草图的上边线中点。

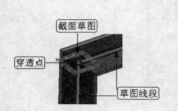    

图 8-7 方形管的默认穿透点是中心点  图 8-8 方形管可能选用的穿透点  图 8-9 更改方形管的穿透点

## 8.2.2 结构构件特征创建步骤

（1）绘制草图。单击"草图"选项卡中的"边角矩形"按钮 ▭，或执行"工具"→"草图绘制实体"→"矩形"菜单命令，在绘图区域绘制一个矩形，如图 8-10 所示，然后单击"退出草图"按钮 ⤶。

（2）添加结构构件。单击"焊件"选项卡中的"结构构件"按钮 ⬚，或执行"插入"→"焊件"→"结构构件"菜单命令，弹出"结构构件"属性管理器。在"标准"选择栏中选择"iso"，在"Type"选择栏中选择"方形管"，在"大小"选择栏中选择"40×40×4"，然后用光标指针在草图中依次拾取需要插入结构构件的路径线段，结构构件将被插入到绘图区域，如图 8-11 所示。

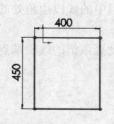

图 8-10 绘制矩形草图

图 8-11 "结构构件"属性管理器

（3）应用边角处理。在对话框中勾选"应用边角处理"复选框，选择"终端斜接" 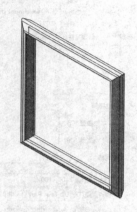，可以对结构构件进行边角处理，如图 8-12 所示。

（4）更改旋转角度。在"旋转角度"输入栏中输入相应角度值 60°，结构构件将旋转 60°，单击"确定"按钮 ✔，结果如图 8-13 所示。

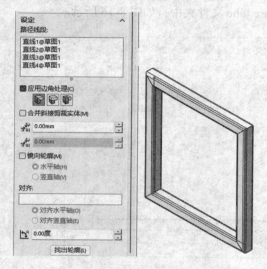

图 8-12  应用边角处理

图 8-13  方形管旋转 60°

## 8.2.3  生成自定义结构构件轮廓

SOLIDWORKS 系统中的结构构件特征库中可供选用的结构构件的种类、大小是有限的。设计者可以将自己设计的结构构件的截面轮廓保存到特征库中，供以后选择使用。

下面以生成大小为 100×100×2 的方形管轮廓为例，介绍生成自定义结构构件轮廓的操作步骤。

（1）绘制草图。单击"草图"选项卡中的"边角矩形"按钮 ☐ ，或执行"工具"→"草图绘制实体"→"边角矩形"菜单命令，在绘图区域绘制一个矩形，通过标注智能尺寸，使原点在矩形的中心，单击"草图"选项卡中的"绘制圆角"按钮 ⌐ ，绘制圆角，如图 8-14 所示。单击"草图"选项卡中的"等距实体"按钮 ⌐ ，输入等距距离数值 2mm，生成等距实体草图；如图 8-15 所示，单击"退出草图"按钮 ⌐↩ 。

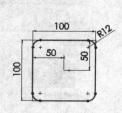

图 8-14  绘制矩形并倒圆角

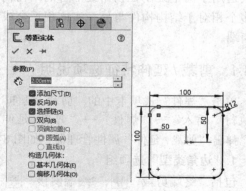

图 8-15  生成等距实体

（2）保存自定义结构构件轮廓。在 FeatureManager 设计树中选择草图，执行"文件"→"另存为"菜单命令将自定义结构构件轮廓保存。

焊件结构件的轮廓草图文件的默认位置为：安装目录 \ SOLIDWORKS\data\weldment profiles（焊件轮廓）文件夹中的子文件夹中。单击"保存"按钮，将所绘制的草图保存为文件名 $100 \times 100 \times 2$，文件类型为 *.sldlfp。保存在 suquare tube 文件夹中，如图 8-16 所示。

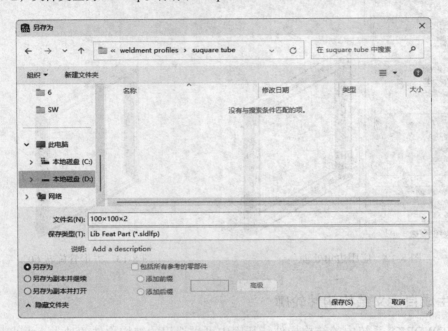

图 8-16　保存自定义结构构件轮廓

## 8.3　剪裁 / 延伸特征

在生成焊件时，可以使用剪裁 / 延伸特征工具来剪裁或延伸结构构件，使之在焊件中正确对接。此特征工具适用于两个处于在拐角处汇合的结构构件，一个或多个相对于结构构件与另一实体相汇合或结构构件的两端。

### 8.3.1　剪裁 / 延伸特征选项说明

单击"焊件"选项卡中的"剪裁 / 延伸"按钮，或执行"插入"→"焊件"→"剪裁 / 延伸"菜单命令，弹出"剪裁 / 延伸"属性管理器，如图 8-17 所示。

1. "边角类型"选项组

包括"终端剪裁"、"终端斜接"、"终端对接 1"和"终端对接 2"选项，如图 8-18 所示。

图 8-17　"剪裁 / 延伸"属性管理器

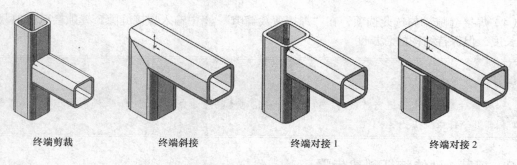

终端剪裁　　　　　　终端斜接　　　　　　终端对接 1　　　　　　终端对接 2

图 8-18　边角类型示意图

**2. "要剪裁的实体"选项组**

（1）要剪裁的实体：如果选择"终端斜接""终端对接 1"和"终端对接 2"中的一种边角类型，只能选择一个要裁剪的实体；如果选择"终端剪裁"边角类型，可以选择一个或多个要剪裁的实体。

（2）允许延伸：勾选此复选框，如果线段未到达剪裁边界，则将线段延长至其边界，如图 8-19 所示。

**3. "剪裁边界"选项组**

（1）面 / 平面和实体：选择面或者实体作为裁剪边界。只有"终端剪裁"边角类型有此选项，如图 8-20 所示。如果选择面 / 基准面作为剪裁边界，则在保留和放弃之间切换以选择要保留的线段，如图 8-21 所示。

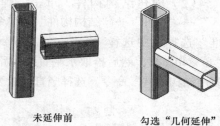

未延伸前　　　　　　勾选"几何延伸"

图 8-19　延伸示意图

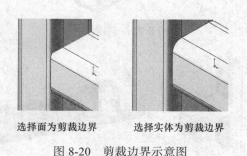

选择面为剪裁边界　　　选择实体为剪裁边界

图 8-20　剪裁边界示意图

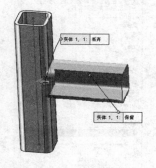

图 8-21　保留和放弃示意图

（2）允许延伸：勾选此复选框允许结构构件进行延伸或剪裁；取消此复选框的勾选，则只可进行剪裁。

（3）实体之间的切除：如果选择"终端剪裁""终端对接 1"和"终端对接 2"中的一种边角类型时，有"实体之间的简单切除"和"实体之间的封顶切除"，如图 8-22 所示。"实体之间的简单切除" █ 选项，使结构构件与平面接触面相齐平（有助于制造）；"实体之间的封顶切除" █ 选项将结构构件剪裁到接触实体。

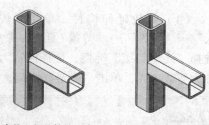

实体之间的简单切除　　　实体之间的封顶切除

图 8-22　实体之间的切除示意图

（4）焊接缝隙：勾选此选项，在"焊接剪裁缝隙" 中输入焊接缝隙。缝隙会减少剪裁项目的长度，但保持结构的总长度。

 **注意**

如果通过基准面或面进行剪裁并保留所有部分，则这些部分会被切除。如果放弃任何部分，则剩下的相邻部分将组合在一起。

### 8.3.2 剪裁 / 延伸特征创建步骤

（1）绘制草图。单击"草图"选项卡中的"直线"按钮 ，或执行"工具"→"草图绘制实体"→"直线"菜单命令，在绘图区域绘制一条水平直线。单击"退出草图"按钮 。重复"直线"命令，绘制一条竖直直线。

（2）创建结构构件。单击"焊件"选项卡中的"结构构件"按钮 ，或执行"插入"→"焊件"→"结构构件"菜单命令，弹出图 8-23 所示"结构构件"属性管理器。在"标准"选择栏中选择"iso"，在"Tpye"选择栏中选择"方形管"，在"大小"选择栏中选择"40×40×4"，然后拾取水平直线为路径线段，单击"确定"按钮 ，结果如图 8-24 所示。重复"结构构件"命令，选择竖直直线为路径线段，创建竖直管，结果如图 8-25 所示。

图 8-23 "结构构件"属性管理器

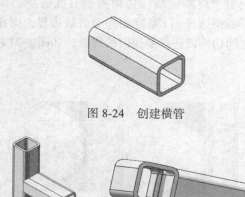

图 8-24 创建横管

图 8-25 创建竖直管

（3）剪裁延伸构件。单击"焊件"选项卡中的"剪裁 / 延伸"按钮 ，或执行"插入"→"焊件"→"剪裁 / 延伸"菜单命令，弹出"剪裁 / 延伸"属性管理器，如图 8-26 所示。选择"终端斜接"类型，选择横管为要剪裁的实体，并勾选"允许延伸"复选框，选择竖直管件为剪裁边界，单击"确定"按钮 ，结果如图 8-27 所示。

 **注意**

通常选择平面为剪裁边界更有效且性能更好。只有在诸如圆形管道或阶梯式曲面之类的非平面实体剪裁时选择实体。

图 8-26  "剪裁 / 延伸"属性管理器

图 8-27  剪裁实体

## 8.4  顶端盖特征

顶端盖特征工具用于闭合敞开的结构构件，如图 8-27 所示。

### 8.4.1  顶端盖特征选项说明

单击"焊件"选项卡中的"顶端盖"按钮 📦，或执行"插入"→"焊件"→"顶端盖"菜单命令，弹出如图 8-28 所示的"顶端盖"属性管理器。

**1."参数"选项组**

（1）"面" 📦：选择一个或多个轮廓面。

（2）厚度方向：设置顶端盖的厚度方向，包括"向外" 🔲、"向内" 🔲 和"内部" 🔲 三种，如图 8-29 所示。在 栏中输入厚度值。

"向外" 🔲：从结构内向外延伸，结构的总长度增加。

"向内" 🔲：向结构内延伸，结构总长度不变。

"内部" 🔲：将顶端盖以指定的等距距离放在结构构件内部。

**2."等距"选项组**

在生成顶端盖特征过程中的顶端盖等距是指结构构件边线到顶端盖边线之间的距离，如图 8-30 所示。在进行等距设置时，可以选择或不选择"厚度比率"。如果选择厚度比率，指定厚度比率值应介于 0 和 1 之间。等距则等于结构构件的壁厚乘以指定的厚度比率。

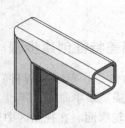

图 8-28  "顶端盖"属性管理器

| 向外 | 向内 | 内部 |

图 8-29　厚度方向示意图

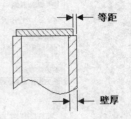

图 8-30　顶端盖等距示意图

### 8.4.2　顶端盖特征创建步骤

（1）启动命令。单击"焊件"选项卡中的"顶端盖"按钮，或执行"插入"→"焊件"→"顶端盖"菜单命令，弹出"顶端盖"属性管理器，如图 8-31 所示。

（2）设置轮廓面。在视图区中选取图 8-32 所示的端面为轮廓面。

（3）设置厚度。在属性管理器中选择"向外"厚度方向，输入厚度为 5mm。

（4）倒角设置。单击"厚度比率"单选按钮，并输入厚度比率为 0.5；勾选"边角处理"复选框，单击"倒角"单选按钮输入倒角距离 3mm，单击"确定"按钮✔，生成顶端盖后的效果如图 8-33 所示。

图 8-31　"顶端盖"属性管理器

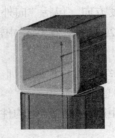

图 8-32　设置轮廓面

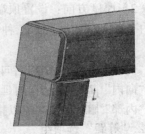

图 8-33　生成的顶端盖

 注意

生成顶端盖时只能在有线性边线的轮廓上生成。

## 8.5　角撑板特征

使用角撑板特征工具可加固两个交叉带平面的结构构件之间的区域。

### 8.5.1　角撑板特征选项说明

单击"焊件"选项卡中的"角撑板"按钮 ⬛，或执行"插入"→"焊件"→"角撑板"菜单命令，弹出"角撑板"属性管理器，如图 8-34 所示。

**1."支撑面"选项组**

（1）"请选择平面或圆柱面" ⬛：从两个交叉结构构件选择相邻平面。

（2）"反转轮廓 D1 和 D2 参数" ↗：反转轮廓距离 1 和轮廓距离 2 之间的数值。

**2."轮廓"选项组**

（1）系统提供了两种类型的角撑板，包括"三角形角轮廓" ⬛ 和"多边形角轮廓" ⬛，如图 8-35 所示。

（2）厚度：角撑板的厚度有三种设置方式，分别是"内边" ▤、"两边" ▤ 和外边 ▤，如图 8-36 所示。

（3）位置：角撑板的位置设置也有三种方式，分别为"轮廓定位于起点" ▣、"轮廓定位于中点" ▣ 和"轮廓定位于端点" ▣，如图 8-37 所示。

图 8-34　"角撑板"属性管理器

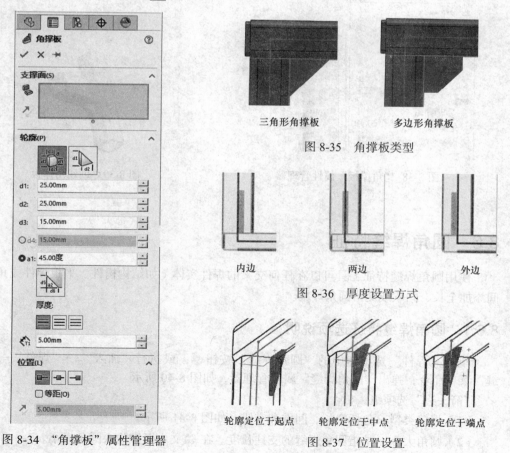

三角形角撑板　　　　多边形角撑板

图 8-35　角撑板类型

内边　　　两边　　　外边

图 8-36　厚度设置方式

轮廓定位于起点　　轮廓定位于中点　　轮廓定位于端点

图 8-37　位置设置

### 8.5.2　角撑板特征创建步骤

（1）启动命令。单击"焊件"选项卡中的"角撑板"按钮 ，或执行"插入"→"焊件"→"角撑板"菜单命令，弹出"角撑板"属性管理器，如图 8-38 所示。

（2）选择支撑面。选择生成角撑板的支撑面。

（3）选择轮廓。在"轮廓"选择栏中选择"三角形轮廓"，并且设置相应的边长数值。

（4）设置厚度参数。选择"内边"厚度，在角撑板厚度中输入厚度为 10mm。

（5）设置角撑板位置。设置位置为"轮廓定位于中点" ，单击"确定"按钮 ，结果如图 8-39 所示。

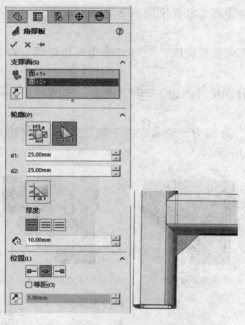

图 8-38　"角撑板"属性管理器

图 8-39　创建角撑板

## 8.6　圆角焊缝特征

使用圆角焊缝特征工具可以在任何交叉的焊件实体（如结构构件、平板焊件或角撑板）之间添加全长、间歇或交错圆角焊缝。

### 8.6.1　圆角焊缝特征选项说明

单击"焊件"选项卡中的"圆角焊缝"按钮 ，或执行"插入"→"焊件"→"圆角焊缝"菜单命令，弹出"圆角焊缝"属性管理器，如图 8-40 所示。

"箭头边"选项组

（1）焊缝类型：包括全长、间歇和交错，如图 8-41 所示。

（2）圆角大小：是指圆角焊缝的支柱长度。在 文本框中输入圆角大小。

（3）焊缝长度：是指每个焊缝段的长度，仅限间歇和交错类型。

（4）节距：是指每个焊缝起点之间的距离，仅限间歇和交错类型。

（5）切线延伸：勾选此复选框，焊缝将沿着交叉边线延伸，如图 8-42 所示。

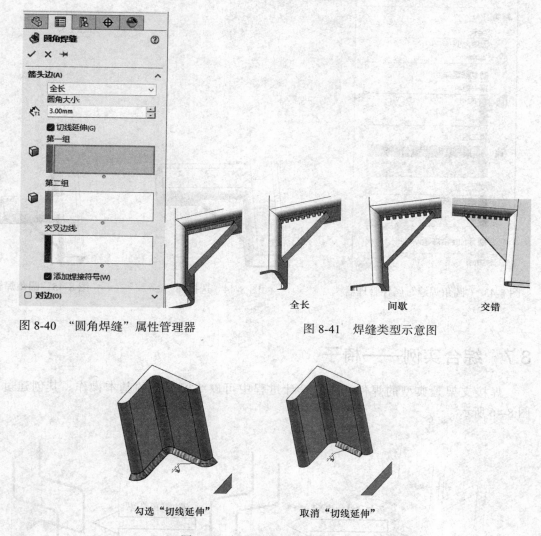

图 8-40　"圆角焊缝"属性管理器

图 8-41　焊缝类型示意图

图 8-42　切线延伸示意图

## 8.6.2　圆角焊缝特征创建步骤

（1）启动命令。单击"焊件"选项卡中的"圆角焊缝"按钮，或执行"插入"→"焊件"→"圆角焊缝"菜单命令，弹出"圆角焊缝"属性管理器。

（2）设置焊缝选项。选择"全长"类型，输入"圆角大小"为 3mm，勾选"切线延伸"复选框，如图 8-43 所示。

（3）选择面。在视图区选择图 8-44 中的面 1 为面组 1，选择面 2 为面组 2。

（4）完成焊缝。单击"确定"按钮，结果如图 8-45 所示。

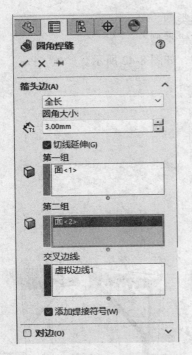

图 8-43 "圆角焊缝"属性管理器

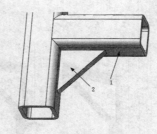

图 8-44 选择面

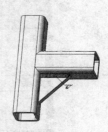

图 8-45 圆角焊缝

## 8.7 综合实例——椅子

焊接支架是典型的焊件，在其设计过程中可以练习焊件的基本操作。其创建过程如图 8-46 所示。

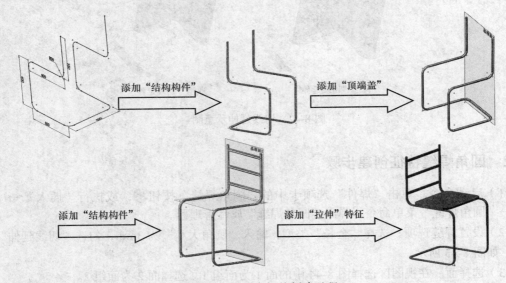

图 8-46 焊接支架的创建过程

【操作步骤】

### 8.7.1　绘制椅子轮廓草图

**01** 启动 SOLIDWORKS 2024，选择菜单栏中的"文件"→"新建"命令，或者单击"快速访问"工具栏中的"新建"按钮 📄，在弹出的"新建 SOLIDWORKS 文件"属性管理器中选择"零件"按钮 🧱，单击"确定"按钮，创建一个新的零件文件。

**02** 创建焊件特征。单击"焊件"选项卡中的"焊件"按钮 🗄，或执行"插入"→"焊件"→"焊件"菜单命令，创建焊件特征。

**03** 设置方向。单击"标准视图"工具栏中的"等轴测"按钮 🔲，将视图以等轴测方向显示。

**04** 绘制 3D 草图。执行"插入"→"3D 草图"菜单命令，单击"草图"选项卡中的"直线"按钮 ✎，借助 Tab 键改变绘制的基准面，绘制如图 8-47 所示的 3D 草图。

**05** 标注尺寸及添加几何关系。结果如图 8-48 所示。

**06** 绘制圆角。单击"草图"选项卡中的"绘制圆角"按钮 ⌒，系统弹出如图 8-48 所示的"绘制圆角"属性管理器。依次选择图 8-49 所示中每个直角处的两条直线段，绘制半径为 50mm 的圆角，结果如图 8-50 所示。

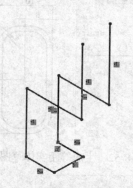

图 8-47　绘制的 3D 草图

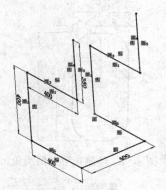

图 8-48　标注草图

图 8-49　"绘制圆角"属性管理器

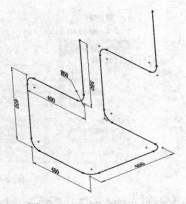

图 8-50　圆角后的图形

### 8.7.2　自定义构件轮廓草图

**01**　新建文件。执行"文件"→"新建"菜单命令，或者单击"快速访问"工具栏中的"新建"按钮 📄，在弹出的"新建 SOLIDWORKS 文件"属性管理器中选择"零件"按钮 🟦，单击"确定"按钮，创建一个新的零件文件。

**02**　绘制草图。在 FeatureManager 设计树中选择"前视基准面"作为绘图基准面。单击"草图"选项卡中的"边角矩形"按钮 □，或执行"工具"→"草图绘制实体"→"边角矩形"菜单命令，在绘图区域绘制一个矩形，通过标注智能尺寸，使原点在矩形的中心，单击"草图"选项卡中的"绘制圆角"按钮 ⌐ 绘制圆角，如图 8-51 所示。单击"草图"选项卡中的"等距实体"按钮 ⊏，输入等距距离数值 1mm，如图 8-52 所示，生成等距实体草图，单击"退出草图"按钮 ⌐。

**03**　保存自定义结构构件轮廓。在 FeatureManager 设计树中选择草图，执行"文件"→"另存为"菜单命令，将自定义结构构件轮廓保存。焊件结构件的轮廓草图文件的默认位置为：安装目录 \SOLIDWORKS\data /weldment profiles（焊件轮廓）文件夹的子文件夹。可以自定义文件夹，将所绘制的草图保存为文件名 10×20×1，文件类型为"Lib Feat Part.（*.sldlfp）"。单击"保存"，如图 8-53 所示。

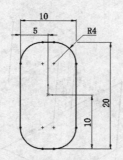

图 8-51　绘制矩形并倒圆角

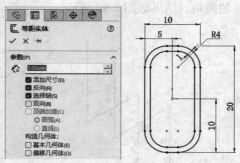

图 8-52　生成等距实体草图

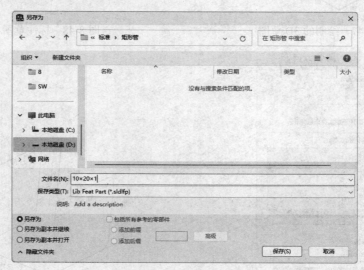

图 8-53　"另存为"对话框

**04**　重复步骤 **01**～**03**，创建 20×10×1 的矩形焊件轮廓草图。

### 8.7.3 创建结构构件

**01** 创建结构构件。单击"焊件"选项卡中的"结构构件"按钮，或执行"插入"→"焊件"→"结构构件"菜单命令，弹出"结构构件"属性管理器。选择"标准"，选择"矩形管"类型，选择前面创建"10×20×1"大小，如图 8-54 所示。在视图区中选择椅子轮廓草图，单击"确定"按钮，结果如图 8-55 所示。

图 8-54 "结构构件"属性管理器

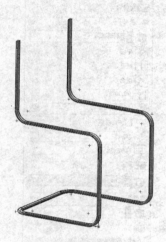

图 8-55 创建椅子构件

**02** 创建顶端盖。单击"焊件"选项卡中的"顶端盖"按钮，或执行"插入"→"焊件"→"顶端盖"菜单命令，弹出如图 8-56 所示的"顶端盖"属性管理器。单击厚度方向"向外"按钮，输入厚度为 5mm，勾选"厚度比率"单选按钮，输入厚度比率为 0.3，在视图区中选择椅子构件的两个端面，勾选"倒角"单选按钮，输入倒角距离为 3mm，在视图区中选择椅子构件的两个端面，如图 8-57 所示。单击"确定"按钮。

图 8-56 "顶端盖"属性管理器

图 8-57 选择椅子构件的两个端面

**03** 单击"特征"面板"参考几何体"下拉列表中的"基准面"按钮 ，或执行"插入"→"参考几何体"→"基准面"菜单命令，弹出图 8-58 所示的"基准面"属性管理器。选择"右视基准面"为参考基准面，输入距离为 400mm。单击"确定"按钮 ，结果如图 8-59 所示。

图 8-58 "基准面"属性管理器

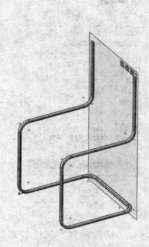

图 8-59 创建基准面

**04** 绘制草图。选择步骤 **03** 创建的基准面作为绘图基准面，单击"草图"选项卡中的"直线"按钮 ，绘制直线，标注智能尺寸如图 8-60 所示。

**05** 创建结构构件。单击"焊件"选项卡中的"结构构件"按钮 ，或执行"插入"→"焊件"→"结构构件"菜单命令，弹出"结构构件"属性管理器。选择"标准"，选择"矩形管"类型，选择前面创建"20×10×1"大小，在视图区中选择步骤 **04** 绘制的草图，单击"确定"按钮 ，结果如图 8-61 所示。

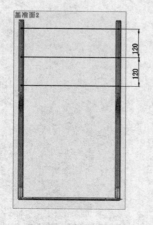

图 8-60 绘制草图

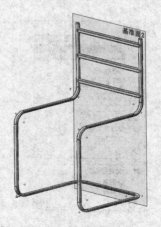

图 8-61 创建构件

**06** 裁剪构件。单击“焊件”选项卡中的“剪裁 / 延伸”按钮，或执行“插入”→“焊件”→“剪裁 / 延伸”菜单命令，弹出“剪裁 / 延伸”属性管理器，如图 8-62 所示。选择“终端剪裁”类型，在视图区中选择步骤 **05** 创建的机构构件为要剪裁的实体，选择椅子轮廓构件两条竖直构件。选择“实体之间的封顶切除”，单击“确定”按钮，结果如图 8-63 所示。

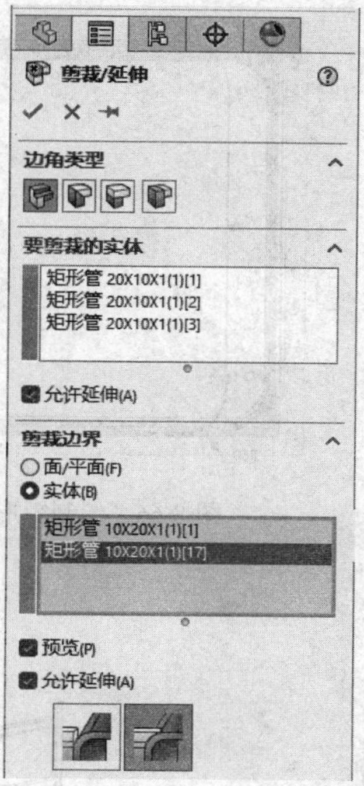


图 8-62　“剪裁 / 延伸”属性管理器

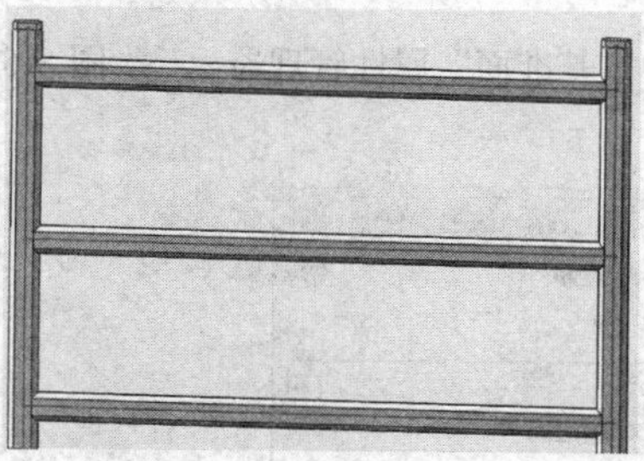

图 8-63　剪裁构件

**07** 单击“特征”面板“参考几何体”下拉列表中的“基准面”按钮，或执行“插入”→“参考几何体”→“基准面”菜单命令，弹出图 8-64 所示的“基准面”属性管理器。选择“上视基准面”为参考基准面，输入距离为 405mm，如图 8-64 所示。单击“确定”按钮，结果如图 8-65 所示。

**08** 绘制草图。选择步骤 **07** 创建的基准面作为绘图基准面，单击“草图”选项卡中的“边角矩形”按钮和“绘制圆角”按钮，绘制矩形如图 8-66 所示。

**09** 拉伸实体。单击“特征”选项卡中的“拉伸凸台 / 基体”按钮，或执行“插入”→“凸台 / 基体”→“拉伸”菜单命令，弹出如图 8-67 所示的“凸台 - 拉伸”属性管理器。输入拉伸距离为 15mm，单击“确定”按钮，结果如图 8-68 所示。

**10** 隐藏草图和基准面。在 FeatureManager 设计树中选择草图和基准面，右击，在弹出的快捷菜单中单击“隐藏”按钮，结果如图 8-69 所示。

图 8-64 "基准面"属性管理器

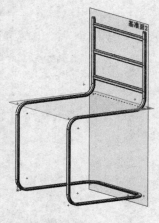

图 8-65 创建基准面

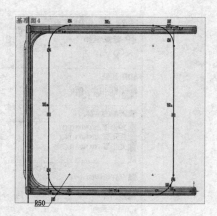

图 8-66 绘制矩形草图

图 8-67 "凸台 - 拉伸"属性管理器

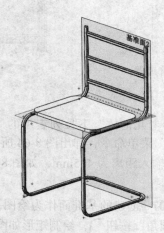

图 8-68 拉伸实体

图 8-69 隐藏草图和基准面

# 第 **9** 章

## 切割清单与焊缝

在使用关联设计进行装配体设计的过程中，可以在装配体焊件中添加多种类型的焊缝。

本章主要介绍焊件切割清单以及装配体中焊缝的创建过程。

学 习 要 点

◉ 焊件切割清单
◉ 装配体中焊缝的创建

## 9.1 焊件切割清单

在进行焊件设计过程中，当第一个焊件特征插入到零件中时，实体文件夹  重新命名为切割清单  切割清单 以表示要包括在切割清单中的项目，如图 9-1 所示。按钮 表示切割清单需要更新。按钮 表示切割清单已更新。此零件的切割清单中包括各个焊件特征。

### 9.1.1 更新焊件切割清单

在焊件零件文档的 FeatureManager 设计树中用右键执行切割清单 ，然后选择更新。切割清单按钮变为 。相同项目在切割清单项目子文件夹中列组在一起。

> 💡 **注意**
>
> 焊缝不包括在切割清单中。

### 9.1.2 将特征排除在切割清单之外

在设计过程中如果要将焊接特征排除在切割清单之外，可以右击焊件特征，在弹出的菜单中选择"制作焊缝"命令，如图 9-2 所示，更新切割清单后，此焊件特征将被排斥在外。若想将先前排斥在外的特征包括在内，右击焊件特征，在弹出的菜单中选择"制作非焊缝"命令。

图 9-1　焊件切割清单

图 9-2　制作焊缝

### 9.1.3 自定义焊件切割清单属性

用户在设计过程中可以自定义焊件切割清单属性。在 FeatureManager 设计树中右击"焊件切割清单"，在弹出的快捷菜单中选择"属性"命令，如图 9-3 所示，将会弹出"切割清单属性"对话框，如图 9-4 所示。

在对话框中可以对每一项内容进行自定义，如图 9-5 所示，最后单击"确定"按钮。

图 9-3　右击切割清单

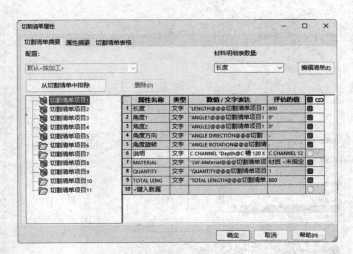

图 9-4　"切割清单属性"对话框

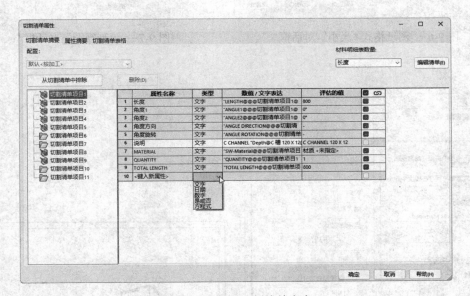

图 9-5　自定义切割清单内容

## 9.1.4　焊件工程图

（1）打开 Weldment_Box2.sldprt 零件文件。

（2）执行"文件"→"从零件制作工程图"菜单命令，系统打开如图 9-6 所示的"图纸格式 / 大小"对话框，对图纸格式进行设置后单击"确定"按钮，进入工程图设计界面。

（3）单击"工程图"选项卡中的"模型视图"按钮，弹出"模型视图"对话框，选择零件 Weldment_Box2.sldprt 作为要插入的零件，如图 9-7 所示，单击 按钮，进入选择"方向"界面，如图 9-8 所示。选择"等轴测"，在方向下的更多视图中，选择"上下二等角轴测"视图，自定义比例为 1：10，在尺寸类型下选择"真实"，单击"确定"按钮，结果如图 9-9 所示。

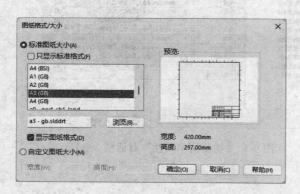

图 9-6 "图纸格式 / 大小"对话框

图 9-7 "模型视图"对话框

图 9-8 确定工程图视图方向及比例

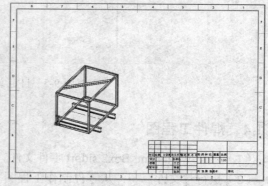

图 9-9 生成的工程图

（4）添加焊接符号。单击"注解"选项卡中的"模型项目"按钮 ，弹出的"模型项目"属性管理器，在属性管理器中的"来源 / 目标"栏中选择"整个模型"，在"尺寸"栏中单击"为工程图标注"按钮 ，在"注解"栏中单击"焊接符号"按钮 ，其他设置默认，如图 9-10 所示，单击"确定"按钮 ，拖动焊接注解将之定位，如图 9-11 所示。

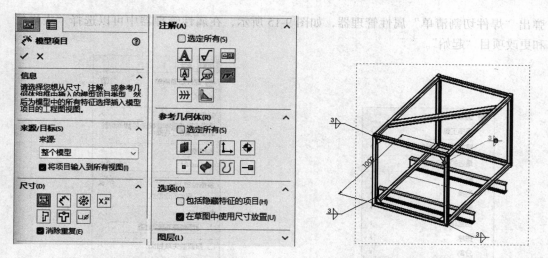

图 9-10　"模型项目"属性管理器

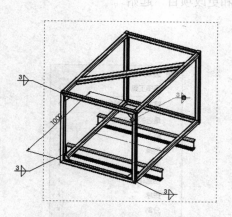

图 9-11　生成的焊接注解

## 9.1.5　在焊件工程图中生成切割清单

在生成的焊件工程图中可以添加切割清单，如图 9-12 所示，添加切割清单的操作步骤如下：

在工程图文件中执行"插入"→"表格"→"焊件切割清单"菜单命令，在系统的提示下，在绘图区域执行工程图视图，弹出"焊件切割清单"属性管理器，进行图 9-13 所示的设置，单击"确定"按钮✔，将切割清单放置于工程图的合适位置。

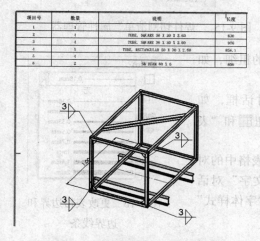

图 9-12　添加焊件切割清单

图 9-13　"焊件切割清单"属性管理器

## 9.1.6　编辑切割清单

对添加的焊件切割清单可以进行编辑，修改文字内容、字体、表格尺寸等操作，其操作步骤如下：

（1）右击切割清单表格中任何地方，在弹出的快捷菜单中选择"属性"命令，如图 9-14 所示，弹出"焊件切割清单"属性管理器，如图 9-15 所示，在属性管理器中可以选择"表格位置"和更改项目"起始"。

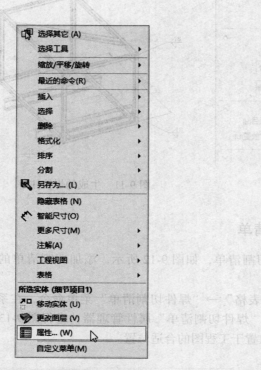

图 9-14　右击弹出快捷菜单

图 9-15　"焊件切割清单"属性管理器

（2）在边界栏中可以更改表格边界和边界线条的粗细，如图 9-16 所示。

（3）单击切割清单表格，将弹出"表格"对话框，如图 9-17 所示，在此对话框中用"表格标题在上"按钮 和"表格标题在下"按钮 ，可以更改表格标题的位置。

（4）在"文字对齐方式"栏中可以更改文本在表格中的对齐方式，去除选择"使用文档文字"，弹出"选择文字"对话框，如图 9-18 所示，在对话框中可以选择"字体""字体样式"及更改字体的"高度"和"字号"。

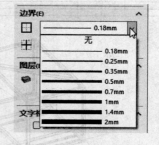

图 9-16　更改表格边界和边界线条

图 9-17　"表格"对话框

（5）双击"切割清单"表格的注释部分表格，弹出内容输入框，输入要添加的注释，如图 9-19 所示。

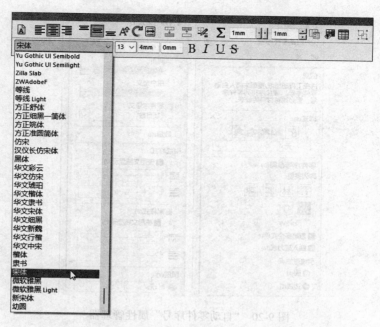

图 9-18 "选择文字"对话框

| 项目号 | 数量 | 说明 | 长度 |
|---|---|---|---|
| 1 | 1 | | |
| 2 | 4 | TUBE, SQUARE 30 X 30 X 2.60 | 630 |
| 3 | 4 | TUBE, SQUARE 30 X 30 X 2.60 | 970 |
| 4 | 1 | TUBE, RECTANGULAR 50 X 30 X 2.60 | 856 |
| 5 | 4 | | |
| 6 | 2 | SB BEAM 80 X 6 | 800 |
| 7 | 1 | | |

图 9-19 添加文字注释

 **注意**

若想调整列和行宽度，可以拖动列和行边界完成操作。

## 9.1.7 添加零件序号

（1）单击"注解"选项卡中的"自动零件序号"按钮，或选择需要添加零件序号的工程图，执行"插入"→"注解"→"自动零件序号"菜单命令，弹出"自动零件序号"属性管理器，在属性管理器的"零件序号布局"栏中单击"布置零件序号到方形"按钮，如图 9-20 所示。

（2）在"自动零件序号"属性管理器中的"零件序号设定"栏中，选择"圆形"样式，选择"紧密配合"大小设置，选择"项目数"作为零件序号文字，如图 9-21 所示，单击"确定"按钮，添加零件序号如图 9-22 所示。

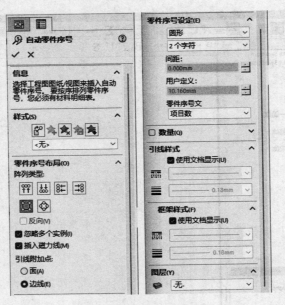

图 9-20 "自动零件序号"属性管理器

图 9-21 选择零件序号布局

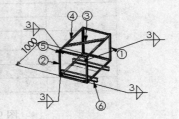

图 9-22 添加零件序号

 注意

　　每个零件序号的项目号与切割清单中的项目号相同。

## 9.1.8 生成焊件实体的视图

　　在生成工程图时,可以生成焊件零件的单一实体工程图视图,其操作步骤如下:

　　(1)在工程图文档中,单击"工程图"选项卡中的"相对视图"按钮 ,或执行"插入"→"工程图视图"→"相对于模型"菜单命令,弹出提示框,要求在另一窗口中选择实体。

　　(2)执行"窗口"菜单命令,选择焊件的实体零件文件,弹出"相对视图"属性管理器,勾选"所选实体"选项,并且在焊件实体中选择相应的实体,如图 9-23 所示。

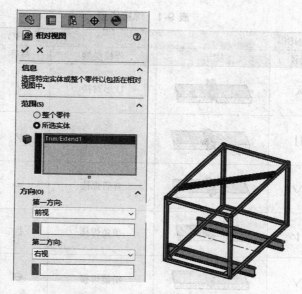

图 9-23　"相对视图"属性管理器

（3）在"相对视图"属性管理器中，在"第一方向"选择框选择"前视"视图方向，在实体上选择相应的面，确定前视方向；在"第二方向"选择框选择"下视"视图方向，在实体上选择相应的面，确定下视方向，如图 9-24 所示，单击"确定"按钮 ✔，切换到工程图界面，将零件实体的工程视图放置在合适的位置，如图 9-25 所示。

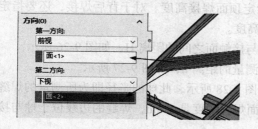

图 9-24　选择视图方向

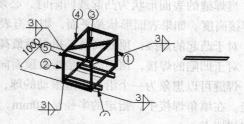

图 9-25　生成焊件实体的工程视图

# 9.2　装配体中焊缝的创建

前面介绍了多实体零件生成的焊件中圆角焊缝的创建方法，在使用关联设计进行装配体设计过程中，也可以在装配体焊件中添加多种类型的焊缝。本节将介绍在装配体的零件之间创建焊缝零部件和编辑焊缝零部件的方法，以及相关的焊缝形状、参数、标注等方面的知识。

## 9.2.1　焊接类型

在 SOLIDWORKS 装配体中运用"焊缝"命令可以将多种焊接类型的焊缝零部件添加到装配体中，生成的焊缝属于装配体特征，是关联装配体中生成的新装配体零部件。可以在零部件之间添加的 ANSI、ISO 标准支持的焊接类型，常用的焊接类型见表 9-1。

表 9-1　焊接类型

| ANSI | | | ISO | | |
|---|---|---|---|---|---|
| 焊接类型 | 符号 | 图示 | 焊接类型 | 符号 | 图示 |
| 两凸缘对接 | ⋀ | | U 形对接 | ∨ | |
| 无坡口 I 形对接 | ‖ | | J 形对接 | ⊬ | |
| 单面 V 形对接 | ∨ | | 背后焊接 | ⌒ | |
| 单面斜面 K 形对接 | ⊬ | | 填角焊接 | ◹ | |
| 单面 V 形根部对接 | ∨ | | 沿缝焊接 | ⊖ | |
| 单面根部斜面 /K 形根部对接 | ⊬ | | | | |

## 9.2.2　焊缝的顶面高度和半径

当焊缝的表面形状为凸起或凹陷时，必须指定顶面焊接高度。对于背后焊接，还要指定底面焊接高度。如果表面形状是平面，则没有表面高度。

对于凸起的焊接，顶面高度是指焊缝最高点与接触面之间的距离 H，如图 9-26 所示。

对于凹陷的焊接，顶面高度是指由顶面向下测量的距离 h，如图 9-27 所示。

焊缝可以想象为一个沿着焊缝滚动的球，如图 9-28 所示，此球的半径即为所测量的焊缝的半径。在填角焊接中，指定的半径是 10mm，顶面焊接高度是 2mm，焊缝的边线位于球与接触面的相切点。

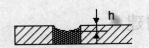

图 9-26　凸起焊缝的顶面高度　　图 9-27　凹陷焊缝的顶面高度　　图 9-28　填角焊接焊缝的半径

## 9.2.3　焊缝结合面

在 SOLIDWORKS 装配体中，焊缝的结合面分为顶面、结合面和接触面。所有焊接类型都必须要选择接触面，除此以外，某些焊接类型还需要选择结束面和顶面。

执行"插入"→"装配体特征"→"焊缝"菜单命令，弹出"焊缝"属性管理器，如图 9-29 所示。

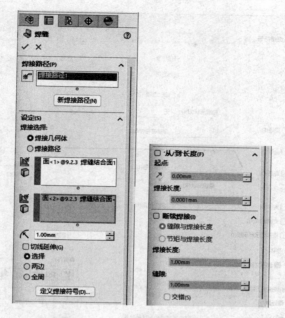

图 9-29 "焊缝"属性管理器

### 1. 焊接路径

（1）"智能焊接选择工具" ![icon]：在要应用焊缝的位置上绘制路径。

（2）"新焊接路径"按钮：定义新的焊接路径。生成新的新焊接路径与先前创建的焊接路径脱节。

### 2. 设定

（1）焊接选择：选择要应用焊缝的面或边线。

（2）焊缝大小：设置焊缝厚度，在 ![icon] 栏中输入焊缝大小。

（3）切线延伸：勾选此复选框，将焊缝应用到与所选面或边线相切的所有边线。

（4）选择：选择此单选按钮，将焊缝应用到所选面或边线，如图 9-30a 所示。

（5）两边：选择此单选按钮，将焊缝应用到所选面或边线以及相对的面或边线，如图 9-30b 所示。

（6）全周：将焊缝应用到所选面或边线以及所有相邻的面和边线，如图 9-30c 所示。

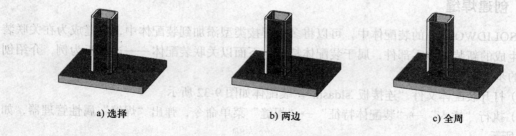

a) 选择　　　　　　　　　　　b) 两边　　　　　　　　　　　c) 全周

图 9-30 焊缝类型示意图

（7）"定义焊接符号"按钮：单击此按钮，弹出如图 9-31 所示的"ISO 焊接符号"对话框，在该对话框中定义焊接符号设置。

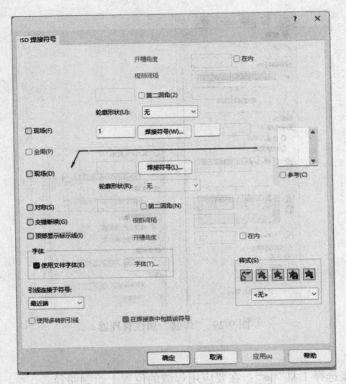

图 9-31 "ISO 焊接符号"对话框

### 3. "从 / 到长度"

（1）起点：焊缝从第一端的起始位置。单击"反向"按钮 ↗，焊缝从对侧端开始，在文本框中输入起点距离。

（2）焊接长度：在文本框中输入焊缝长度。

### 4. 断续焊接

（1）缝隙与焊接长度：选择此单选按钮，通过缝隙和焊接长度设定断续焊缝。

（2）节距与焊接长度：选择此单选按钮，通过节距和焊接长度设定断续焊缝。节距是指焊接长度加上缝隙，它是通过计算一条焊缝的中心到下一条焊缝的中心之间的距离而得出的。

## 9.2.4 创建焊缝

在 SOLIDWORKS 的装配体中，可以将多种焊接类型添加到装配体中，焊缝成为在关联装配体中生成的新装配体零部件，属于装配体特征。下面以关联装配体——连接板为例，介绍创建焊缝的步骤。

（1）打开装配体文件"连接板 .sldasm"。装配体如图 9-32 所示。

（2）执行"插入"→"装配体特征"→"焊缝"菜单命令，弹出"焊缝"属性管理器，如图 9-33 所示。

（3）选择图 9-34 所示装配体的两个零件的上表面。

（4）在属性管理中输入焊缝大小为 10mm，选择"选择"单选按钮，如图 9-35 所示。单击"确定"按钮 ✔，创建的焊缝如图 9-36 所示。

图 9-32　要添加焊缝的装配体

图 9-33　"焊缝"属性管理器

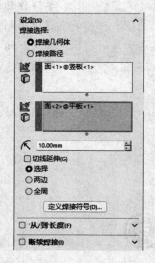

图 9-34　选择上表面

图 9-35　选择结束面

图 9-36　创建的焊缝

第 **10** 章

# 简单焊件设计实例

本章将通过两个焊件设计实例介绍简单焊件的设计思路及设计步骤。在设计过程中用到的基本操作是对前面基础知识的应用。简单焊件设计可作为复杂焊件设计的基础。

学 习 要 点

◎ 焊接支架

◎ H形轴承支架

## 10.1　焊接支架

　　焊接支架是典型的焊件，在其设计过程中用到了焊件的基本操作，其创建过程如图 10-1 所示。

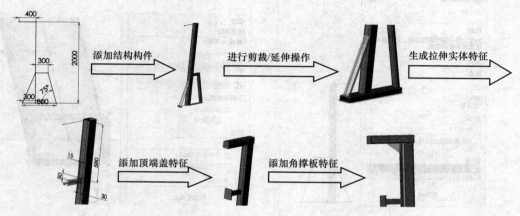

图 10-1　焊接支架的创建过程

**【操作步骤】**

　　**01** 启动 SOLIDWORKS 2024，单击快速访问工具栏中的"新建"按钮，或执行"文件"→"新建"菜单命令，在弹出的"新建 SOLIDWORKS 文件"对话框中选择"零件"按钮，单击"确定"按钮，创建一个新的零件文件。

　　**02** 绘制草图。

　　❶ 在 FeatureManager 设计树中选择"前视基准面"作为绘图基准面，单击"草图"选项卡中的"直线"按钮，过坐标原点绘制一条水平线和竖直线并标注智能尺寸，如图 10-2 所示。

　　❷ 绘制其他线条，并且标注智能尺寸，完成草图的绘制，如图 10-3 所示。单击"退出草图"按钮。

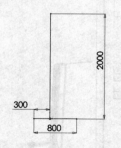

图 10-2　绘制两条直线

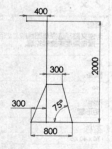

图 10-3　绘制完整草图

　　**03** 添加"结构构件 1"。

　　❶ 单击"焊件"选项卡中的"结构构件"按钮，或执行"插入"→"焊件"→"结构构件"菜单命令，弹出"结构构件"属性管理器，选择"iso"标准，选择"矩形管"，"大小"选择"120×80×8"，然后在草图区域单击需要添加结构构件的直线，如图 10-4 所示。

❷ 在"结构构件"属性管理器中的"设定"选项组中输入旋转角度90度（结构构件旋转90°），如图10-5所示。单击"确定"按钮✔。

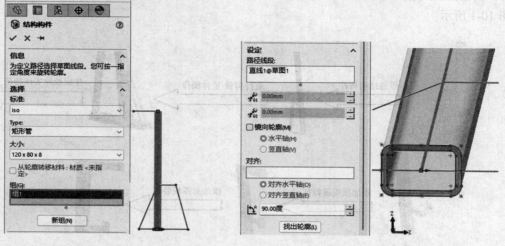

图10-4 "结构构件"属性管理器　　　　图10-5 旋转结构构件

**(04)** 添加"结构构件2"。

❶ 单击"焊件"选项卡中的"结构构件"按钮🔕，或执行"插入"→"焊件"→"结构构件"菜单命令，弹出"结构构件"属性管理器。选择"iso"标准，选择"矩形管"，"大小"选择"70×40×5"，然后在草图区域单击需要添加结构构件的直线。

❷ 在"结构构件"属性管理器中的"设定"选项组中，单击"终端斜接"按钮🔳，输入旋转角度90度（将结构构件旋转90°），如图10-6所示。单击"找出轮廓"按钮，更改结构构件的定位点，如图10-7所示。单击"确定"按钮✔。

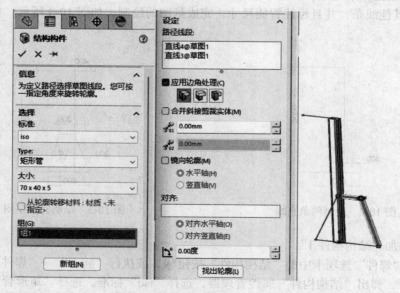

图10-6 "结构构件"属性管理器

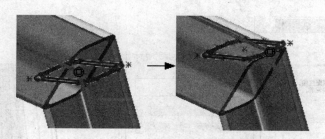

图 10-7　更改结构构件定位点

**05** 添加"结构构件 3"。重复上述操作，设置类型为"矩形管"、"大小"为"70×40×5"，选择需要添加结构构件的直线，单击"找出轮廓"按钮，更改结构构件的定位点，其他设置采用默认，如图 10-8 所示。单击"确定"按钮 ✔。

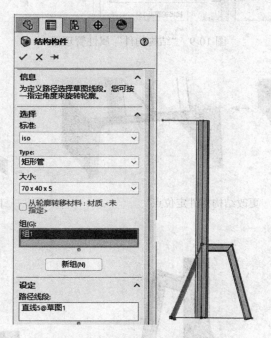

图 10-8　"结构构件"属性管理器

**06** 添加"结构构件 4"。重复上述操作，设置类型为"C 槽"，"大小"为"120×12"，选择需要添加结构构件的直线，输入旋转角度 180 度（将结构构件旋转 180°），如图 10-9 所示。单击"找出轮廓"按钮，更改结构构件的定位点，如图 10-10 所示。单击"确定"按钮 ✔，结果如图 10-11 所示。

**07** 进行"剪裁 / 延伸 1"操作。单击"焊件"选项卡中的"剪裁 / 延伸"按钮，或执行"插入"→"焊件"→"剪裁 / 延伸"菜单命令，弹出"剪裁 / 延伸"属性管理器。单击"终端剪裁"按钮，如图 10-12 所示。在焊件实体上选择要剪裁的实体，选择剪裁平面边界，单击"确定"按钮 ✔，结果如图 10-13 所示。

**08** 进行"剪裁 / 延伸 2"操作。重复上述操作，设置"剪裁 / 延伸 2"选项如图 10-14 所示，选择相应的剪裁实体及剪裁平面边界。

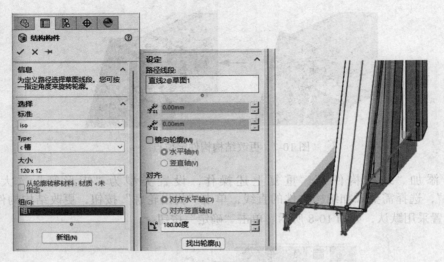

图 10-9　"结构构件"属性管理器

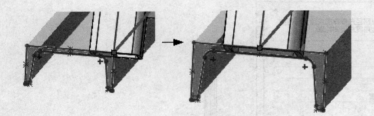

图 10-10　更改结构构件定位点

图 10-11　添加结构构件

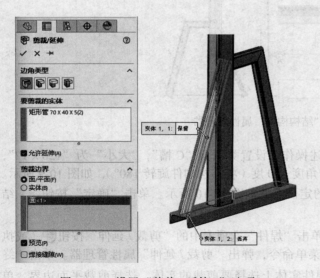

图 10-12　设置"剪裁 / 延伸 1"选项

图 10-13　剪裁结果

**09** 进行"剪裁 / 延伸 3"操作。重复上述操作，设置"剪裁 / 延伸 3"选项如图 10-15 所示，选择相应的剪裁实体及剪裁平面边界。

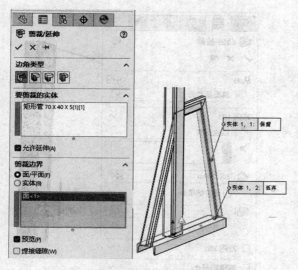

图 10-14　设置"剪裁 / 延伸 2"选项

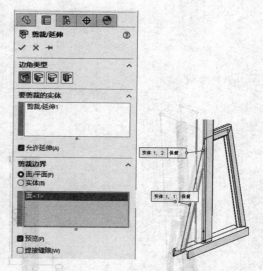

图 10-15　设置"剪裁 / 延伸 3"选项

**10** 进行"剪裁 / 延伸 4"操作。重复上述操作，设置"剪裁 / 延伸 4"选项如图 10-16 所示，选择相应的剪裁实体及剪裁平面边界。

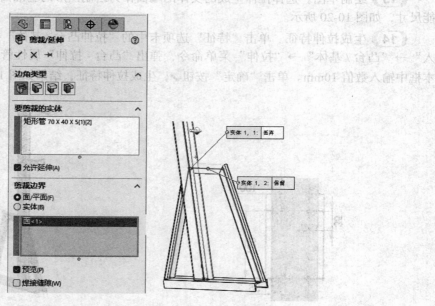

图 10-16　设置"剪裁 / 延伸 4"选项

**11** 绘制草图。选择焊件上如图 10-17 所示的面作为绘制图形的基准面，单击"草图"选项卡中的"边角矩形"按钮 ⬜，绘制一个矩形并标注智能尺寸，如图 10-18 所示。

**12** 生成拉伸特征。单击"特征"选项卡中的"拉伸凸台 / 基体"按钮 🔲，或执行"插入"→"凸台 / 基体"→"拉伸"菜单命令，弹出"凸台 - 拉伸"属性管理器。在"深度"文本框中输入 200mm，其他设置如图 10-19 所示，单击"确定"按钮✔。

213

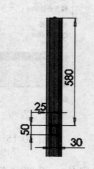

图 10-17　选择绘图基准面　　　图 10-18　绘制草图　　　　图 10-19　"凸台 - 拉伸"属性管理器

**(13)** 绘制草图。选择拉伸生成的实体的端面作为绘制图形的基准面，绘制草图并标注智能尺寸，如图 10-20 所示。

**(14)** 生成拉伸特征。单击"特征"选项卡中的"拉伸凸台 / 基体"按钮，或执行"插入"→"凸台 / 基体"→"拉伸"菜单命令，弹出"凸台 - 拉伸"属性管理器。在"深度"文本框中输入数值 10mm。单击"确定"按钮，生成拉伸特征，结果如图 10-21 所示。

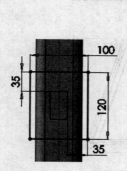

图 10-20　绘制草图　　　　　　　　　图 10-21　生成拉伸特征

**(15)** 添加"结构构件 5"。单击"焊件"选项卡中的"结构构件"按钮，或执行"插入"→"焊件"→"结构构件"菜单命令，弹出"结构构件"属性管理器。选择"iso"标准，选择"方形管"，"大小"选择为"80×80×5"，在草图区域单击焊件上端的一条直线，如图 10-22 所示。单击"确定"按钮。

**(16)** 进行"剪裁 / 延伸 5"操作。单击"焊件"选项卡中的"剪裁 / 延伸"按钮，或执行"插入"→"焊件"→"剪裁 / 延伸"菜单命令，弹出"剪裁 / 延伸"属性管理器。单击"终端对接 2"按钮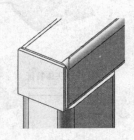，如图 10-23 所示。在焊件实体上选择要剪裁的实体，选择剪裁实体边界，单击"确定"按钮。

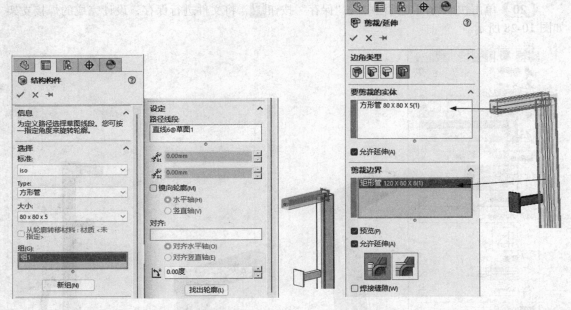

图 10-22　"结构构件"属性管理器　　　　　图 10-23　设置"剪裁 / 延伸 5"选项

**17** 生成顶端盖特征。单击"焊件"选项卡中的"顶端盖"按钮，或执行"插入"→"焊件"→"顶端盖"菜单命令，弹出"顶端盖"属性管理器。输入厚度 5mm，选中"厚度比率"，设置"厚度比率"为 0.5，选择如图 10-24 所示的端面添加顶端盖，单击"确定"按钮。

**18** 重复上述操作，设置参数与上述相同，在如图 10-25 所示的端面添加顶端盖。

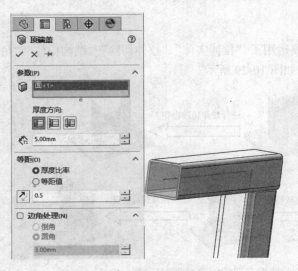

图 10-24　"顶端盖"属性管理器　　　　　　图 10-25　添加顶端盖

**19** 生成角撑板特征。单击"焊件"选项卡中的"角撑板"按钮 ，或执行"插入"→"焊件"→"角撑板"菜单命令，弹出"角撑板"属性管理器。单击"三角形轮廓"按钮 、"两边"按钮 、"轮廓定位于中点"按钮 ，输入参数如图 10-26 所示，在焊件实体上选择两个支撑面，单击"确定"按钮 ，结果如图 10-27 所示。

**20** 单击快速访问工具栏中的"保存"按钮 ，将文件进行保存，设计完成的焊接支架如图 10-28 所示。

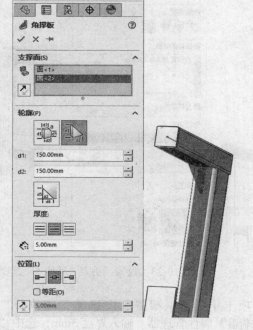

图 10-26 "角撑板"属性管理器

图 10-27 添加角撑板

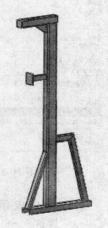

图 10-28 焊接支架

## 10.2 H 形轴承支架

H 形轴承支架的设计过程较简单，主要运用了"拉伸实体""拉伸切除""结构构件""角撑板""圆角焊缝"等特征工具，其创建过程如图 10-29 所示。

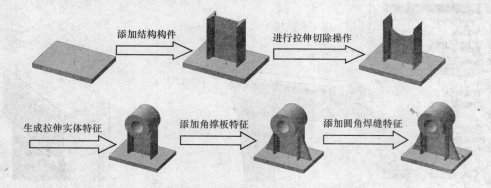

添加结构构件　　进行拉伸切除操作

生成拉伸实体特征　　添加角撑板特征　　添加圆角焊缝特征

图 10-29 H 形轴承支架的创建过程

【操作步骤】

**01** 启动 SOLIDWORKS 2024，单击快速访问工具栏中的"新建"按钮 ，或执行"文件"→"新建"菜单命令，在弹出的"新建 SOLIDWORKS 文件"对话框中选择"零件"按钮 ，单击"确定"按钮，创建一个新的零件文件。

**02** 进入焊件环境。单击"焊件"选项卡中的"焊件"按钮 ，或执行"插入"→"焊件"→"焊件"菜单命令，进入焊件环境。

**03** 绘制草图。

❶ 在 FeatureManager 设计树中选择"上视基准面"作为绘图基准面，单击"草图"选项卡中的"边角矩形"按钮 ，绘制一个矩形并标注智能尺寸，再单击"草图"选项卡中的"中心线"按钮 ，绘制矩形的两条中心线，结果如图 10-30 所示。

❷ 单击"草图"选项卡中的"添加几何关系"按钮 ，在弹出的"添加几何关系"属性管理器中单击坐标原点和两条中心线，在两条中心线和坐标原点之间添加"交叉点"约束，如图 10-31 所示。

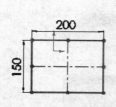

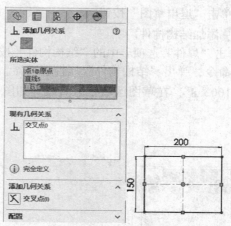

图 10-30 绘制草图　　　　　　　图 10-31 "添加几何关系"属性管理器

**04** 生成拉伸特征。单击"特征"选项卡中的"拉伸凸台/基体"按钮 ，或执行"插入"→"凸台/基体"→"拉伸"菜单命令，弹出"凸台-拉伸"属性管理器。在"深度"文本框中输入 15mm。单击"确定"按钮 ，生成拉伸实体，结果如图 10-32 所示。

**05** 绘制 3D 草图。

❶ 单击"草图"选项卡中的"3D 草图"按钮 ，单击"直线"按钮 ，按 Tab 键，切换坐标系如图 10-33 所示，绘制一条直线并标注智能尺寸，如图 10-34 所示。

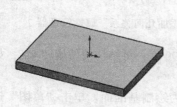

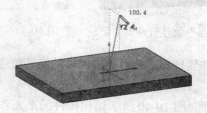

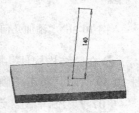

图 10-32 生成拉伸实体　　　图 10-33 切换 3D 绘图坐标系　　　图 10-34 绘制直线

❷ 单击"草图"选项卡中的"添加几何关系"按钮，在弹出的"添加几何关系"属性
管理器中，单击拾取图 10-35 所示直线的端点
和拉伸实体的表面，在端点和表面之间添加
"在平面上"约束，单击"确定"按钮。

❸ 单击"草图"选项卡中的"添加几何
关系"按钮，单击拾取坐标原点和直线，
添加"重合"约束，如图 10-36 所示。单击
"确定"按钮。

❹ 选取直线，在弹出的如图 10-37 所示
的"添加几何关系"属性管理器中单击"沿
Y"按钮，添加"沿 Y0"约束，单击"确
定"按钮。通过上述添加的几何约束，可以
使直线与坐标原点重合、与平面垂直且端点在
平面上。单击"退出草图"按钮。

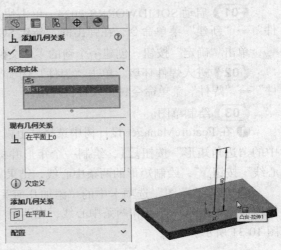

图 10-35　"添加几何关系"属性管理器

**06** 添加结构构件。

❶ 单击"焊件"选项卡中的"结构构件"按钮，或执行"插入"→"焊件"→"结构构
件"菜单命令，弹出"结构构件"属性管理器。选择"iso"标准，选择"sb 横梁"，选择"大
小"为"100×8"，在草图区域拾取直线，如图 10-38 所示。单击"确定"按钮，添加结构
构件。

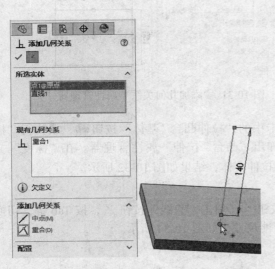

图 10-36　"添加几何关系"属性管理器 1

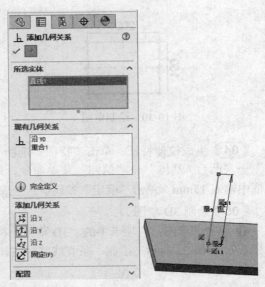

图 10-37　"添加几何关系"属性管理器 2

❷ 在"结构构件"属性管理器中输入结构构件的旋转角度 90 度，将结构构件旋转 90°，如
图 10-39 所示。单击"确定"按钮。

**07** 绘制草图。选择如图 10-40 所示结构构件的平面作为绘制基准面，单击"草图"选
项卡中的"圆"按钮，绘制一个圆（圆的直径与结构构件的宽度相同），如图 10-41 所示。

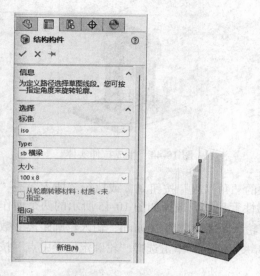

图 10-38　"结构构件"属性管理器

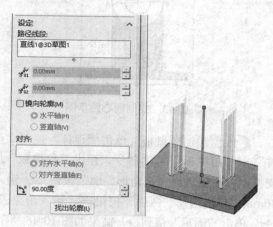

图 10-39　旋转结构构件

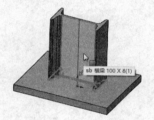

图 10-40　选择基准面

图 10-41　绘制圆草图

**08** 生成拉伸切除特征。单击"特征"选项卡中的"拉伸切除"按钮，或执行"插入"→"切除"→"拉伸"菜单命令，弹出"切除-拉伸"属性管理器。在"方向 1"和"方向 2"选项组中选择终止条件均为"完全贯穿"，如图 10-42 所示。单击"确定"按钮，生成拉伸切除特征。

**09** 绘制草图。单击"草图"选项卡中的"圆"按钮，以"前视基准面"作为绘图基准面，以图 10-41 所示的圆草图的圆心作为圆心绘制两个同心圆，其中大圆直径与结构构件的宽度相同，小圆直径尺寸如图 10-43 所示。

**10** 生成拉伸实体。单击"特征"选项卡中的"拉伸凸台 / 基体"按钮，或执行"插入"→"凸台 / 基体"→"拉伸"菜单命令，弹出"凸台 - 拉伸"属性管理器。在"方向 1"和"方向 2"选项组中的"深度"文本框中均输入 45mm。单击"确定"按钮，生成拉伸实体，结果如图 10-44 所示。

图 10-42　"切除 - 拉伸"属性管理器

219

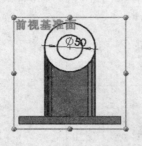

图 10-43　绘制同心圆草图

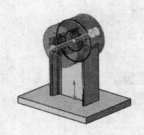

图 10-44　生成拉伸实体

**11** 添加角撑板。单击"焊件"选项卡中的"角撑板"按钮，或执行"插入"→"焊件"→"角撑板"菜单命令，弹出"角撑板"属性管理器。选择如图 10-45 所示的两个面作为支撑面，单击选择"三角形轮廓"按钮，输入轮廓距离 1 数值 100mm，输入轮廓距离 2 数值 40mm，单击选择"两边"按钮，输入角撑板厚度 10mm，单击选择"轮廓定位于中点"按钮。单击"确定"按钮，结果如图 10-46 所示。

**12** 添加另一侧角撑板。重复上述操作，在焊件的另一侧添加相同的角撑板，结果如图 10-47 所示。

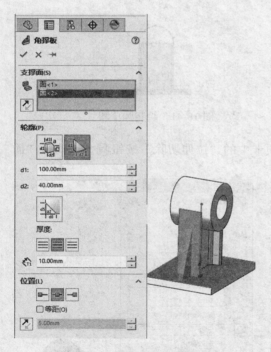

图 10-45　"角撑板"属性管理器　　　　图 10-46　添加角撑板　　图 10-47　添加另一侧角撑板

**13** 添加圆柱体与结构构件的圆角焊缝。单击"焊件"选项卡中的"圆角焊缝"按钮，或执行"插入"→"焊件"→"圆角焊缝"菜单命令，弹出"圆角焊缝"属性管理器。选择"全长"焊缝类型，输入圆角大小 3mm，勾选"切线延伸"，在"第一组"和"第二组"选项中分别选择如图 10-48 所示的面；勾选"对边"选项，设置参数与上述相同，如图 10-49 所示选择面。单击"确定"按钮，完成圆柱体与结构构件的圆角焊缝的添加。

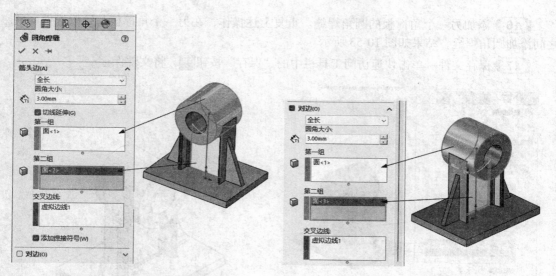

图 10-48　"圆角焊缝"属性管理器　　　　图 10-49　设置另一侧圆角焊缝的参数

**14** 添加结构构件与基座的圆角焊缝。单击"焊件"选项卡中的"圆角焊缝"按钮 🔩，或执行"插入"→"焊件"→"圆角焊缝"菜单命令，弹出"圆角焊缝"属性管理器。在"第一组"和"第二组"选项中分别选择如图 10-50 所示选择面，选择"全长"焊缝类型，输入圆角大小数值 3mm，勾选"切线延伸"；勾选"对边"选项，选择相应的面，设置参数与上述相同。单击"确定"按钮 ✔，完成结构构件与基座的圆角焊缝的添加，如图 10-51 所示。

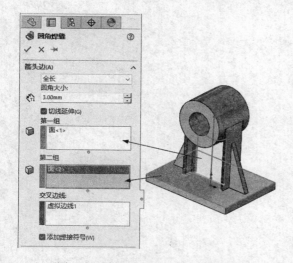 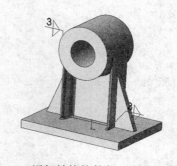

图 10-50　"圆角焊缝"属性管理器　　　　图 10-51　添加结构构件与基座的圆角焊缝

**15** 添加一个角撑板的圆角焊缝。单击"焊件"选项卡中的"圆角焊缝"按钮 🔩，或执行"插入"→"焊件"→"圆角焊缝"菜单命令，弹出"圆角焊缝"属性管理器。在"第一组"和"第二组"选项中分别选择如图 10-52 所示选择面，选择"全长"焊缝类型，输入圆角大小数值 3mm，勾选"切线延伸"；勾选"对边"选项，选择相应的面，设置参数与上述相同。单击"确定"按钮 ✔，完成一个角撑板的圆角焊缝的添加。

**16** 添加另一个角撑板的圆角焊缝。重复上述操作，在另一个角撑板与结构构件、基座之间添加圆角焊缝，结果如图 10-53 所示。

**17** 保存文件。单击快速访问工具栏中的"保存"按钮 **█**，将文件保存。

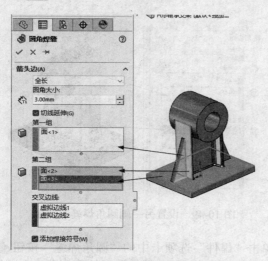

图 10-52 "圆角焊缝"属性管理器

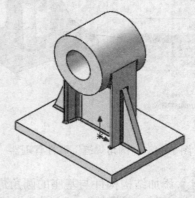

图 10-53 添加圆角焊缝

# 第 **11** 章

## 复杂焊件设计实例

本章将介绍健身器、手推车车架两个复杂焊件的设计思路及设计步骤。复杂焊件的设计需要综合运用焊件设计工具的各项功能。通过这两个实例，可以使读者进一步掌握焊件设计技巧，具备独立完成设计复杂焊件的能力。

学 习 要 点

- 健身器
- 手推车车架

## 11.1 健身器

健身器是一个主要由结构构件组成的复杂焊件。在设计过程中，首先要绘制 3D 草图，然后添加结构构件，运用"线形阵列"和"曲线阵列"两种阵列方式对结构构件进行阵列，此外还要完成对结构构件的剪裁及添加顶端盖等操作。其创建过程如图 11-1 所示。

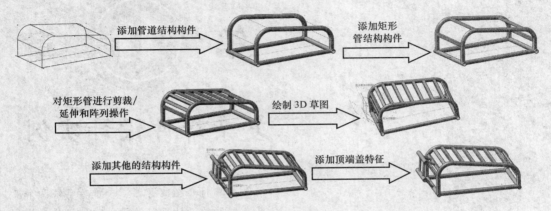

图 11-1 健身器的创建过程

【操作步骤】

### 11.1.1 绘制健身器躺板

**01** 启动 SOLIDWORKS 2024，单击快速访问工具栏中的"新建"按钮 ，或执行"文件"→"新建"菜单命令，在弹出的"新建 SOLIDWORKS 文件"对话框中选择"零件"按钮 ，单击"确定"按钮，创建一个新的零件文件。

**02** 绘制草图。

❶ 在 FeatureManager 设计树中选择"前视基准面"作为绘图基准面，单击"草图"选项卡中的"中心线"按钮 ，过坐标原点绘制一条水平构造线，再单击"草图"选项卡中的"直线"按钮 ，过构造线两个端点绘制两条竖直直线并标注智能尺寸，结果如图 11-2 所示。

❷ 单击"草图"选项卡中的"添加几何关系"按钮 ，在弹出的"添加几何关系"属性管理器中单击竖直直线和构造线的端点，分别添加两条竖直直线与构造线端点的中点约束，如图 11-3 所示。

❸ 绘制两条水平直线，如图 11-4 所示。单击"退出草图"按钮 。

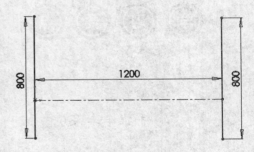

图 11-2 绘制构造线和两条竖直直线

**03** 绘制 3D 草图。

❶ 单击"草图"选项卡中的"3D 草图"按钮 ，然后单击"草图"选项卡中的"直线"按钮 ，按 Tab 键，将坐标系切换为 ZX 坐标系（见图 11-5），绘制三条直线，如图 11-6 所示。标注其智能尺寸并且进行剪裁，结果如图 11-7 所示。

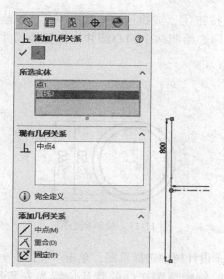

图 11-3　添加中点约束

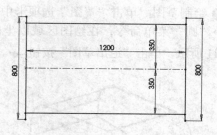

图 11-4　绘制两条水平直线

图 11-5　切换 3D 草图坐标系

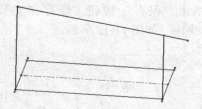

图 11-6　绘制三条直线

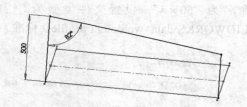

图 11-7　标注智能尺寸

❷ 单击"草图"选项卡中的"绘制圆角"按钮，绘制圆角半径数值为 200mm 的圆角，如图 11-8 所示。单击"退出草图"按钮。

（04）绘制另一侧 3D 草图。重复上述操作，绘制另一侧完全对称的 3D 草图，结果如图 11-9 所示。单击"退出草图"按钮。

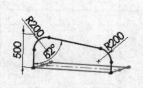

图 11-8　绘制圆角

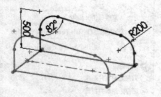

图 11-9'　绘制对称的 3D 草图

（05）绘制连接直线。单击"草图"选项卡中的"3D 草图"按钮，再单击"草图"选项卡中的"直线"按钮，绘制两个 3D 草图之间的连接直线，如图 11-10 所示。

（06）生成自定义结构构件轮廓。由于 SOLIDWORKS 2024 中的结构构件特征库中没有需要的结构构件轮廓，故需要自己设计。其设计过程如下：

❶ 单击快速访问工具栏中的"新建"按钮，或执行"文件"→"新建"菜单命令，建立一个新的零件文件。

❷ 绘制草图。单击"草图"选项卡中的"圆"按钮⊙，或执行"工具"→"草图绘制实体"→"圆"菜单命令，在绘图区域以坐标原点为圆心绘制两个同心圆并标注智能尺寸，如图 11-11 所示。单击"退出草图"按钮↳。

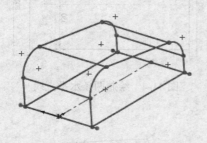

图 11-10　绘制 3D 草图间的连接直线

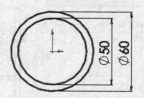

图 11-11　绘制同心圆

❸ 保存自定义结构构件轮廓。在 FeatureManager 设计树中选择草图，单击"文件"→"另存为"菜单命令，将轮廓文件保存。焊件结构构件的轮廓草图文件的默认位置为安装目录\SOLIDWORKS\data /weldment profiles（焊件轮廓）文件夹的子文件夹中。将所绘制的草图命名为"60×5"，设置文件类型为（*.sldlfp），单击"保存"按钮，保存在安装目录\SOLIDWORKS\data /weldment profiles/ 标准 / 管道文件夹中，如图 11-12 所示。

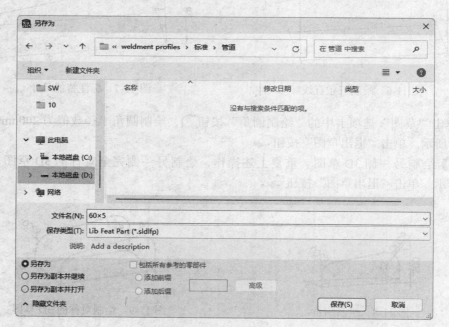

图 11-12　保存结构构件轮廓文件

 **注意**

在保存结构构件轮廓时，首先要选择结构构件轮廓草图，如图 11-13 所示，然后再单击"文件"→"另存为"菜单命令进行保存。

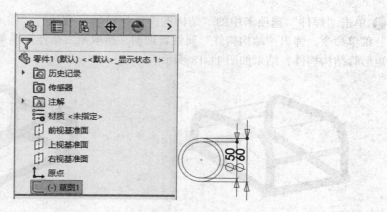

图 11-13 选择结构构件轮廓草图

**07** 添加管道结构构件。

❶ 单击"焊件"选项卡中的"结构构件"按钮⬡，或执行"插入"→"焊件"→"结构构件"菜单命令，弹出"结构构件"属性管理器，选择"标准"，选择"管道"类型，选择"60×5"大小，然后在草图区域分别拾取两侧的线条，如图 11-14 所示。单击"确定"按钮✔。添加管道两侧结构构件，结果如图 11-15 所示。

❷ 拾取底面的线条添加管道结构构件，结果如图 11-16 所示。

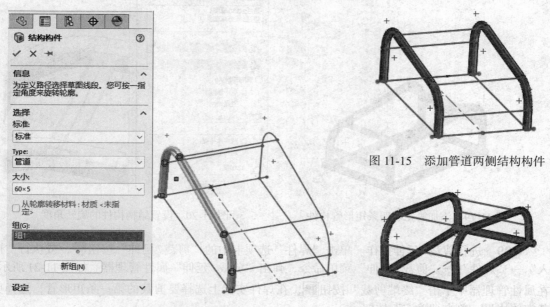

图 11-14 "结构构件"属性管理器

图 11-15 添加管道两侧结构构件

图 11-16 添加的管道结构构件

**08** 添加矩形管结构构件。

❶ 单击"焊件"选项卡中的"结构构件"按钮⬡，或执行"插入"→"焊件"→"结构构件"菜单命令，弹出"结构构件"属性管理器。选择"iso"标准，选择"矩形管"，选择"50×30×2.6"大小，在草图区域拾取第一条连接线条。单击"确定"按钮✔，添加矩形管结构构件，结果如图 11-17 所示。

❷ 单击"焊件"选项卡中的"结构构件"按钮⚟，或执行"插入"→"焊件"→"结构构件"菜单命令，弹出"结构构件"属性管理器。拾取第二条连接线条。单击"确定"按钮✔。添加矩形管结构构件，结果如图 11-18 所示。

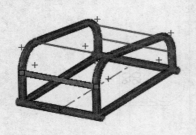

图 11-17 添加第一条矩形管构件

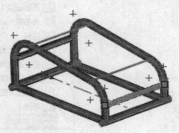

图 11-18 添加第二条矩形管构件

❸ 单击"焊件"选项卡中的"结构构件"按钮⚟，或执行"插入"→"焊件"→"结构构件"菜单命令，弹出"结构构件"属性管理器。拾取第三条、第四条两条连接线条，添加矩形管结构构件（见图 11-19）。在"结构构件"属性管理器中输入旋转角度 82 度（见图 11-20），调整矩形管的放置角度，单击"确定"按钮✔。

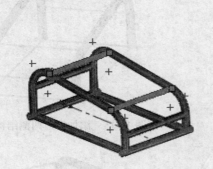

图 11-19 添加第三、四条矩形管构件

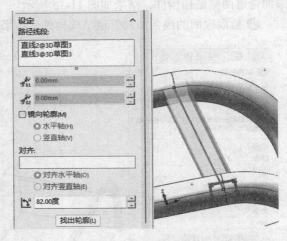

图 11-20 设置结构构件的旋转角度

**09** 进行剪裁/延伸操作。单击"焊件"选项卡中的"剪裁/延伸"按钮🗗，或执行"插入"→"焊件"→"剪裁/延伸"菜单命令，弹出"剪裁/延伸"属性管理器。如图 11-21 所示，在属性管理器中单击"终端剪裁"按钮🗗，在焊件实体上选择要剪裁的第一条矩形管，选择剪裁实体边界，单击"确定"按钮✔。

**10** 进行其他矩形管的剪裁/延伸操作。重复上述操作，分别如图 11-22~图 11-24 所示，在焊件实体上选择要剪裁的矩形管，选择剪裁实体边界，进行剪裁，单击"确定"按钮✔。

**11** 进行线性阵列操作。单击"特征"选项卡中的"线性阵列"按钮▦，或执行"插入"→"阵列/镜像"→"线性阵列"菜单命令，弹出"线性阵列"属性管理器在"方向 1"选项组中拾取图 11-25 所示的草图直线确定阵列的方向，输入间距 160mm、实例数 5，拾取图 11-26 所示的矩形管作为阵列实体，单击"确定"按钮✔。

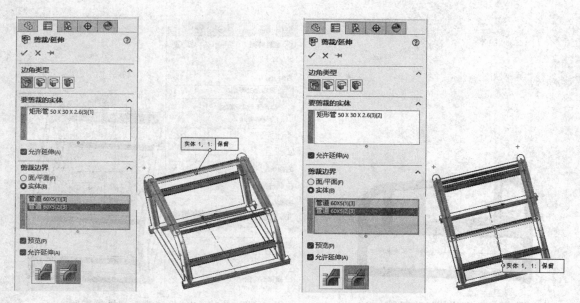

图 11-21　剪裁第一条矩形管　　　　　　　图 11-22　剪裁第二条矩形管

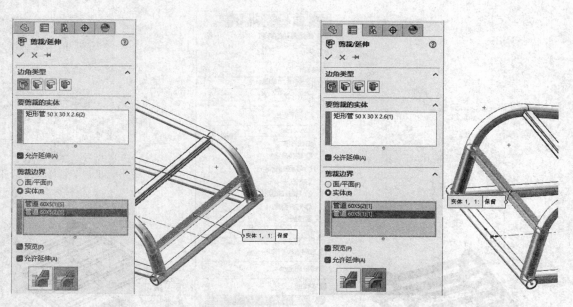

图 11-23　剪裁第三条矩形管　　　　　　　图 11-24　剪裁第四条矩形管

（12）进行曲线驱动的阵列 1 操作。单击"特征"选项卡中的"曲线驱动的阵列"按钮 ，或执行"插入"→"阵列 / 镜像"→"曲线驱动的阵列"菜单命令，弹出"曲线驱动的阵列"属性管理器。在"方向 1"选项组中拾取图 11-27 中的草图圆弧，单击"反向"按钮 ，确定阵列的方向，输入间距数值 120mm、实例数 3，其他设置如图 11-28 所示，拾取矩形管为阵列实体，单击"确定"按钮 。

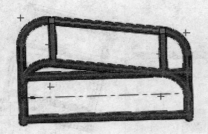

图 11-25　确定线性阵列的方向

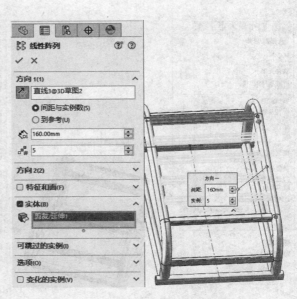

图 11-26　"线性阵列"属性管理器

图 11-27　确定曲线驱动的阵列方向

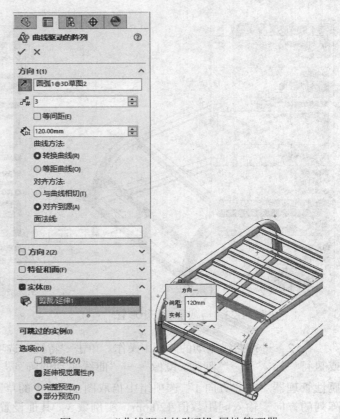

图 11-28　"曲线驱动的阵列"属性管理器

**13** 进行曲线驱动的阵列 2 操作。单击"特征"选项卡中的"曲线驱动的阵列"按钮，或执行"插入"→"阵列 / 镜像"→"曲线驱动的阵列"菜单命令，弹出"曲线驱动的阵列"属性管理器。在"方向 1"选项组中拾取图 11-29 中的草图圆弧，单击"反向"按钮，确定阵列的方向，输入间距数值 140mm、实例数 2，其他设置如图 11-30 所示，拾取矩形管作为阵列实体，单击"确定"按钮。

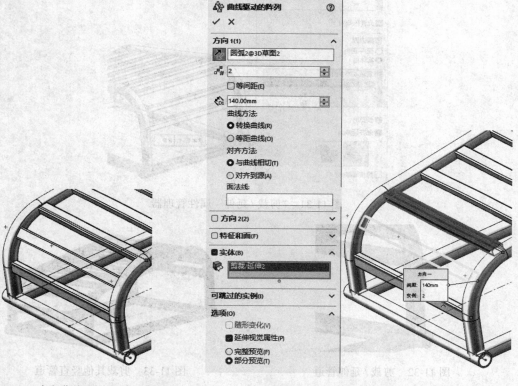

图 11-29　确定曲线驱动的阵列方向　　　　图 11-30　"曲线驱动的阵列"属性管理器

**14** 进行管道的剪裁 / 延伸操作。单击"焊件"选项卡中的"剪裁 / 延伸"按钮，或执行"插入"→"焊件"→"剪裁 / 延伸"菜单命令，弹出"剪裁 / 延伸"属性管理器，单击"终端剪裁"按钮，在焊件实体上选择要剪裁的管道实体，选择剪裁实体边界，如图 11-31 所示。单击"确定"按钮，结果如图 11-32 所示。

**15** 进行其他管道的剪裁 / 延伸操作。重复上述操作，分别对图 11-33 所示的其他竖直管道进行剪裁。

## 11.1.2　绘制健身器横杆

**01** 绘制草图。

❶ 选择图 11-34 所示的矩形管的平面作为绘图基准面，单击"视图（前导）"工具栏中的"正视于"按钮，调整视图方向，再单击"草图"面板中"中心线"按钮，绘制一条构造线，如图 11-35 所示。

**[13]** 进行顶部曲面设计之2操作，单击"剪裁/延伸"管道的按钮，传入。在"剪裁/延伸"属性管理器中，在"剪切"选项卡上曲线延伸到两边曲管的另一端，将要延伸拉动到另外侧。在"剪切管道"结果，以及生成相应的且门边的4:20接合的拉伸图标。使用该图标，输入间距接合140mm，关闭链，以进相接信息。将接合该位置为外定法，单击"确定"按钮。

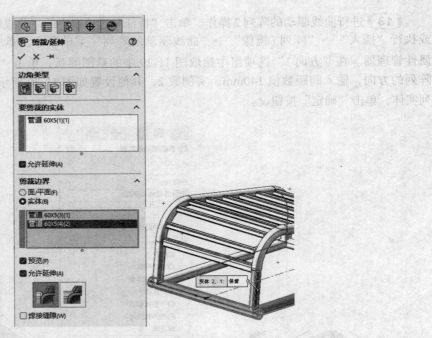

图 11-31　"剪裁/延伸"属性管理器

图 11-32　剪裁/延伸管道

图 11-33　剪裁其他竖直管道

图 11-29　拼合面量操作的面型料。　　　　　　　　图 11-30　曲线框拉动架料列，用过空面型曲

**[14]** 进行相信面量操作，单击"剪裁/延"，选择进行单样，选择该曲面，操作进形曲料，进行面进入"。单击"剪切"曲面进样进行"剪切曲面该"及向口。单击此一进进进件进一样的管理器操作即样中该的工样单位。本节，单击前的保留。如图 11-32 所示。

**[15]** 进行相信面量操作，前其它样操。重复上样操作，如图 11-33 所示，拉动曲料时间。

### 11.1.2　绘制连接管道

❷ 单击"草图"选项卡中的"添加几何关系"按钮 ⊥，或执行"工具"→"几何关系"→"添加几何关系"菜单命令，在弹出的"添加几何关系"属性管理器中单击拾取构造线和矩形管的两条边线（见图 11-36），添加构造线与两条边线之间的"对称"约束，单击"确定"按钮✔。

图 11-34　选择绘图基准面

图 11-35　绘制构造线

❸ 单击"草图"选项卡中的"点"按钮 ▪ ，在构造线上绘制两个点并标注其位置尺寸，如图 11-37 所示。单击"退出草图"按钮 ↩ 。

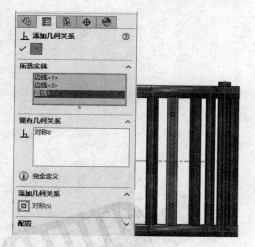

图 11-36　"添加几何关系"属性管理器

图 11-37　绘制两个点

**02** 插入基准面到 3D 草图。单击"草图"选项卡中的"基准面"按钮 ▦ ，弹出"草图绘制平面"属性管理器。在"第一参考"选项组中拾取构造线，单击"重合"按钮 ⋏ ，如图 11-38 所示。在"第二参考"选项组中拾取矩形管的平面，单击"垂直"按钮 ⊥ ，如图 11-39 所示。单击"确定"按钮 ✔ ，生成基准面，如图 11-40 所示。

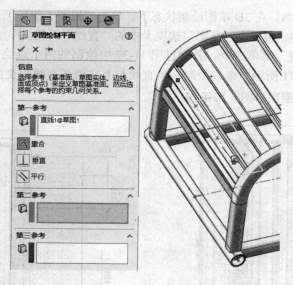

图 11-38　设置"第一参考"

 **注意**

为了绘图方便，可以拖动基准面边沿的点，随意缩放基准面的大小。

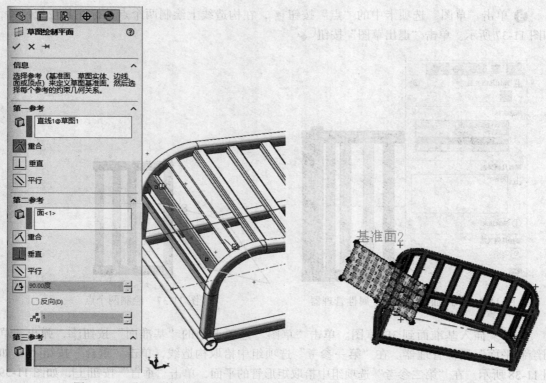

图 11-39　设置"第二参考"　　　　　图 11-40　生成基准面

**03** 绘制 3D 草图。在 3D 草图绘制状态下，单击"视图（前导）"工具栏中的"正视于"按钮 ↳，调整视图方向，再单击"草图"选项卡中的"直线"按钮 ✎，或执行"工具"→"草图绘制实体"→"直线"菜单命令，分别过图 11-37 中绘制的两个点绘制两条 3D 直线并标注其智能尺寸，如图 11-41 所示。继续绘制一条直线与上述两条直线相交并标注其智能尺寸，如图 11-42 所示。单击"退出草图"按钮 ↳。

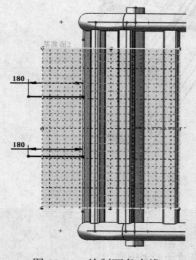

图 11-41　绘制两条直线

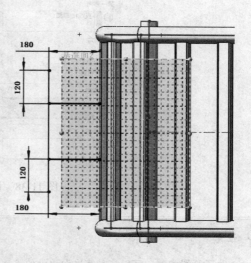

图 11-42　绘制第三条直线

**04** 插入基准面到 3D 草图。单击"草图"选项卡中的"基准面"按钮，弹出"草图绘制平面"属性管理器。在"第一参考"选项组中拾取图 11-43 所示的直线草图，单击"重合"按钮；在"第二参考"选项组中拾取如图 11-44 所示的基准面，单击"角度"按钮，输入角度 200 度。单击"确定"按钮，生成基准面，如图 11-45 所示。

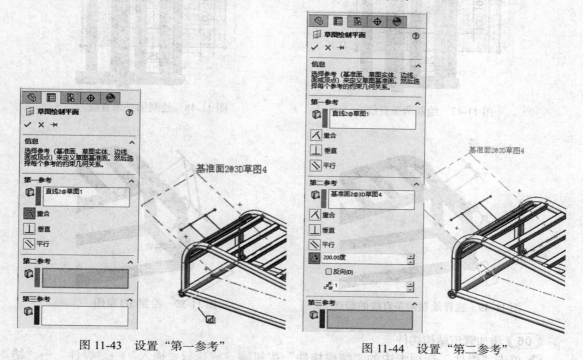

图 11-43　设置"第一参考"　　　　图 11-44　设置"第二参考"

**05** 绘制 3D 草图。

❶ 在 3D 草图绘制状态下，在基准面上绘制两条平行的直线（两条直线均与图 11-46 所示的相交直线），标注其智能尺寸，如图 11-47 所示。继续绘制一条直线与上述两条相交直线，标注其智能尺寸，如图 11-48 所示。单击"退出草图"按钮。

图 11-45　生成基准面

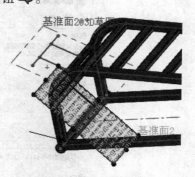

图 11-46　相交的直线

❷ 单击"草图"选项卡中的"3D 草图"按钮，单击"草图"选项卡中的"直线"按钮，或执行"工具"→"草图绘制实体"→"直线"菜单命令，以如图 11-49 所示的 4 个点为端点绘制两条直线，结果如图 11-50 所示。单击"退出草图"按钮。

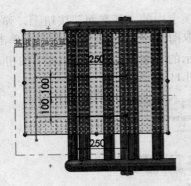

图 11-47　绘制两条直线

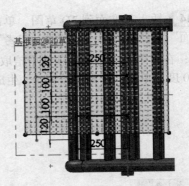

图 11-48　绘制第三条直线

图 11-49　选择绘制两条直线的端点

图 11-50　绘制 3D 草图

**06** 添加管道结构构件。

❶ 单击"焊件"选项卡中的"结构构件"按钮，或执行"插入"→"焊件"→"结构构件"菜单命令，弹出"结构构件"属性管理器。选择"标准"标准，选择"管道"，选择"60×5"大小，拾取图 11-51 所示的直线，添加管道结构构件，单击"确定"按钮。

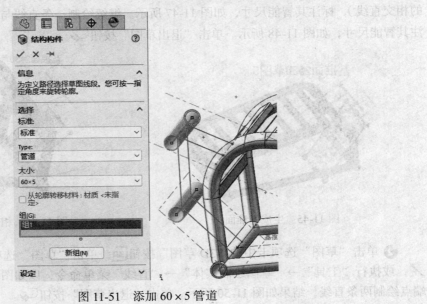

图 11-51　添加 60×5 管道

❷ 单击"焊件"选项卡中的"结构构件"按钮 🔳，或执行"插入"→"焊件"→"结构构件"菜单命令，选择"iso"标准，选择"管道"，选择"26.9×3.2"大小，拾取图 11-52 所示的直线。单击"确定"按钮 ✓，添加管道结构构件。使用同样的方法继续添加管道结构构件，结果如图 11-53 所示。

图 11-52　添加 26.9×3.2 管道

图 11-53　完成管道结构构件添加

**07** 进行管道的剪裁/延伸操作。单击"焊件"选项卡中的"剪裁/延伸"按钮 🔳，或执行"插入"→"焊件"→"剪裁/延伸"菜单命令，弹出"剪裁/延伸"属性管理器。单击"终端剪裁"按钮 🔳，在焊件实体上选择要剪裁的 6 个管道实体（见图 11-54），选择剪裁 3 个实体边界（见图 11-55）。单击"确定"按钮 ✓，完成对管道的剪裁。

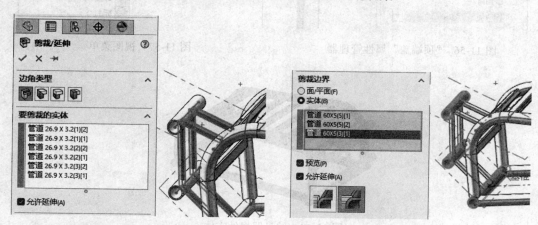

图 11-54　选择要剪裁的实体

图 11-55　选择剪裁实体边界

**08** 添加顶端盖。

❶ 单击"焊件"选项卡中的"顶端盖"按钮 🔳，或执行"插入"→"焊件"→"顶端盖"菜单命令，弹出"顶端盖"属性管理器。输入厚度 5mm，勾选"厚度比率"选项，输入"厚度比率"为 0.5，拾取图 11-56 所示的管道端口平面，单击"确定"按钮 ✓。

❷ 重复上述操作，完成对其他管道端口的顶端盖的添加。

**09** 保存文件。执行"视图"→"隐藏/显示"→"草图"菜单命令（见图 11-57），设置为不显示草图。设计完成的健身器焊件实体如图 11-58 所示。单击快速访问工具栏中的"保存"按钮 🔳，将文件保存。

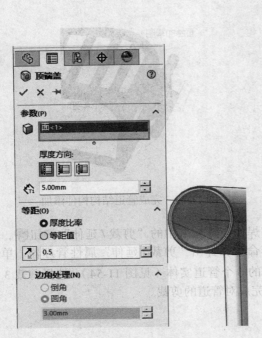

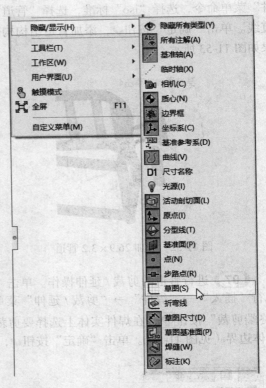

图 11-56 "顶端盖"属性管理器      图 11-57 视图菜单

图 11-58 健身器焊件实体

## 11.2 手推车车架

手推车车架是一个以管道结构构件为主体的焊件,在设计过程中,其 3D 草图的绘制过程较复杂并具有一定的难度,绘制草图时尤其要注意坐标的正确设置。此焊件的设计不仅运用了焊件的设计工具,还使用了部分钣金设计工具及其他的实体特征工具,由此可见,这个实例是一个综合的设计,掌握手推车车架设计技巧,可以为以后进行复杂焊件的设计打下较好的基础。其创建过程如图 11-59 所示。

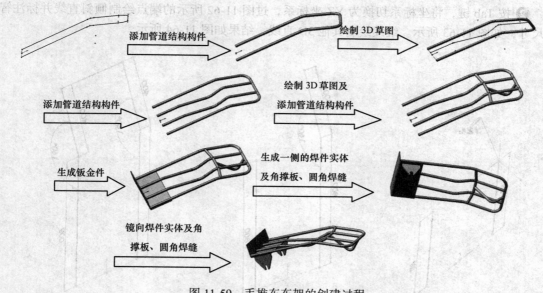

图 11-59　手推车车架的创建过程

**【操作步骤】**

## 11.2.1　绘制车架拉杆

**01** 启动 SOLIDWORKS 2024，执行"文件"→"新建"菜单命令，或者单击快速访问工具栏中的"新建"按钮□，在弹出的"新建 SOLIDWORKS 文件"对话框中选择"零件"按钮◆，单击"确定"按钮，创建一个新的零件文件。

**02** 绘制草图。在 FeatureManager 设计树中选择"前视基准面"作为绘图基准面，单击"草图"选项卡中的"中心线"按钮✔，过坐标原点绘制一条水平构造线，再单击"草图"选项卡中的"添加几何关系"按钮上，在弹出的"添加几何关系"属性管理器中单击水平构造线和坐标原点，添加"中点"约束并标注尺寸，如图 11-60 所示。单击"退出草图"按钮✔。

**03** 绘制 3D 草图。

**❶** 单击"草图"选项卡中的"3D 草图"按钮⒊，再单击"直线"按钮✔，按 Tab 键，将坐标系切换为 XY 坐标系，过水平构造线的两个端点绘制两条竖直直线并标注智能尺寸，如图 11-61 所示。

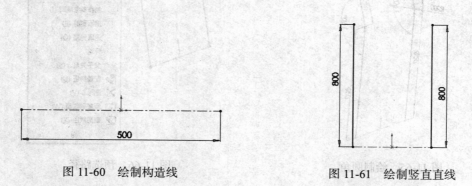

图 11-60　绘制构造线

图 11-61　绘制竖直直线

❷ 按 Tab 键，将坐标系切换为 YZ 坐标系，过图 11-62 所示的端点绘制倾斜直线并标注智能尺寸，如图 11-63 所示。继续绘制其他 3D 直线，结果如图 11-64 所示。

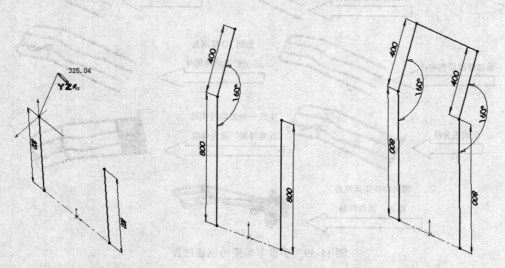

图 11-62　选择绘制倾斜直线的端点　图 11-63　标注倾斜直线尺寸　　图 11-64　完成 3D 直线的绘制

**04** 绘制圆角。单击"草图"选项卡中的"绘制圆角"按钮 ⌐，弹出"绘制圆角"属性管理器。分别输入半径 200mm、100mm，为草图添加圆角，结果如图 11-65 所示。单击"退出草图"按钮 ⌐↲。

**05** 添加管道结构构件。

❶在草图中右击任一条线，在弹出的快捷菜单中选择"选择链"命令，进行预选路径，如图 11-66 所示。

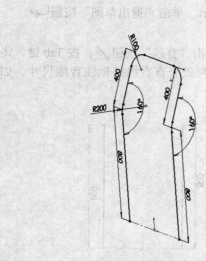

图 11-65　绘制圆角

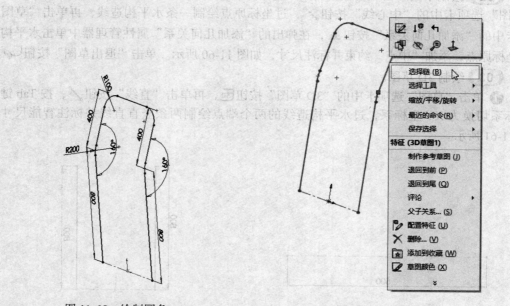

图 11-66　预选路径

❷单击"焊件"选项卡中的"结构构件"按钮🔘，或执行"插入"→"焊件"→"结构构件"菜单命令，弹出"结构构件"属性管理器，选择"iso"标准，选择"管道"，选择"大小"为"26.9×3.2"，如图 11-67 所示。单击"确定"按钮✔，添加管道结构构件。

**06** 绘制 3D 草图。单击"草图"选项卡中的"3D 草图"按钮 **3D**，再单击"直线"按钮✏️，按 Tab 键，将坐标系切换为 YZ 坐标系，绘制一条直线与水平构造线相交并标注智能尺寸，如图 11-68 所示。继续在 YZ 坐标系内绘制其他直线，结果如图 11-69 所示。

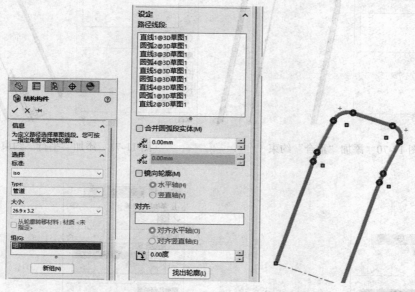

图 11-67 "结构构件"属性管理器

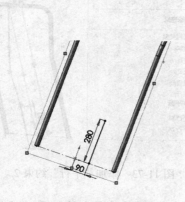

图 11-68 绘制一条直线

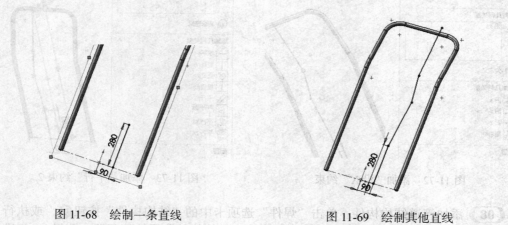

图 11-69 绘制其他直线

**07** 添加几何约束及标注尺寸。单击"草图"选项卡中的"添加几何关系"按钮⊥，添加如图 11-70 所示的直线端点与草图线条的"重合"约束，添加如图 11-71 所示的两直线的"平行"约束，添加如图 11-72 所示的直线端点与结构构件草图的点之间"沿 X"约束，添加如图 11-73 所示的直线与右视基准面之间的"平行"约束。然后标注尺寸如图 11-74 所示，单击"退出草图"按钮↵。

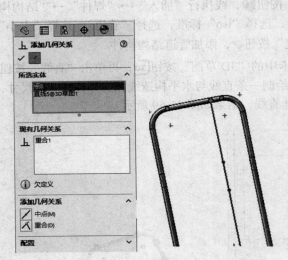

图 11-70　添加"重合"约束

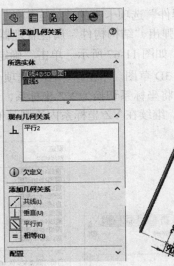

图 11-71　添加"平行"约束 1

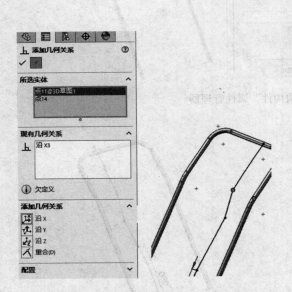

图 11-72　添加"沿 X"约束

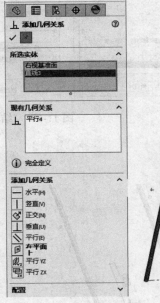

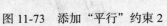

图 11-73　添加"平行"约束 2

**08** 添加管道结构构件。单击"焊件"选项卡中的"结构构件"按钮，或执行"插入"→"焊件"→"结构构件"菜单命令，弹出"结构构件"属性管理器，选择 iso 标准，选择"管道"，选择"大小"为"26.9×3.2"，如图 11-75 所示。单击"确定"按钮，添加管道结构构件。

**09** 阵列管道结构构件。单击"特征"选项卡中的"线性阵列"按钮，或执行"插入"→"阵列 / 镜像"→"线性阵列"菜单命令，弹出"线性阵列"属性管理器。选择水平构造线确定阵列的方向，输入阵列间距 180mm、实例数 2，如图 11-76 所示。单击"确定"按钮，结果如图 11-77 所示。

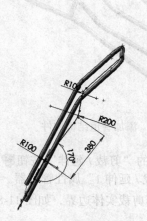

图 11-74　标注尺寸

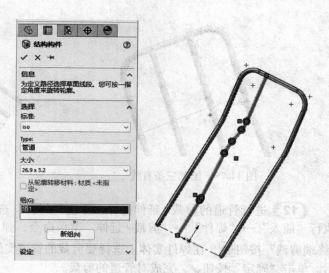

图 11-75　"结构构件"属性管理器

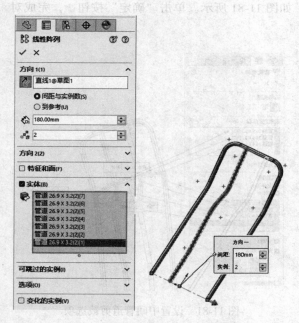

图 11-76　"线性阵列"属性管理器

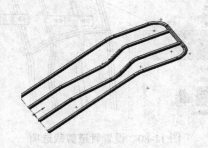

图 11-77　线性阵列的效果

**10** 绘制 3D 草图。单击"草图"选项卡中的"3D 草图"按钮 ，再单击"直线"按钮 ，过结构构件的中心绘制三条直线，如图 11-78 所示。单击"退出草图"按钮 。

**11** 添加管道结构构件。单击"焊件"选项卡中的"结构构件"按钮 ，或执行"插入"→"焊件"→"结构构件"菜单命令，弹出"结构构件"属性管理器。选择"iso"标准，选择"管道"，选择"大小"为"26.9×3.2"。单击"确定"按钮 ，添加管道结构构件，结果如图 11-79 所示。

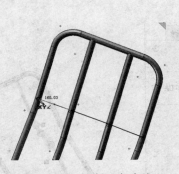

图 11-78　绘制三条直线

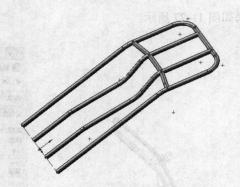

图 11-79　添加管道结构构件

**(12)** 进行管道的剪裁 / 延伸操作。单击"焊件"选项卡中的"剪裁 / 延伸"按钮🔩，或执行"插入"→"焊件"→"剪裁 / 延伸"菜单命令，弹出"剪裁 / 延伸 1"属性管理器。单击"终端剪裁"按钮🔲，在焊件实体上选择要剪裁的管道实体，选择剪裁实体边界，如图 11-80 所示。单击"确定"按钮✔，完成对管道的剪裁。

**(13)** 对中间管道的剪裁 / 延伸操作。重复上述操作，在焊件实体上选择要剪裁的中间管道实体，选择纵向的管道作为剪裁实体边界，如图 11-81 所示。单击"确定"按钮✔，完成对中间管道的剪裁。

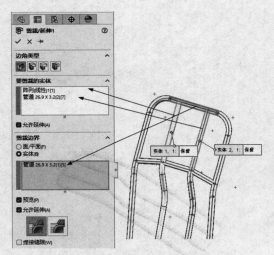

图 11-80　设置管道剪裁选项

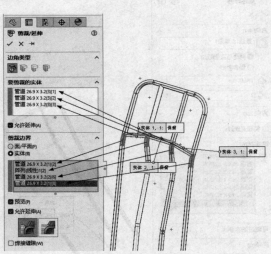

图 11-81　设置中间管道剪裁选项

**(14)** 绘制 3D 草图。单击"草图"选项卡中的"3D 草图"按钮🔳，再单击"直线"按钮✐，在 YZ 坐标系内过图 11-82 所示的结构构件的中心点绘制两条直线，然后标注尺寸和绘制圆角，结果如图 11-83 所示。单击"退出草图"按钮↳。

**(15)** 添加管道结构构件。单击"焊件"选项卡中的"结构构件"按钮🔘，或执行"插入"→"焊件"→"结构构件"菜单命令，弹出"结构构件"属性管理器。选择"iso"标准，选择"管道"，选择"大小"为"26.9×3.2"。单击"确定"按钮✔，添加管道结构构件，结果如图 11-84 所示。

图 11-82　选择结构构件的中心点

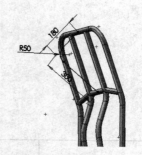

图 11-83　标注尺寸及绘制圆角

**16** 进行剪裁 / 延伸操作。单击"焊件"选项卡中的"剪裁 / 延伸"按钮，或执行"插入"→"焊件"→"剪裁 / 延伸"菜单命令，弹出"剪裁 / 延伸"属性管理器。选择步骤 **15** 中添加的管道结构构件进行剪裁实体，如图 11-85 所示。单击"确定"按钮。

图 11-84　添加管道结构构件

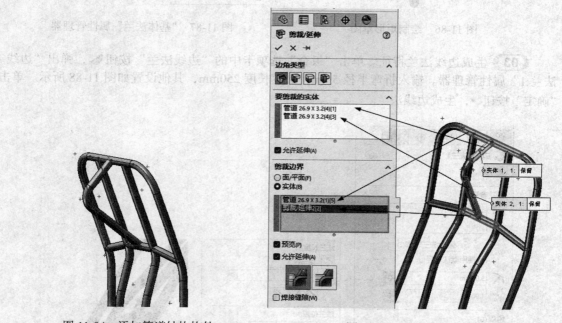

图 11-85　选择剪裁实体

## 11.2.2　绘制车架底板

**01** 绘制草图。以"上视基准面"作为绘图基准面，单击"草图"选项卡中的"边角矩形"按钮，绘制一个矩形，然后添加几何关系使矩形内侧与管道结构构件相切，再标注尺寸，结果如图 11-86 所示。

**02** 生成基体法兰特征。单击"钣金"选项卡中的"基体法兰 / 薄片"按钮，弹出"基体法兰"属性管理器。输入厚度 5mm，其他设置如图 11-87 所示。单击"确定"按钮，生成基体法兰。

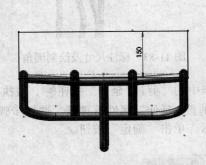

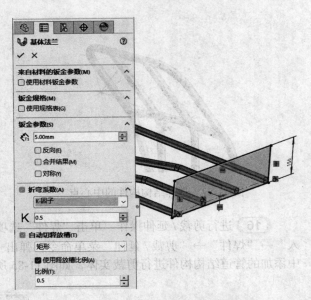

图 11-86　绘制矩形草图 　　　　　　　　图 11-87　"基体法兰"属性管理器

**03** 生成边线法兰特征。单击"钣金"选项卡中的"边线法兰"按钮，弹出"边线 - 法兰 1"属性管理器。输入折弯半径 5mm，法兰长度 250mm，其他设置如图 11-88 所示。单击"确定"按钮，生成边线法兰。

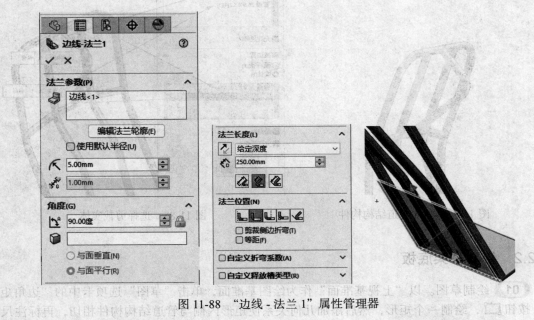

图 11-88　"边线 - 法兰 1"属性管理器

**04** 对管道结构构件进行切除。为了避免结构构件与钣金件发生干涉，需要对结构构件的前端进行倒角。首先以右视基准面作为绘图基准面，绘制三条直线和一段圆弧，如图 11-89 所示，然后单击"特征"选项卡中的"拉伸切除"按钮，进行两个方向的完全贯穿反侧切除，如图 11-90 所示。单击"确定"按钮，结果如图 11-91 所示。

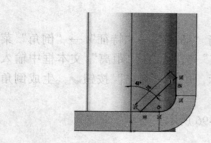

图 11-89　绘制草图

图 11-90　进行拉伸切除

**05** 选择基准面。选择如图 11-92 所示的平面作为绘制草图的基准面，单击"视图（前导）"工具栏中的"正视于"按钮↓。

图 11-91　完成拉伸切除

图 11-92　选择基准面

**06** 绘制草图。单击"草图"选项卡中的"边角矩形"按钮 □，绘制一个矩形并标注智能尺寸，如图 11-93 所示。

**07** 生成拉伸实体。单击"特征"选项卡中的"拉伸凸台 / 基体"按钮 ⓐ，或执行"插入"→"凸台 / 基体"→"拉伸"菜单命令，弹出"凸台 - 拉伸"属性管理器，在"深度"文本框中输入 180mm，如图 11-94 所示。单击"确定"按钮 ✓，生成拉伸实体特征。

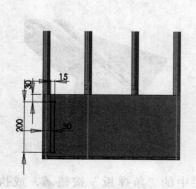

图 11-93　绘制草图

图 11-94　"凸台 - 拉伸"属性管理器

247

**08** 生成倒角特征。

❶ 单击"特征"选项卡中的"倒角"按钮🎲，或执行"插入"→"特征"→"倒角"菜单命令，在弹出的"倒角"属性管理器中选择"角度距离"选项，在"距离"文本框中输入130mm，在"角度"文本框中输入30度，如图11-95所示，单击"确定"按钮✔，生成倒角特征。

❷ 重复上述操作，生成另一个倒角特征，结果如图11-96所示。

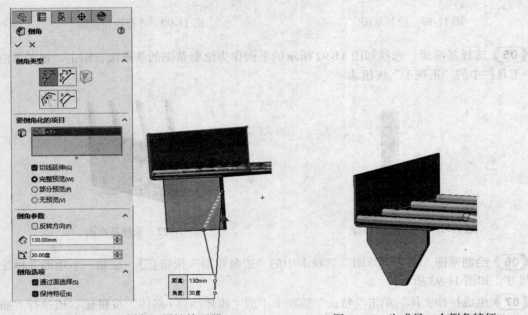

图11-95 "倒角"属性管理器

图11-96 生成另一个倒角特征

**09** 绘制草图。调用"草图"绘制工具，以拉伸实体的侧面作为绘图基准面绘制草图，然后标注其智能尺寸，如图11-97所示。

**10** 生成拉伸切除特征。单击"特征"选项卡中的"拉伸切除"按钮🔳，或执行"插入"→"切除"→"拉伸"菜单命令，在图层的"切除-拉伸"属性管理器的"终止条件"选项中选择"完全贯穿"，单击"确定"按钮✔，生成拉伸切除特征，结果如图11-98所示。

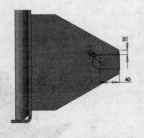

图11-97 绘制草图

图11-98 生成拉伸切除特征

**11** 添加角撑板特征。单击"焊件"工具栏中的"角撑板"按钮◢，或执行"插入"→"焊件"→"角撑板"菜单命令，弹出"角撑板"属性管理器。选择如图11-99所示的两个面作为支撑面，单击选择"三角形轮廓"按钮，输入轮廓距离 1 数值 85mm，输入轮廓距离 2 数值 30mm，单击选择"两边"按钮，输入角撑板厚度 10mm，单击选择"轮廓定位于中点"按钮，单击"确定"按钮。

**（12）** 添加一侧的圆角焊缝特征。单击"焊件"选项卡中的"圆角焊缝"按钮，或执行"插入"→"焊件"→"圆角焊缝"菜单命令，弹出"圆角焊缝"属性管理器。选择"全长"焊缝类型，输入焊缝大小 5mm，勾选"切线延伸"，在"第一组"和"第二组"选项中分别选择如图 11-100 所示的面，单击"确定"按钮。

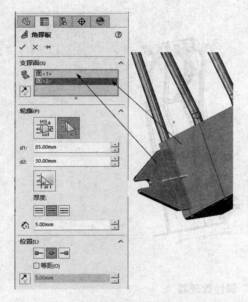

图 11-99 "角撑板"属性管理器

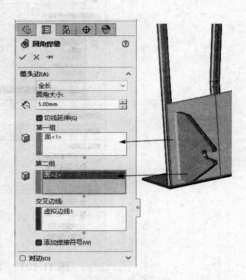

图 11-100 设置一侧"圆角焊缝"选项

**（13）** 添加另一侧的圆角焊缝特征。重复上述操作，分别选择如图 11-101 所示的面，单击"确定"按钮，生成另一侧的圆角焊缝，结果如图 11-102 所示。

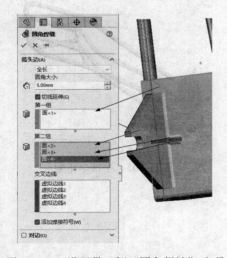

图 11-101 设置另一侧"圆角焊缝"选项

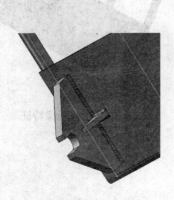

图 11-102 生成圆角焊缝

**14** 进行镜像操作。单击"特征"选项卡中的"镜像"按钮，或执行"插入"→"阵列/镜像"→"镜像"菜单命令，在弹出的如图 11-103 所示的"镜像"属性管理器中的"镜像面/基准面"中选择"右视基准面"，在"要镜像的特征"中选择"拉伸实体""倒角""圆角焊缝"等特征。单击"确定"按钮，生成镜像特征，结果如图 11-104 所示。

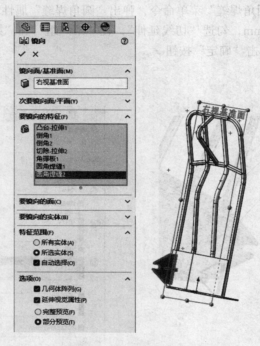

图 11-103 "镜像"属性管理器

**15** 保存文件。单击快速访问工具栏中的"保存"按钮，将文件进行保存。设计完成的手推车车架如图 11-105 所示。

图 11-104 生成镜像特征

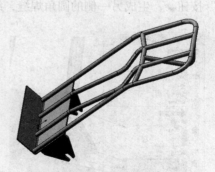

图 11-105 手推车车架

# 第 3 篇　管道与布线设计篇

# 第 **12** 章

# SOLIDWORKS Routing 管道与布线基础

SOLIDWORKS Routing 是 SOLIDW-ORKS 软件的一个插件, 仅在装配模式下使用。使用 SOLIDWORKS Routing 可以生成一些特殊类型的子装配体, 如弯管法兰等。利用 SOLIDWORKS Routing 创建的装配体均采用自上而下设计。

本章主要介绍了使用 SOLIDWORKS Routing 进行管道与布线的基础知识, 其中包含了对各种工具的介绍。

 学 习 要 点

- ◎ Routing 系统选项
- ◎ 步路库管理
- ◎ 步路工具
- ◎ 电气
- ◎ 管道和管筒

## 12.1　SOLIDWORKS Routing 基础

在 SOLIDWORKS Routing 中，当将某些零部件插入到装配体时，将自动生成一个线路子装配体。生成其他类型的子装配体时，该子装配体通常包含在线路子装配体中，然后将线路子装配体作为零部件插入到总装配体中。图 12-1 所示为 SOLIDWORKS Routing 创建的计算机内线路。

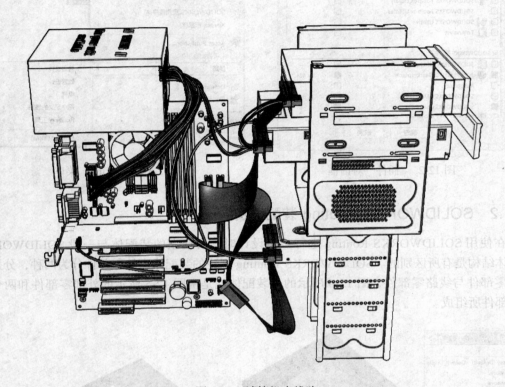

图 12-1　计算机内线路

### 12.1.1　启动 SOLIDWORKS Routing 插件

SOLIDWORKS Routing 随 SOLIDWORKS Premium 安装。要使用它必须加载 Routing 插件。

1）打开 SOLIDWORKS 2024 应用程序，单击菜单栏中的"工具"→"插件"，打开如图 12-2 所示的"插件"对话框。

2）要在当前 SOLIDWORKS 会话中使用 Routing，则在"活动插件"栏选择"SOLID-WORKS Routing"，即勾选前面的框；要在每次启动 SOLIDWORKS 后自动加载 SOLIDWORKS Routing 插件，则在"启动"栏选择"SOLIDWORKS Routing"，即勾选后面的框。

3）单击对话框中的"确定"按钮，即可加载 Routing 插件，同时"Routing"菜单也将显示在"工具"菜单栏中，如图 12-3 所示。

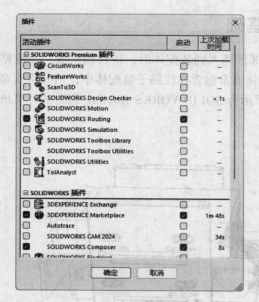

图 12-2 "插件"对话框

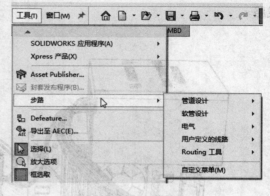

图 12-3 "Routing"菜单

## 12.1.2 SOLIDWORKS Routing 装配结构

在使用 SOLIDWORKS Routing 进行步路设计时，所建立的装配体与一般 SOLIDWORKS 装配体结构是有所区别的。SOLIDWORKS Routing 创建的装配体内的零部件分为两种，分别为外部零部件与线路零部件，图 12-4 所示的总装配体就是由图 12-5 所示的外部零部件和两个线路零部件所组成。

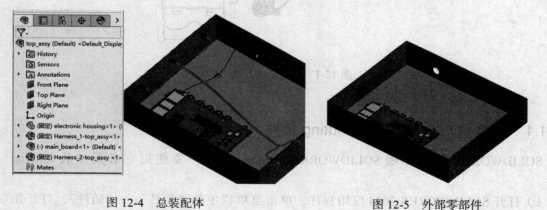

图 12-4 总装配体

图 12-5 外部零部件

为了便于管理，可将每组线路零部件都单独作为一个装配体文件，如图 12-6 所示为图 12-4 所示总装配体中的一个线路零部件，它的树形中包含了线路中的零部件、线路零件与路线。其中"零部件"目录中均为线路中所使用的、直接自 SOLIDWORKS 设计库中拖入零部件，"线路零件"目录中为线路中的电缆或管道，"路线"目录中为线路或管道的走线（以 3D 草图的形式存放）。

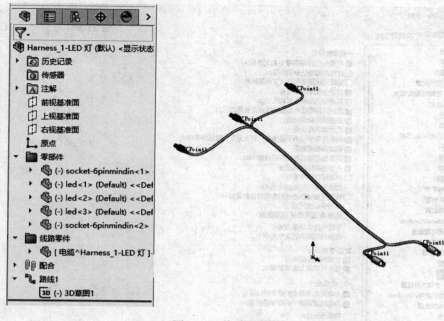

图 12-6　线路零部件

### 12.1.3　SOLIDWORKS Routing 中的文件名称

SOLIDWORKS Routing 零部件默认的名称规则如下：

线路子装配体的默认格式：RouteAssy#-< 装配体名称 >.sldasm。

线路子装配体中的电缆、管筒、管道零部件的默认格式：Cable（Tube/Pipe）-RouteAssy# - < 装配体名称 >.sldprt（配置）。

### 12.1.4　线路的类型

线路子装配体由三个类型的零部件组成：

- 配件和接头。
- 管道、管筒和电力零部件。
- 线路零部件。它是线路路径中心线的 3D 草图。

## 12.2　Routing 系统选项

激活 SOLIDWORKS Routing 插件后，在系统选项中会出现"步路"选项，执行"工具"→"选项"菜单命令，系统弹出"系统选项"对话框，选择其中的"步路"选项，则弹出如图 12-7 所示的"系统选项 - 步路"对话框。另外，还可以通过执行"工具"→"步路"→"Routing 工具"→"Routing 选项设置"菜单命令，弹出对话框。此时打开的对话框与"系统选项 - 步路"对话框的界面格式不同，但内容是一样的，在任意对话框中进行设置均可以。

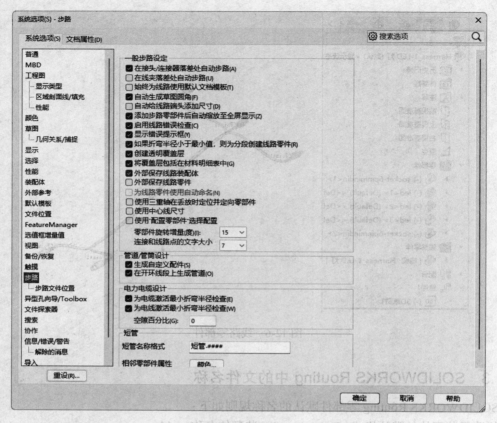

图 12-7 "系统选项 - 步路"对话框

## 12.2.1 一般步路设定

### 1. 在接头 / 连接器落差处自动步路

当选取此选项时，自动进入到线路设计。将零部件（如法兰、管筒配件或电气接头）放入装配体中时自动生成子装配体并开始步路。

### 2. 在线夹落差处自动步路

当选取此选项时，自动生成管筒和电气电缆线。选择此选项将在线夹放置于线路中时从当前线路端通过放置的线夹而自动生成一样条曲线。

### 3. 始终为线路使用默认文档模板

当选取此选项时，软件自动使用在步路文件位置步路模板区域中指定的默认模板。当取消选择时，软件在生成线路装配体时将要求指定模板。

### 4. 自动生成草图圆角

选取此选项，在绘制草图时将自动在交叉点添加圆角。圆角半径以所选弯管零件、折弯半径或最大电缆直径为基础。此选项仅可应用于作为管道装配体路径的 3D 草图。

### 5. 自动给线路端头添加尺寸

当选取此选项时，标注从接头或配件延伸出来的线路端头的长度，从而确保这些线路在接头或配件移除时可正确更新。

### 6. 启用线路错误检查

除了标准错误检查之外，还可以在管道和管筒中进行遗失弯管检查、遗失约束检查和没对齐的变径管检查，在电气线路中进行最小折弯半径错误的检查。并可在属性管理器设计树中为受影响的项目加注意符号。

### 7. 显示错误提示框（只在选定了"启用线路错误检查"时才可使用）

显示错误信息，可在此单击"我如何修复此问题？"，了解修复错误的详细建议。

### 8. 将覆盖层包括在材料明细表中

当选取此选项时，线路设计装配体的材料明细表中包括覆盖层。

### 9. 外部保存线路装配体

当选取此选项时，将线路装配体保存为外部文件。取消选取时，将线路保存为虚拟零部件。

### 10. 外部保存线路零件

当选取此选项时，将线路设计零部件保存为外部文件。取消选取时，将零部件保存为虚拟零部件。

### 11. 零部件旋转增量（度）

在放置过程中，可以通过按住 Shift 键并按下左或右方向键来旋转弯管、T 形接头和十字形接头，旋转增量为角度。

### 12. 连接和线路点的文字大小

当选取此选项时，为连接点和线路点将文字比例缩放到文档注释字体的一小部分。在大小范围的底部，文字消失，但仍可选择字号。

## 12.2.2　管道 / 管筒设计

### 1. 生成自定义配件

当需要时，自动生成默认弯管接头的自定义配置。但只有当标准弯管配置可以被切割以生成自定义弯管时，才可完成此操作。

### 2. 在开环线段上生成管道

为只在一端连接到接头的 3D 草图生成管道。例如，如果没有将法兰添加到管道的末端，则最后一条草图线段（超出管道最后一个接头）为开环线段。如果取消选择此选项，则在开环线段上不会生成管道。

## 12.2.3　电力电缆设计

### 1. 为电线激活最小折弯半径检查

如果线路中圆弧或样条曲线的折弯半径小于管筒或线圈直径的三倍，它将报告错误。

### 2. 为电线激活最小折弯半径检查

如果线路中圆弧或样条曲线的折弯半径小于电缆库中为单独电线或电缆芯线所指定的最小值，将报告错误。如果装配体中存在许多电线，此选项可能会使软件运行缓慢。

### 3. 空隙百分比

按空隙百分比自动增加所计算的电缆切割长度，从而弥补实际安装中可能产生的下垂、扭结等。

## 12.3 SOLIDWORKS 设计库

大多数常见的管道零部件（包括零件和装配体）在 SOLIDWORKS 的设计库中都能找到。当然在需要时也可以创建自定义零部件和设计库。表 12-1 列出了电气库中零部件，表 12-2 列出了管道和管筒零部件。

表 12-1　电气库中零部件

| 线夹 | 接头 | 导管转接器 | 接头 |
| --- | --- | --- | --- |
| 导管 | 导管三通管 | 线夹 | 中接管 |
| 导管四通管 | | 导管弯管 | |

表 12-2　管道和管筒零部件

| 三通管 | 变径管 | 弯管 | 管道 | 四通管 |
| --- | --- | --- | --- | --- |
| 支架 | 末端法兰 | 垫片 | 阀门 | 挂架 |

## 12.4　步路库管理

Routing 提供了电气、管道和管筒零件库的管理。可以模拟附加零件，然后将它们添加到库中。

可以在步路库中找到预定义零件集合，在设计库中也可以找到。设计库可在任务窗格中提供特征、零件和装配体文件。文件可插入到零件和装配体中。

可以使用 Routing Library Manager 生成新步路零件文件，然后将其作为零部件添加到设计库中。可以使用 Routing Library Manager 的 Routing 零部件向导为现有零件添加一个或多个连接点，使其可用于步路装配体中，然后将这些零件添加到设计库中。

### 12.4.1　Routing 文件位置

使用 Routing Library Manager 可以设置 Routing 中用到的文件位置。执行"工具"→"步路"→"Routing 工具"→"Routing Library Manager"菜单命令，打开"Routing Library Manager"对话框，选择对话框中的"Routing 文件位置和设定"选项卡，此时对话框如图 12-8 所示的对话框。

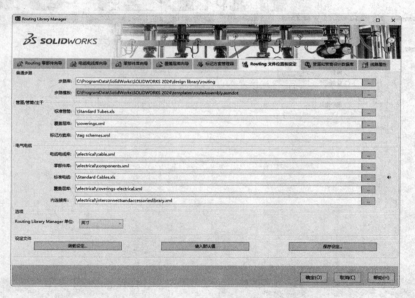

图 12-8　"Routing 文件位置和设定"选项卡

（1）普通步路："步路库"用于指定存储步路零部件的文件夹。"步路模板"用于指定要用于新线路装配体的步路模板。在此处指定模板之前，要确定所指定的文件夹在"选项"→"文件位置"中已经被列为文件模板。

（2）管道／管筒／主干："标准管筒"可为标准管筒指定 Excel 文件。"覆盖层库"可为管筒覆盖层材料指定 .htm 文件。"标记方案库"可为标记方案管理器中定义的标记方案指定 .htm 文件。也可以使用此位置加载现有的标记方案 .xml 文件，使方案显示在标记方案管理器的方案视图下。

（3）电气电缆：为电缆电线库指定 .htm 文件。"零部件库"可为零部件库指定 .htm 文件。

"标准电缆"为标准电缆指定 Excel 文件。"覆盖层库"可为电线和电缆的覆盖层材料指定 .htm 文件。

（4）选项："Routing Library Manager 单位"可用于设置数据的默认单位。

（5）设定文件："装载设定"可从 .sqy 文件装入文件位置设置。"装入默认值"可将文件位置设置为原始系统默认值。"保存设定"可将设置保存到".sqy"文件位置。

### 12.4.2　步路零部件向导

执行"工具"→"步路"→"Routing 工具"→"Routing Library Manager"菜单命令，打开"Routing Library Manager"对话框，选择对话框中的"Routing 零部件向导"选项卡，如图 12-9 所示。此选项卡用于设置线路类型和零部件类型。零部件的线路类型有"电气""其他""管道设计""管筒设计"和"用户定义"，其中"其他"为没有进入线路的设备（如箱或泵）或属于多个类别的混合零部件（如电动阀）等。

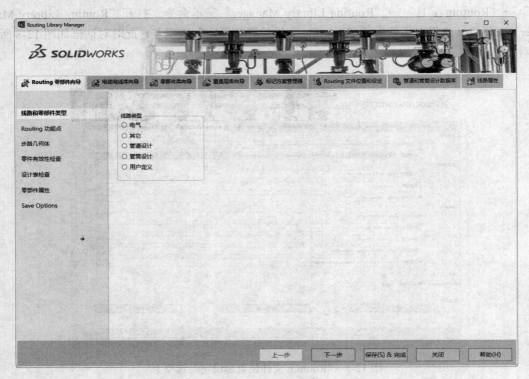

图 12-9　"Routing 零部件向导"选项卡

选择"Routing Library Manager"对话框左侧"线路类型"中的选项，此时右侧会显示相应的"零部件类型"，如图 12-10 所示。

可以在右侧选择零部件类型，设置要准备的零部件的类型及子类型。可进行设置的零部件类型包括"零部件类型"及"子类型"（显示的零部件及子类型根据选择的线路类型不同而显示不同的零部件）。其中，"零部件类型"为设置要准备的零部件类型，如阀门；"子类型"为选择的子类型（如果零部件类型有子类型），如将零部件类型设置为带状电缆，则可以选择子类型，如线夹。

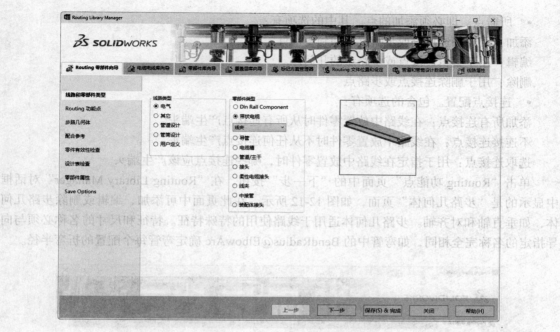

图 12-10　显示"零部件类型"

单击"线路和零部件类型"页面中的"下一步"按钮，在"Routing Library Manager"对话框中显示出"Routing 功能点"页面，如图 12-11 所示。此时可查看零部件上现有的连接点 (CPoints) 和步路点 (RPoints)，以及确定是否需要添加点。此页面分为两部分，分别为"所需点"及"连接点配置"。

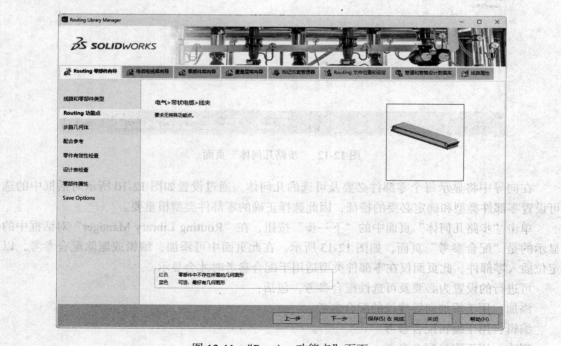

图 12-11　"Routing 功能点"页面

- 所需点。即必须添加的点。其中的选项有：

添加：用于将连接点或步路点添加到零部件。

编辑：用于编辑连接点或步路点的几何体。

删除：用于删除连接点或步路点。

- 连接点配置。包含的选项有：

添加所有连接点：在线路中放置零件时从所有连接点产生端头。

不连接连接点：在线路中放置零件时不从任何连接点产生端头。

选取连接点：用于指定在线路中放置零件时，哪些连接点应该产生端头。

单击"Routing 功能点"页面中的"下一步"按钮，在"Routing Library Manager"对话框中显示的是"步路几何体"页面，如图 12-12 所示。在此页面中可添加、编辑或删除步路几何体，如垂直轴和对齐轴。步路几何体适用于线路使用的特殊特征。特征和尺寸的名称必须与向导指定的名称完全相同，如弯管中的 BendRadius@ElbowArc 确定弯管每个配置的折弯半径。

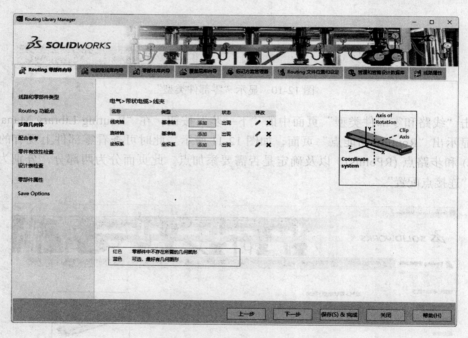

图 12-12 "步路几何体"页面

在向导中将显示每个零部件必要及可选的几何体。通过设置如图 12-10 所示对话框中的选可设置零部件类型和确定必要的特征，因此选择正确的零部件类型很重要。

单击"步路几何体"页面中的"下一步"按钮，在"Routing Library Manager"对话框中的显示的是"配合参考"页面，如图 12-13 所示。在此页面中可添加、编辑或删除配合参考，以定位插入零部件。此页面仅在零部件类型适用于配合参考时才会显示。

可进行的设置为必要及可选性配合参考，包括：

添加：用于添加向导建议的配合参考。

编辑：用于编辑配合参考。

删除：用于删除配合参考。

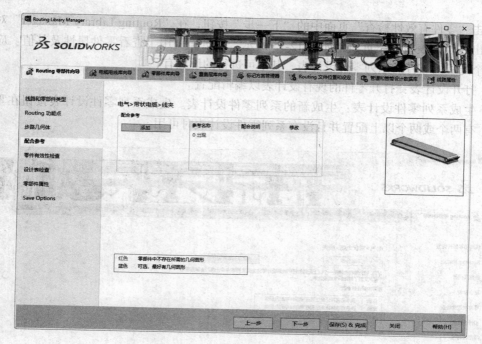

图 12-13　"配合参考"页面

单击"配合参考"页面中的"下一步"按钮，在"Routing Library Manager"对话框中的显示的是"零件有效性检查"页面。此页面用于了解零件中是否缺少任何必要的项目，例如连接点和线路点，如果无错误，界面会如图 12-14 所示。

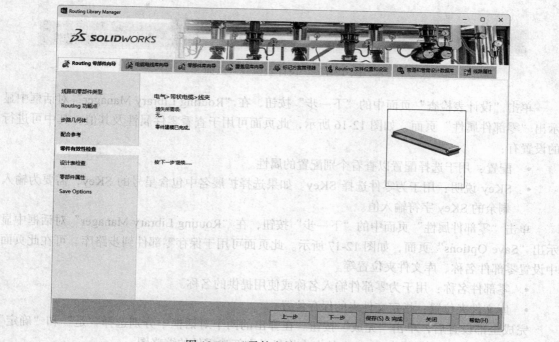

图 12-14　"零件有效性检查"页面

单击"零件有效性检查"页面中的"下一步"按钮，在"Routing Library Manager"对话框中显示出"设计表检查"页面，如图 12-15 所示。此页面可用于查看零件属性及其值。应使用具有多个配置的零件的系列零件设计表，其中可进行的设置有：

- 打开设计表：打开零件的现有设计表以编辑配置。
- 生成系列零件设计表：生成新的系列零件设计表。生成系列零件设计表按钮在零件具有两个或两个以上配置并且没有系列零件设计表时可用。

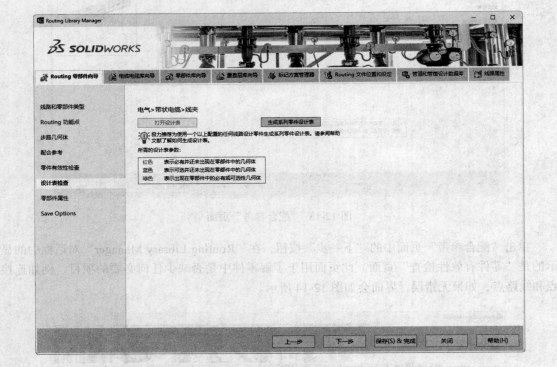

图 12-15 "设计表检查"页面

单击"设计表检查"页面中的"下一步"按钮，在"Routing Library Manager"对话框中显示出"零部件属性"页面，如图 12-16 所示，此页面可用于查看零件属性及其值。其中可进行的设置有：

- 配置：用于选择配置以查看个别配置的属性。
- SKey 说明：用于为零件选择 SKey。如果选择扩展名中包含星号的 SKey，需要为输入剩余的 SKey 字符输入值。

单击"零部件属性"页面中的"下一步"按钮，在"Routing Library Manager"对话框中显示出"Save Options"页面，如图 12-17 所示。此页面可用于保存零部件到步路库。可在此页面中设置零部件名称、库文件夹位置等。

- 零部件名称：用于为零部件输入名称或使用提供的名称。
- 库文件夹位置：指定文件夹的保存位置。

完成全部设置后，单击"完成"按钮。在弹出的两个对话框中分别选择"是"和"确定"按钮，在步路库中的 electrical 电气文件夹中将显示出新建零件的缩略图。

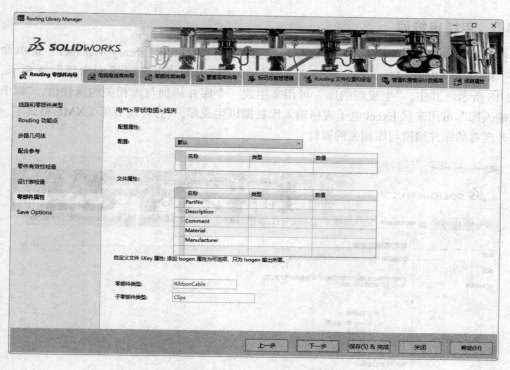

图 12-16　"零部件属性"页面

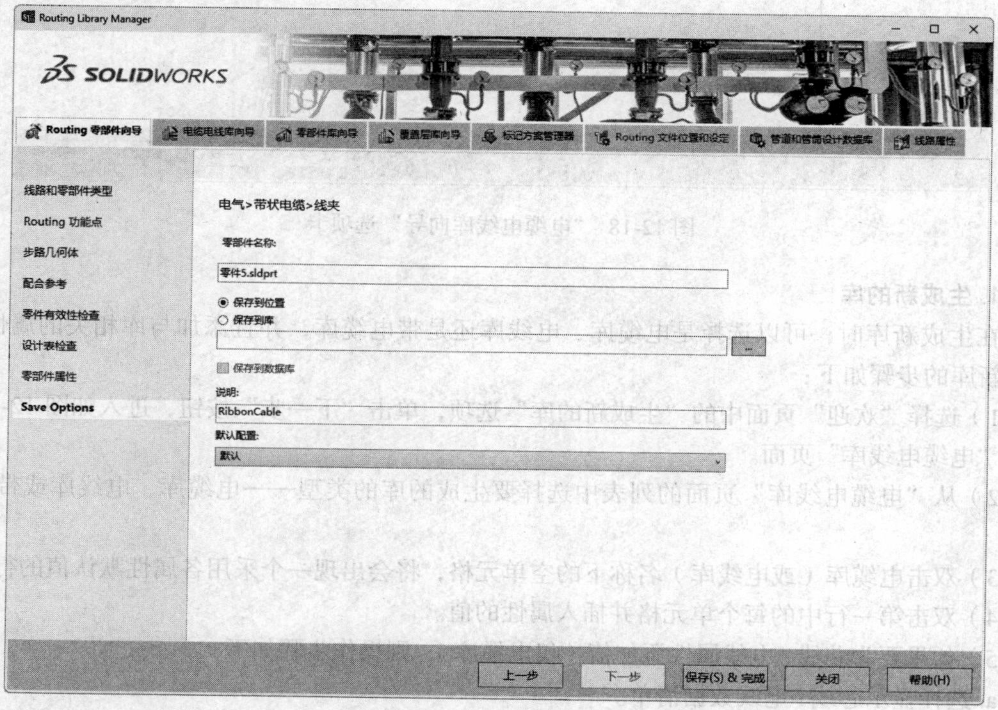

图 12-17　"Save Options"页面

### 12.4.3　电缆电线库

执行"工具"→"步路"→"Routing 工具"→"Routing Library Manager"菜单命令，打开"Routing Library Manager"对话框，选择对话框中的"电缆电线库向导"选项卡，如图 12-18 所示。其中，"生成新的库"可用来生成一个库并添加与库相关的属性值，"以 Excel 格式输入库"可用来从 Excel 电子表格输入库数据以生成库，"打开现有库（XML 格式）"可用来打开现有的库并编辑与库相关的属性。

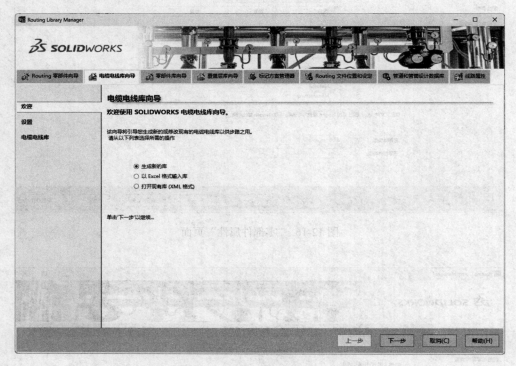

图 12-18　"电缆电线库向导"选项卡

#### 1. 生成新的库

在生成新库时，可以选择是电缆库、电线库还是带电缆库，并且添加与库相关的属性值。生成新库的步骤如下：

1）选择"欢迎"页面中的"生成新的库"选项，单击"下一步"按钮，进入如图 12-19 所示的"电缆电线库"页面。

2）从"电缆电线库"页面的列表中选择要生成的库的类型——电缆库、电线库或带电缆库。

3）双击电缆库（或电线库）名称下的空单元格，将会出现一个采用各属性默认值的行。

4）双击第一行中的每个单元格并插入属性的值。

5）如果要为芯线/电线属性添加值（仅电缆库），则操作步骤如下：

a. 选择显示芯线/电线数据清单。

b. 在电缆清单下选择电缆。

c. 在芯线 / 电线清单下插入属性的值（每根电缆可能有多行）。

图 12-19　"电缆电线库"页面

6）对其他行重复步骤 3）~ 5）。

7）单击"保存"按钮，弹出图 12-20 所示的"另存为"对话框，在对话框中输入库的名称。

8）单击"保存"按钮。

9）保存成功后，弹出如图 12-21 所示消息对话框。单击"确定"按钮，库的位置和名称出现在"保存"按钮旁边。

图 12-20　"另存为"对话框

图 12-21　保存成功消息对话框

10）单击"电缆电线库"页面中的"完成"按钮，退出电缆电线库的设置。

**2. 以 Excel 格式输入库**

可以在 Excel 电子表格中生成电缆 / 电线库数据，然后将其输入至 SOLIDWORKS 生成库，如图 12-22 所示。

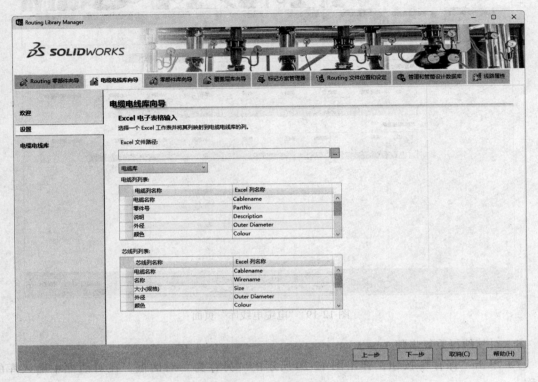

图 12-22　以 Excel 格式输入库

1）在 Excel 文件路径下单击 ... 按钮并打开要输入的 Excel 文件。

2）从列表中选择要生成的库的类型——电缆库、电线库或带电缆库，与所选库类型对应的表格将会出现（有两个用于电缆库的表格）。

3）在表格中的 Excel 列名称下双击每行并选择 Excel 电子表格中的列名称以映射至库列。

4）单击"下一步"按钮，然后在"电缆电线库"页面中设置选项。

## 12.5　步路工具

步路工具中包含了电气、管道和管筒通用的基础工具，包括连接点和线路点、自动步路、电缆夹、标准电缆和管筒等。

### 12.5.1　连接点和线路点

连接点为电气接头中电缆开始或结束的点。电气接头需要至少一个有线路类型设定为电气的连接点。这将定义零件为一电气接头并提供有关线路的信息，如图 12-23、图 12-24 所示。

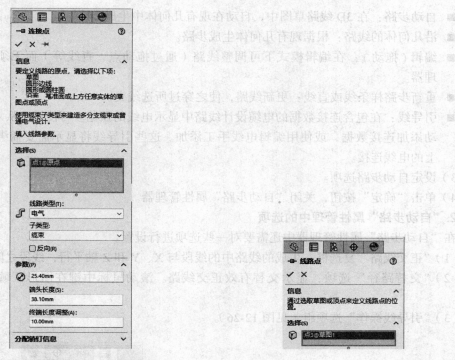

图 12-23　"连接点"属性管理器

图 12-24　"线路点"属性管理器

### 1. 电气接头的连接点

在具有多个管脚的接头中，有两种方法可定义接头点：

1）可使用一个连接点来代表所有接头的管脚，并生成到该连接点的所有电线 / 电缆的步路。管脚连接数据被看成是内部数据。

2）可单独造型每个管脚，每个管脚可有单独连接点。可生成到每个管脚的单个电线的步路。此操作应只在绝对必要时才进行，因为这将增加模型的复杂性。

### 2. 生成电气接头

在生成电气接头模型时需要将接头定位在装配体中的配合参考。首先生成一个草图点用于定位连接点，根据需要添加尺寸和几何关系以确定点的位置，然后将点定位在使电缆开始或结束的地方。

## 12.5.2　自动步路

自动步路是使用频率比较高的命令。图 12-25 所示为"自动步路"属性管理器。利用自动步路工具可以在创建 3D 线路草图时在现有几何体中自动生成步路、可以在线路草图以外的某些对象中自动生成步路，可以更新线路以穿越所选线夹，可以更新线路以穿越任何轴、可以显示展现连接数据的引导线，操纵这些引导线并将之转换为线路。

### 1. 生成自动步路的步骤

1）在编辑线路时，单击"电气"选项卡中的"自动步路"按钮 ，或执行"工具"→"步路"→"Routing 工具"→"自动步路"菜单命令。

2）在弹出的"自动步路"属性管理器中的"步路模式"选项组中选择以下选项之一：

- 自动步路：在 3D 线路草图中，自动在现有几何体中生成步路。
- 沿几何体的线路：根据现有几何体生成步路。
- 编辑（拖动）：在编辑模式下可调整线路（通过拖动点、直线等）而无须关闭属性管理器。
- 重新步路样条线或直线：更新线路，使之穿过所选线夹。
- 引导线：在包含连接数据的电缆设计线路中显示电线的预览。可使用"从 - 到"清单自动添加连接数据，或使用编辑电线手工添加。这些引导线将显示需要捆绑至完工线路上的电线连接。

3）设定自动步路选项。

4）单击"确定"按钮，关闭"自动步路"属性管理器。

**2."自动步路"属性管理中的选项**

在"自动步路"属性管理器中还需要对一些选项进行设置。

（1）"正交线路"复选框：生成的线路中的线段与 X、Y 和 Z 轴平行，线段之间存在角度。

（2）"交替路径"选项：显示交替有效正交线路。滚动鼠标中键在图形区域中查看交替线路。

（3）"引导线操作"选项组（见图 12-26）。

图 12-25 "自动步路"属性管理器

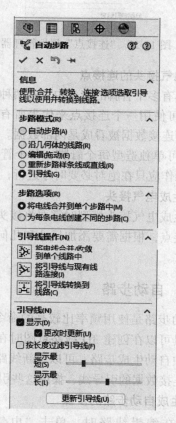

图 12-26 "引导线操作"选项组

◆ 将电线合并 / 收敛到单个线路中　：合并两条或多条引导线以形成单一线路。
◆ 将引导线与现有线路连接　：将引导线与现有线路连接于所选线路点。
◆ 将引导线转换到线路　：将一条或多条引导线转换成唯一的线路。
（4）"引导线"选项组。
◆ 显示：取消选择可关闭引导线显示并返回到自动步路模式。
◆ 更改时更新：选择该选项后，在对引导线做更改时自动更新显示。当取消选择时，可通过单击更新引导线来手工更新显示。
◆ 按长度过滤引导线：按长度过滤引导线的显示状态。
◆ 显示最短：移动滑块，直到最短引导线可见为止。
◆ 显示最长：移动滑块，直到最长引导线可见为止。

### 12.5.3　电缆夹

电缆夹及其他类似零件（电缆夹钳、扎索、托架等）常用来将电缆或灵活管筒沿其路线约束在所选点。

通过电缆夹的相关命令可以将电缆夹放置在线路子装配体中，软件将自动在电缆夹中生成一样条曲线步路。它通过在主装配体中放置线夹，可以在线路子装配体中自动生成一穿越线夹的样条曲线步路。

一般线夹具有多个配置，以不同大小生成线夹的多个配置，可以在电缆直径更改时，使线夹自动根据适当的配置调整大小，而且在生成一通过线夹的线路后移动线夹，可以使线路更新以与线夹的新位置匹配。可以在将线夹放置在装配体中时旋转线夹，也可以在稍后旋转。

另外，还可以使用虚拟线夹（这不要求有任何实体）来定位线路。

#### 1. 生成线夹

在自动步路中可以利用系统自带库里面的线夹，用户也可以自己生成带线路点和轴心的线夹。创建的步骤如下：

1）生成线夹模型，如图 12-27 所示。然后添加任何可能需要将线夹定位在装配体中的配合参考。

2）生成草图点以创建线路点。首先在线夹的侧面打开一张草图，如图 12-28 所示。然后单击"草图"选项卡中的"点"按钮　，添加一与线夹半径中心重合的草图点，再关闭草图，采用同样的方式在另一面上创建一草图点，结果如图 12-29 所示。

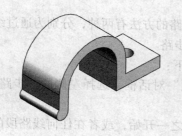

图 12-27　线夹模型

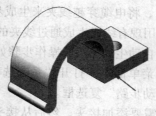

图 12-28　打开草图

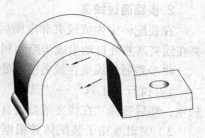

图 12-29　创建草图点

3）添加第一个线路点。执行"工具"→"步路"→"Routing 工具"→"生成线路点"菜单命令。弹出"线路点"属性管理器,如图 12-30 所示。在图形区域中选择一草图点及对应的面,然后在属性管理器中添加到"选择"。单击"确定"按钮。将线路点添加到模型中。

4)采用同样的方式添加第二个线路点,结果如图 12-31 所示。

图 12-30 "线路点"属性管理器

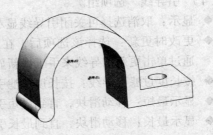

图 12-31 添加线路点

5)单击"特征"选项卡"参考几何体"下拉列表中的"基准轴"按钮 ,在两个线路点之间创建一个基准轴,如图 12-32 所示。单击"确定"按钮。

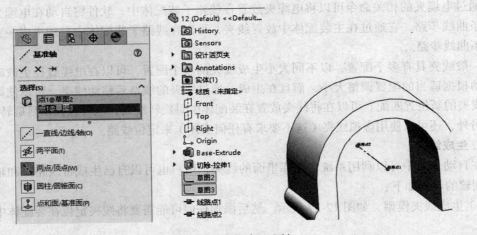

图 12-32 创建基准轴

6)保存零件。

编辑线路时可通过选择轴或将线夹放置在线路中来自动生成穿过线夹的步路。

**2. 步路通过线夹**

在装配体中生成线夹和电缆后,将电缆穿越线夹来生成步路的方法有两种,分别为通过线夹在线夹落差处自动生成步路和利用现有线段生成通过线夹的步路。

将步路通过线夹在线夹落差处自动生成步路的操作步骤如下:

1)执行"工具"→"选项"菜单命令,打开"系统选项"对话框,选择左侧的"步路"选项,然后选择"在线夹落差处自动步路"复选框。

2)编辑线路子装配体并根据需要添加接头,然后从接头之一开始,或者在任何线路段的端点处选择一个点来定义当前的线路端点。

3)将线夹拖动到线路内,并放置到位。将从当前的线路端点添加一样条曲线到线夹上的最近线路点。线路端点将自动被移动到此线夹的第二个线路点。通过放置下一个线夹、绘制一直线或样条曲线或选择终端接头零部件来继续生成步路。线夹为线路子装配体中的一个零部件。

利用现有线段生成通过线夹的步路的操作步骤如下：

1）执行"工具"→"步路"→"Routing 工具"→"步路/编辑穿过线夹"菜单命令。

2）在弹出的属性管理器中指定线路段和线夹。

3）单击"确定"按钮。

可以通过在"自动步路"属性管理器中选择"步路模式"下的"重新步路样条线或直线"来更新现有线路，使之穿过所选线夹。

## 12.6　电气

线路子装配体是顶层装配体的零部件，当将某些零部件插入到装配体中时都将自动生成一个线路子装配体。在设计线路系统时，首选方法是将线路作为缆束进行模拟，这对分别模拟线路和电缆具有多个非常重要的好处，这样可使 SOLIDWORKS 进行许多计算，大大减少出错的机会。

### 12.6.1　通过 Excel 文件添加接头

利用"从/到"清单命令可以从 Excel 电子表格中输入电气连接和零部件数据。单击"电气"选项卡中的"按'从/到'开始"按钮 ，打开如图 12-33 所示的"输入电气数据"属性管理器。

在"输入电气数据"属性管理器中"文件名称"选项组包括本装配体的位置和步路模板的位置。在"输入'从/到'清单"选项组可以设置如下选项：

'从 - 到'清单文件：指定要输入的 Excel 文件。

开始新装配体：输入'从/到'数据到新的线路子装配体。

使用现有装配体：输入'从/到'数据到现有线路子装配体。

覆写数据：覆写子装配体中的现有'从/到'数据。

插入数据：添加新数据到现有数据。

搜索所有子装配体：为与'从/到'清单中的零部件参考相符的预放置接头搜索当前的装配体及其所有子装配体，否则将只搜索装配体本身。

"设定库"选项组为库文件位置。其中，"零部件库文件"为指定零部件库 .xml 文件，"电缆/电线库文件"为指定电缆库 .xml 文件。

### 12.6.2　通过拖/放添加接头

使用"通过拖/放来开始"命令，可手工生成电气线路装配体。根据是否想使接头成为主装配体或线路子装配体的零部件，可设定不同的选项并以不同的方法开始生成线路。在插入接头后，可在其间绘制路径。另外，也可为每个线路段指定电气特性。

执行"通过拖/放来开始"命令时，首先打开装配体文件，然后单击"电气"选项卡中的"通过拖/放来开始"按钮 ，此时右侧会弹出图 12-34 所示的设计库，打开设计库中相应的文件夹，可选择库中的零件并拖放到装配体中。

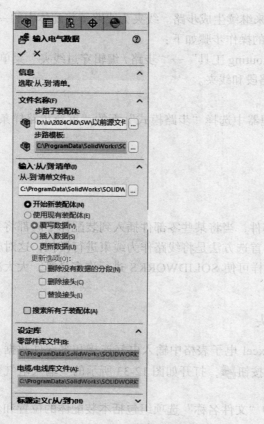

图 12-33　"输入电气数据"属性管理器

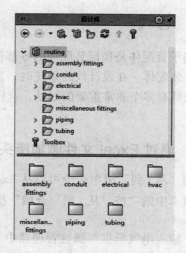

图 12-34　设计库

### 12.6.3　折弯

利用折弯命令可以在三个电缆线段接合处生成折弯和相切,添加折弯前后的效果如图 12-35 所示。

添加折弯的步骤如下:

1)单击"电气"选项卡中的"添加折弯"按钮，或执行"工具"→"步路"→"电气"→"添加折弯"菜单命令,选取三个电缆线段的接合处。

2)右击三个电缆线段接合处,选择"添加折弯"。

3)折弯添加完毕,软件根据穿越点的电线确定半径和实体。

在添加折弯前　　　　　　在添加折弯后

图 12-35　添加折弯

### 12.6.4　编辑线路

在定义了线路子装配体中接头之间的路径后，可将电缆 / 电线数据与路径相关联，此时线路直径将更新，以反映出为每个路径所选择的电缆或电线的直径。图 12-36 所示为"编辑电线"属性管理器。

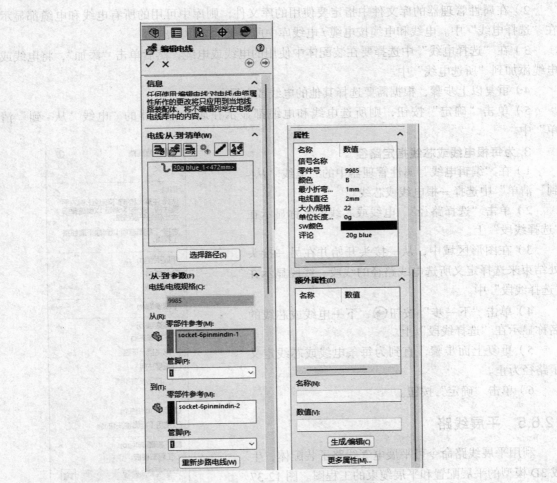

图 12-36　"编辑电线"属性管理器

**1. 通过"编辑电线"命令添加或编辑与路径相关联的数据**

首先单击"电气"选项卡中的"编辑电线"按钮 ，或执行"工具"→"步路"→"电气"→"编辑电线"菜单命令，弹出"编辑电线"属性管理器。如果以前已手工或使用"从 - 到"清单添加了电线数据，则将显示在"电线'从 - 到'清单"中；如果以前未添加电线数据，清单将是空白。

"电线'从 - 到'清单"中用图标和文字颜色表示电缆、芯线或电线的状态：

紫红色：电线的路径未定义。

黑色：电线的路径已定义。

红色：电线的路径包含错误。要显示错误信息，选择电线名称，然后单击"什么错？"。

**2. 指定要使用的电线和电缆**

利用编辑线路命令可以指定要使用的电线和电缆。单击"电气"选项卡中的"编辑电线"按钮 ，弹出"编辑电线"属性管理器。编辑线路的步骤如下：

1）在"编辑电线"属性管理器中单击"添加电线"。

2）在属性管理器的库文件中指定要使用的库文件，则库中可用的所有电线和电缆都显示在"选择电线"中。电线和电缆按电缆/电线库中所定义的名称列出。

3）在"选择电线"中选择要在装配体中使用的电线或电缆，然后单击"添加"，将电线或电缆添加到"所选电线"中。

4）重复以上步骤，根据需要选择其他的电线或电缆。

5）单击"确定"按钮，则所选电线和电缆都显示在属性管理器的"电线'从-到'清单"中。

**3. 为每根电线或芯线指定路径**

1）在"编辑电线"属性管理器中的"电线'从-到'清单"中选择一根电线或芯线。

2）单击"选择路径"。电线或芯线的名称显示在"选择线段"上。

3）在图形区域中，从一接头开始并在另一接头处结束来选择定义所选电线路径的线段。线段显示在"选择线段"中。

4）单击"下一步"按钮 ，下一电线或芯线的名称显示在"选择线段"上。

5）重复上面步骤，直到为每条电线或芯线定义了路径为止。

6）单击"确定"按钮。

## 12.6.5 平展线路

利用平展线路命令可平展电气线路子装配体，生成 3D 模型的平展配置和平展缆束的工程图。图 12-37 所示为"平展线路"属性管理器。平展线路是作为 3D 电气线路子装配体的一个新配置生成的，在设计树中添加了一个"平展线路"特征。

要在 3D 和平展线路之间切换，可右击线路或平展线路，然后选择显示配置。如果在属性管理器中选定工程图选项，软件将生成带有线路平展视图的工程图文件。

另外，还可以编辑展开的线路，通过拖动实体并将之约束而对 3D 模型的平展配置进行更改。这些更改不会应用到 3D 配置，但会出现在工程图视图中。

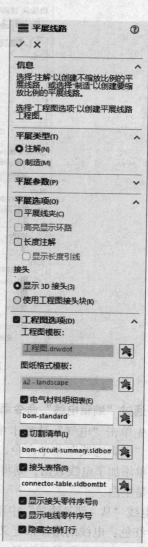

图 12-37 "平展线路"属性管理器

## 12.7　管道和管筒

可使用 SOLIDWORKS Routing 生成一些特殊类型的子装配体，如创建管道、管筒等的零部件之间的连接零件。

### 12.7.1　弯管零件

生成的弯管零件用于线路中改变管道的方向。允许在生成线路时自动生成弯管。

生成弯管通常为满足管道以直角和 45° 角转向。对于其他角度，通常使用自定义弯管进行处理。自定义弯管从标准弯管自动转换而成。

如果在开始生成线路时，在"线路属性"属性管理器中设置了总是使用弯管，软件将会在 3D 草图中存在圆角时自动插入弯管，也可以手动添加弯管。

要将零件识别为弯管零件，使用户从"线路属性"属性管理器中浏览时能够识别它，零件必须包含两个连接点，外加一个包含有命名了折弯半径和折弯角度尺寸的草图（草图名为弯管圆弧）。

### 12.7.2　法兰零件

法兰经常用于管路末端，用来将管道或管筒连接到固定的零部件（如泵或箱）上。法兰也可用来连接管道的长直管段。

系统自带了一些样例法兰零件。还可以通过编辑样例零件或生成用户的零件文件来创建新的法兰零件。也可在 Routing Library Manager 中使用 Routing 零部件向导以将零件准备好在 Routing 中使用。

### 12.7.3　焊接缝隙

可在现有线路中插入和更改焊接缝隙，图 12-38 所示为"焊接缝隙"属性管理器。

1）单击"管道设计"选项卡中的"焊接缝隙"按钮 ▸◂, 或执行"工具"→"步路"→"管道设计"→"焊接缝隙"菜单命令，弹出"焊接缝隙"属性管理器。

2）如果提示编辑线路，则选取适当的线路设计装配体，然后单击"确定"按钮。

3）在"焊接缝隙设定"选项组中为线路段选取一个线段。

4）单击"生成焊接缝隙"，将缝隙标号添加在插入了焊接缝隙的所有位置。

5）按需要修改缝隙值。要给所有缝隙指定相同值，可选取"覆盖默认缝隙"，然后在属性管理器中输入数值。要修改选定焊接缝隙的数值，在图形区域中的焊接缝隙标号中输入一个数值。

6）单击"确定"按钮。

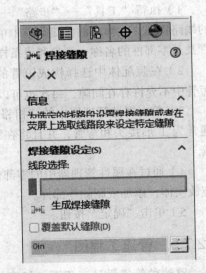

图 12-38　"焊接缝隙"属性管理器

### 12.7.4　定义短管

管道设计完全支持短管。短管是管道、管筒和配件的组合，在最终装配体或构造过程中单独制造后连接。可以从现有的管道和管筒线路生成短管，生成的短管如图 12-39 所示。图 12-40 所示为"短管"属性管理器。

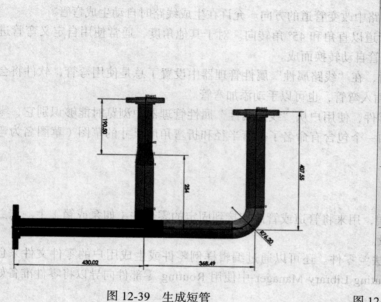

图 12-39　生成短管

图 12-40　"短管"属性管理器

要在步路装配体中定义短管，可通过以下方式进行操作：

1）执行"工具"→"步路"→"管道设计"→"定义短管"菜单命令，或右击设计树中的线路特征，在弹出的快捷菜单中单击"定义短管"，打开"短管"属性管理器。其中列出了短管及其零部件的名称、颜色和线条样式。

2）在装配体中选择构成短管的草图实体。注意：短管中的所有线段和零部件必须连续，短管中不允许存在间隙，每次也可以只定义一个短管。

3）单击属性管理器中的"相邻零部件"，在装配体中选择短管外部的零部件（这些零部件通常为 T 形接头和弯管，并且将在制造流程中连接到短管）。

4）通过在属性管理器中的零部件和相邻零部件之间拖放实体，添加或删除零部件。

5）单击"确定"按钮。

### 12.7.5　管道工程图

路线的管道设计工程图包括配件、管道、尺寸和材料明细表。要生成管道设计工程图，可单击"管道设计"选项卡中的"管道工程图"按钮 ，弹出图 12-41 所示

图 12-41　"管道工程图"属性管理器

的"管道工程图"属性管理器。

　　利用管道工程图命令可以管理材料明细表中的线路设计零部件，也可以生成仅显示线路设计零部件的材料明细表，还可以逐项列出材料明细表中的所有管道和管筒，或者将相同尺寸的所有管道和管筒作为单一管道项目列出，并列出管道或管筒总长度之和。

　　选择不同组合形式的选项会产生不同的效果。例如：

- 如果选择两个选项，则生成一个仅列出线路设计零部件的材料明细表，并将每个尺寸的管道和管筒组合在一起。
- 如果只选择第一个选项，则生成一个材料明细表，仅列出管道装配件，但是分别列出所有管道、管筒和电线。
- 如果只选择第二个选项，则生成一个材料明细表，其中含有所有装配体中的所有非线路设计零部件，但是将每个直径的管道与管筒组合在一起。

# 第 **13** 章

## 管道与布线设计实例

本章介绍了简单线缆、LED 灯、视频接线、电气管道、分流管路和线路工程图 6 个管道与布线实例的设计思路及设计步骤。通过这些实例，可以使读者能综合运用管道与布线设计工具的各项功能，进一步熟悉设计技巧，完成复杂管道与布线的设计。

学 习 要 点

◎ 简单线缆设计实例
◎ LED 灯设计实例
◎ 视频接线设计实例
◎ 电气管道设计实例
◎ 分流管路设计实例
◎ 线路工程图设计实例

## 13.1　简单线缆设计实例

本例将通过添加接头和连接线，介绍利用 SOLIDWORKS Routing 生成一个简单的电气步路过程。其创建过程如图 13-1 所示。首先打开模型，然后添加两个接头，生成连接线。最后添加线夹并使连接线通过线夹。

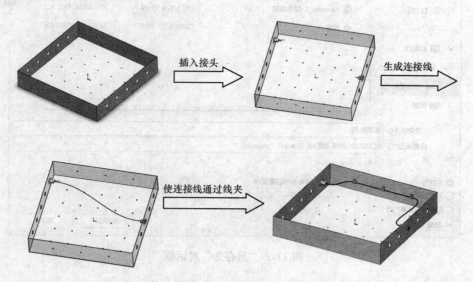

插入接头　　生成连接线

使连接线通过线夹

图 13-1　简单线缆的创建过程

【操作步骤】

**01** 打开 SOLIDWORKS 模型。

❶ 打开"线盒 .sldasm"文件（该文件位于"简单线缆"文件夹内）。打开后的线盒如图 13-2 所示。

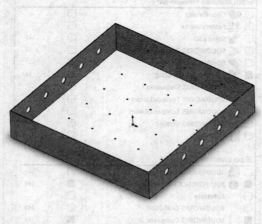

图 13-2　打开线盒

❷ 执行"文件"→"另存为"菜单命令，在弹出的如图 13-3 所示的"另存为"对话框中，输入文件名"简单线缆"，单击"保存"按钮，将文件保存为"简单线缆 .sldasm"。

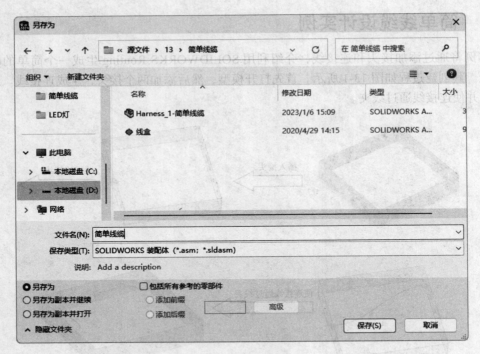

图 13-3 "另存为"对话框

**02** 打开插件并设定 Routing 选项。

❶ 执行"工具"→"插件"菜单命令,打开如图 13-4 所示的"插件"对话框。选中"SOLIDWORKS Routing"插件,启动 SOLIDWORKS Routing 插件。

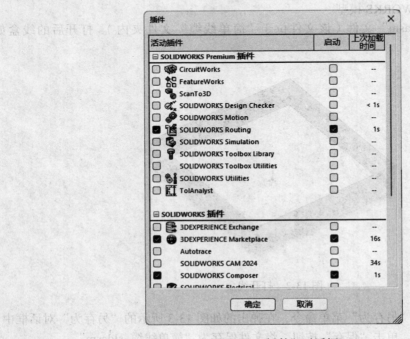

图 13-4 "插件"对话框

❷ 单击"插件"对话框中的"确定"按钮，此时会加载 Routing 插件，同时"Routing"菜单将显示在菜单栏的"工具"栏中。

❸ 执行"工具"→"选项"菜单命令，打开"系统选项 - 普通"对话框。单击对话框左侧的"步路"，对话框将显示为如图 13-5 所示的"系统选项 - 步路"对话框。

❹ 在"系统选项 - 步路"对话框中取消勾选"在线夹落差处自动步路"。这样在插入线夹时将不会自动生成通过线夹的样条曲线。

❺ 单击"确定"按钮，完成系统选项的设置。

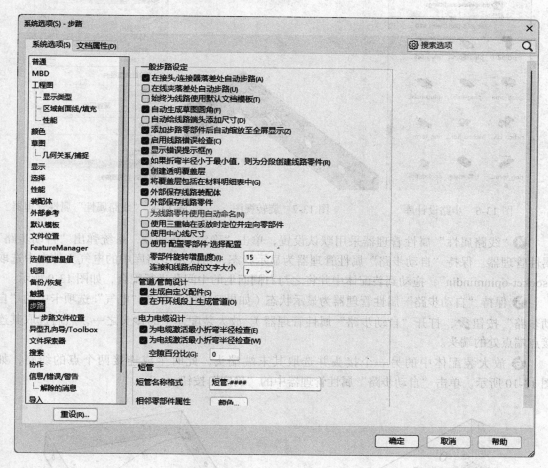

图 13-5　"系统选项 - 步路"对话框

（03）插入接头。

❶ 单击"电气"选项卡中的"通过拖 / 放来开始"按钮 ，此时右侧会弹出设计库，浏览到步路库中的"electrical"电气文件夹，如图 13-6 所示。

❷ 移动并旋转视图到如图 13-7 所示的位置，查看左侧壁中的孔。

❸ 从步路库中的电气文件夹中选取"socket-6pinmindin"（见图 13-6），将接头拖动到装配体中并将之与左侧面上的最右侧孔进行配合，如图 13-7 所示。系统弹出如图 13-8 所示的"线路属性"属性管理器。

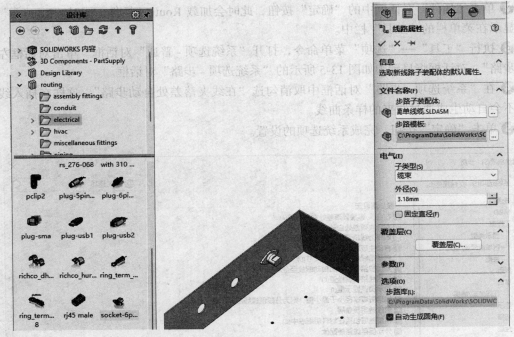

图 13-6　步路设计库　　　　　　图 13-7　旋转视图　　　　图 13-8　"线路属性"属性管理器

❹ "线路属性"属性管理器采用默认设置，单击"确定"按钮✔，系统弹出"自动步路"属性管理器。保持"自动步路"属性管理器为显示状态，再次从步路库中的电气文件夹中选取"socket-6pinmindin"，拖动到装配体中并将之与右侧面上的中间孔进行配合，如图 13-9 所示。

❺ 保持"自动步路"属性管理器为显示状态（如果已关闭，单击"电气"选项卡中的"自动步路"按钮✍，打开"自动步路"属性管理器）。放大装配体中的接头之一，然后选取其连接点端点处的端头。

❻ 放大装配体中的另一个接头并选取其末端端头，此时生成连接两个点的线路，如图 13-10 所示。单击"自动步路"属性管理器中的"确定"按钮✔。

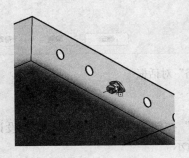

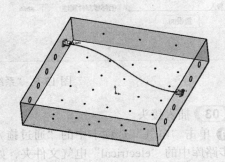

图 13-9　装配接头　　　　　　　　　　　　图 13-10　生成连接线

（04）指定电线和管脚添加连接线。

❶ 单击"电气"选项卡中的"编辑电线"按钮🖉，系统弹出如图 13-11 所示的"编辑电线"属性管理器。

❷ 在"编辑电线"属性管理器中单击"添加电线"按钮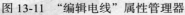，系统弹出"电力库"对话框，如图 13-12 所示。在"选择电线"栏中双击"20g blue"，将"20g blue"添加到"选定的电线"栏。单击"确定"按钮。

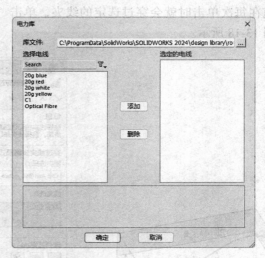

图 13-11　"编辑电线"属性管理器　　　　　图 13-12　"电力库"对话框

❸ 在"编辑电线"属性管理器中单击"选择路径"按钮，然后在绘图区域中选择自动生成的连接线。单击"确定"按钮✔。

❹ 在"从"和"到"选项组的"管脚"下拉列表中选取 1 作为每个塞子的管脚，如图 13-13 所示。单击"确定"按钮✔。

❺ 单击"退出草图"按钮↳，然后单击"编辑零部件"按钮🧦，结果如图 13-14 所示。

**05** 添加线夹。

❶ 从步路库的电气文件夹中选取"90_richco_hurc-4-01-clip"线夹。将线夹拖动到装配体边侧的孔中并将之与孔配合，弹出如图 13-15 所示的"选择配置"对话框。

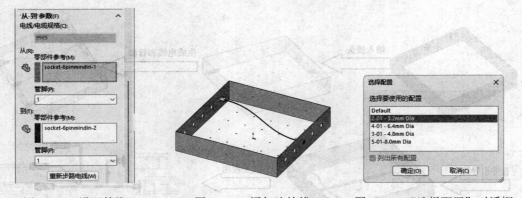

图 13-13　设置管脚　　　　图 13-14　添加连接线　　　　图 13-15　"选择配置"对话框

❷ 选择对话框中的"2-01 - 3.2mm Dia"，单击"确定"按钮。继续添加另外两个线夹，结果如图 13-16 所示。

❸ 右击设计树中的"线缆"选项，在弹出的快捷菜单中选择"编辑线路"选项，执行"工具"→"步路"→"Routing 工具"→"步路/编辑穿过线夹"菜单命令，弹出如图 13-17 所示的"步路/编辑穿过线夹"属性管理器。首先选择连接线，然后依次单击每个线夹。线缆在每次单击时就会穿过选定的线夹，单击"确定"按钮✔，完成简单线缆的编辑，结果如图 13-18 所示。

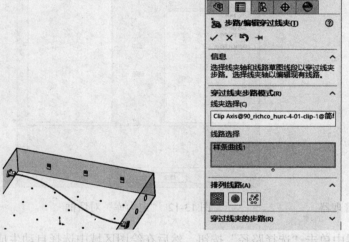

图 13-16　添加线夹　　　图 13-17　"步路/编辑穿过线夹"属性管理器　　　图 13-18　编辑简单线缆

# 13.2　LED 灯设计实例

本例将通过导入 Excel 文件添加线缆，介绍利用 SOLIDWORKS Routing 中的"按'从/到'开始"进行电气步路设计的方法。其创建过程如图 13-19 所示。首先导入 Excel 文件，然后确定接头位置，自动生成线缆，最后生成工程视图。

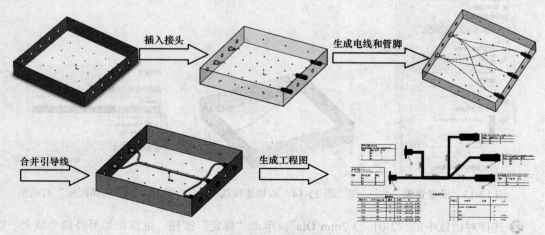

图 13-19　LED 灯的创建过程

**【操作步骤】**

**01** 打开 SOLIDWORKS 模型。

❶ 打开"线盒 .sldasm"文件（该文件位于"LED 灯"文件夹内）。打开后的线盒如图 13-20 所示。

❷ 执行"文件"→"另存为"菜单命令，在弹出的图 13-21 所示的"另存为"对话框中输入文件名"LED 灯"，单击"保存"按钮，将文件保存为"LED 灯 .sldasm"。

图 13-20　打开线盒

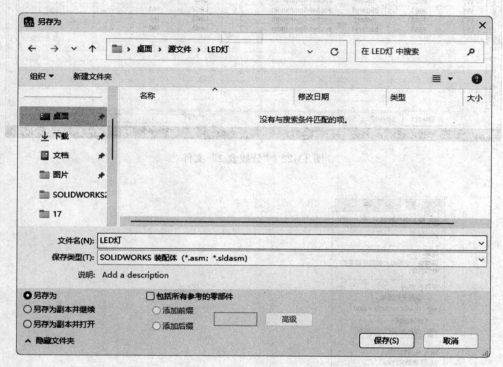

图 13-21　"另存为"对话框

**02** 添加线路。

❶ 打开"LED 灯"文件夹中的"分线盒 2"文件，如图 13-22 所示。其中"Wire"栏为电线名称、"Wire Spec"栏为电线规格、"From Ref"栏为从参考、"partno"栏为从参考的零件号、"From Pin"栏为从管脚、"To Ref"栏为到参考、"partno"栏为到参考的零件号、"To Pin"栏为到管脚、"Color"栏为颜色。

❷ 单击"电气"选项卡中的"按'从 / 到'开始"按钮，弹出如图 13-23 所示的"输入电气数据"属性管理器。

❸ 单击"输入电气数据"属性管理器中的"'从 - 到'清单文件"后的按钮。打开选择文件对话框，浏览到并打开电子资料包中的"分线盒 2"文件。单击"输入电气数据"属性管理器中的"确定"按钮。如果导入 Excel 表格正常，会弹出如图 13-24 所示的放置零部件提示框。

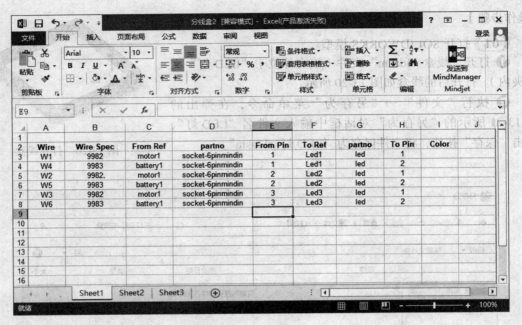

图 13-22 "分线盒 2"文件

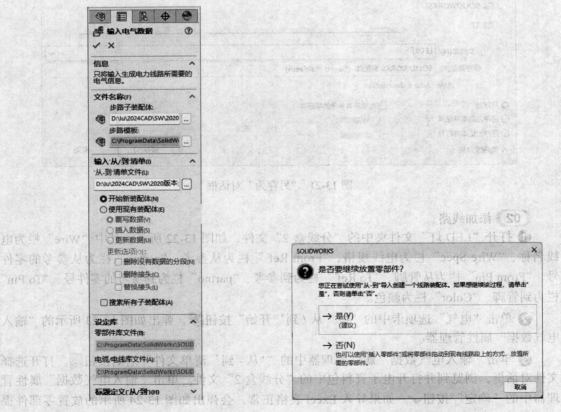

图 13-23 "输入电气数据"属性管理器　　　　图 13-24 放置零部件提示框

❹ 单击提示框中的"是",系统弹出如图 13-25 所示的"插入零部件"属性管理器,同时光标指针变成第一个线路接头"battery1"的预览。滚动鼠标中键将分线盒的左侧壁放大,然后将"battery1"移动到从上往下数第二个孔的位置,当光标指针右侧变为只能配合图标时,单击将"battery1"放入到模型中,如图 13-26 所示。

图 13-25　"插入零部件"属性管理器

图 13-26　放入"battery1"线路接头

❺ 当"battery1"插入到模型后,"插入零部件"缩略图中显示为"led1",同时光标指针变成线路接头"led1"的预览。将"led1"与模型右侧第一个孔配合。采用同样的方式放置其余几个接头,放置的位置如图 13-27 所示。全部放置完成后会弹出"提示"对话框,单击"确定"按钮开始设计线路,此时系统弹出如图 13-28 所示的"线路属性"属性管理器。

❻ 单击"确定"✔按钮,采用"线路属性"属性管理器的默认设置。系统弹出如图 13-29 所示的"自动步路"属性管理器,在绘图区域中显示出在 Excel 文件中所定义的线路的预览图,如图 13-30 所示。

❼ 勾选"自动步路"属性管理器"步路模式"选项组中的"引导线"选项,在绘图区域中依次选择 6 条线路,在"引导线操作"选项组中选择"将电线合并 / 收敛到单个线路中",如图 13-31 所示。单击"确定"按钮✔,完成线路的添加,如图 13-32 所示。然后单击"退出草图"按钮✔和"编辑零部件"按钮✔。

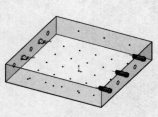

图 13-27 接头位置　　图 13-28 "线路属性"属性管理器　图 13-29 "自动步路"属性管理器 1

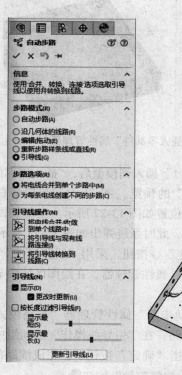

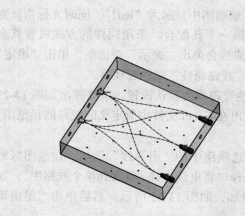

图 13-30 线路预览　　　　　　　图 13-31 "自动步路"属性管理器 2

**03** 平展线路。

❶ 单击"电气"选项卡中的"平展线路"
按钮 ，系统弹出"平展线路"属性管理器，
如图 13-33 所示。

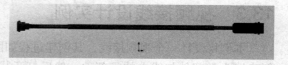

图 13-32　线路装配体

❷ 在图 13-33 所示的"平展线路"属性管
理器中选择"平展类型"为"注解"，在"接头"中选取"显示 3D 接头"选项，展开并选取
"工程图选项"，选择其中的"电气材料明细表""切割清单""接头表格"等选项如图 13-33 所
示。单击"确定"按钮 ，完成平展线路的设置。设计完成的线路工程图如图 13-34 所示。单
击"保存"按钮保存文件。

图 13-33　"平展线路"属性管理器

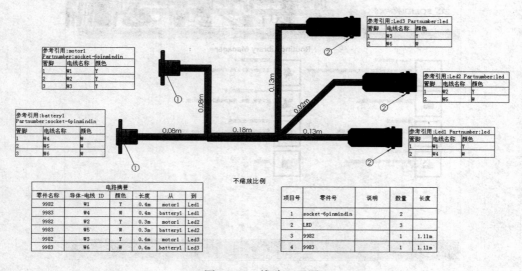

图 13-34　线路工程图

## 13.3 视频接线设计实例

本例将设计一个视频接线，其创建过程如图 13-35 所示。首先通过 Routing Library Manager 创建接头零部件与线夹的零部件，然后打开装配体文件，将接头和线夹分别插入到装配体中，生成步路装配体，然后生成线路，最后导入线夹并使线缆通过线夹。

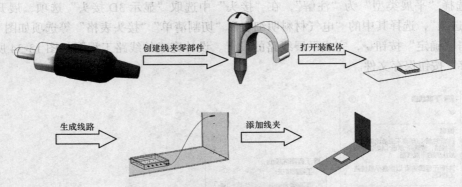

图 13-35　视频接线的创建过程

【操作步骤】

**01** 创建接头零部件。

❶ 打开"Vedio_Male.SLDPRT"文件（该文件位于"视频接线"文件夹内）。Vedio_Male 零件如图 13-36 所示。

❷ 执 行 "工 具" → "步 路" → "Routing 工具" → "Routing Library Manager" 菜 单 命 令，打 开 如图 13-37 所示的 "Routing Library Manager" 对话框。

图 13-36　Vedio_Male 零件

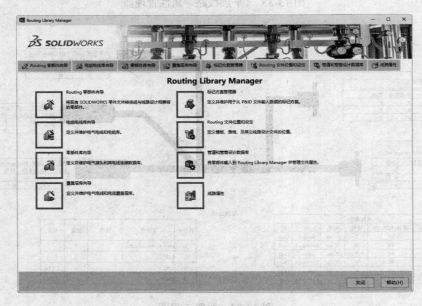

图 13-37　"Routing Library Manager" 对话框

❸ 选择"Routing Library Manager"对话框中的"Routing 零部件向导"选项卡,在"线路和零部件类型"页面中选择"线路类型"为"电气",选择"零部件类型"为"接头",如图 13-38 所示。单击"下一步"按钮。

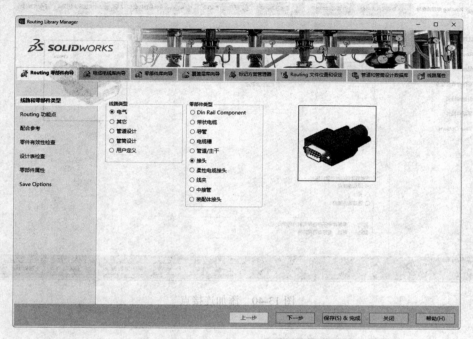

图 13-38 选择线路类型和零部件类型

❹ 此时"Routing Library Manager"对话框中显示出"Routing 功能点"页面。首先单击"添加"按钮,返回到 SOLIDWORKS Routing 界面并打开"连接点"属性管理器,然后单击前视基准面及原点,输入"线路直径"为 3mm、"端头长度"为 10mm,如图 13-39 所示。单击"连接点"属性管理器中的"确定"按钮✔,返回到"Routing Library Manager"对话框,选择"在放置零部件时创建线路"为"添加连接点",如图 13-40 所示。单击"下一步"按钮。

❺ 此时"Routing Library Manager"对话框中显示出"配合参考"页面。首先单击"添加"按钮,返回到 SOLIDWORKS Routing 界面并打开"配合参考"属性管理器,然后选择图 13-41 所示的圆边线,在配合关系中选择"反向对齐"。单击"配合参考"页面中的"确定"按钮✔,返回到"Routing Library Manager"对话框"配合参考"页面。如图 13-42 所示。单击"下一步"按钮。

图 13-39 "连接点"属性管理器

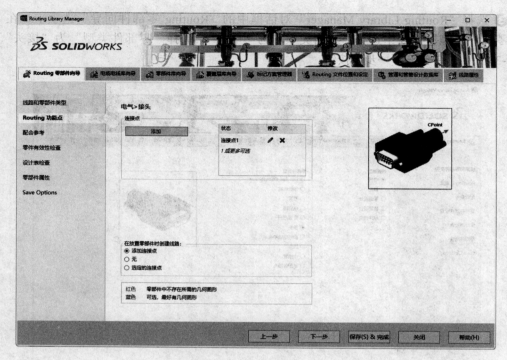

图 13-40  添加连接点

图 13-41  "配合参考"属性管理器

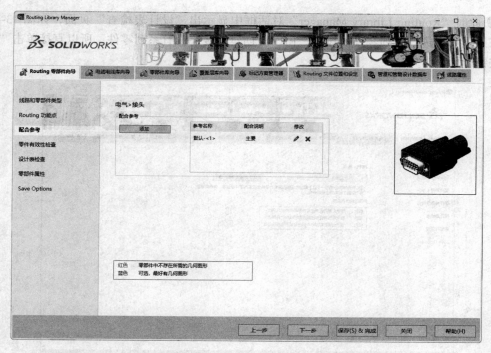

图 13-42　"配合参考"页面

❻ 此时 "Routing Library Manager" 对话框中显示出 "零件有效性检查" 页面，如无错误会如图 13-43 所示。单击 "下一步" 按钮。

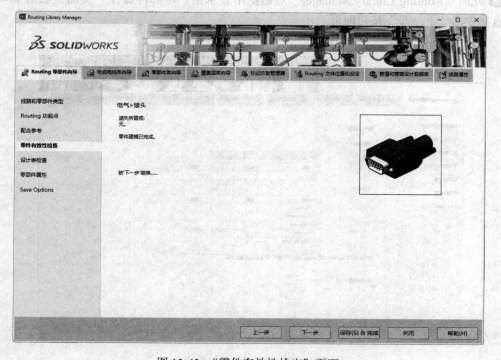

图 13-43　"零件有效性检查"页面

❼ 此时 "Routing Library Manager" 对话框中显示出 "设计表检查" 页面，如图 13-44 所示。在这里可以进行系列零件的设计。由于所创建的接头没有系列零件，所以直接单击 "下一步" 按钮即可。

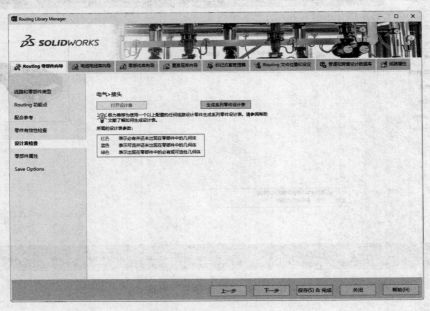

图 13-44 "设计表检查" 页面

❽ 此时 "Routing Library Manager" 对话框中显示出 "零部件属性" 页面，如图 13-45 所示。直接单击 "下一步" 按钮即可。

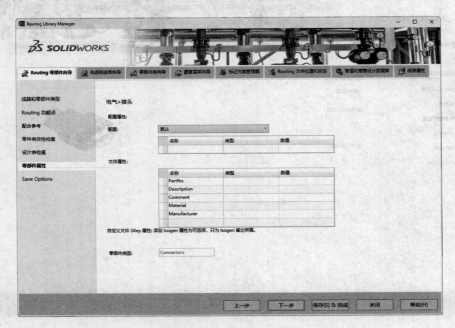

图 13-45 "零部件属性" 页面

❾ 此时"Routing Library Manager"对话框中显示出"Save Options"页面，如图 13-46 所示。输入"零部件名称"为"Vedio_Male"，采用默认的库文件位置，单击"完成"按钮。在弹出的两个对话框中分别单击"是"和"确定"按钮，在设计库中的"electrical"（电气）文件夹中将出现 Vedio_Male 的缩略图，如图 13-47 所示。

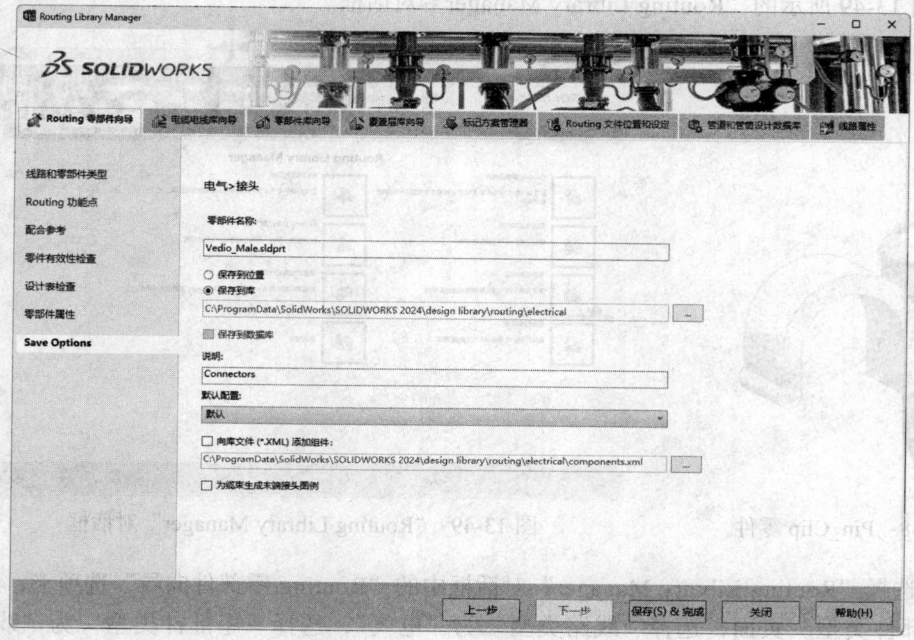

图 13-46　"Save Options"页面

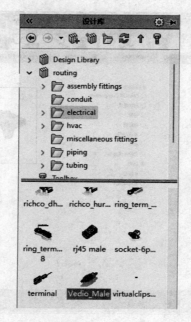

图 13-47　设计库

**02** 创建线夹零部件。

❶ 打开零件 "Pin_Clip.sldprt" 文件（该文件位于"视频接线"文件夹内），Pin_Clip 零件如图 13-48 所示。

❷ 执行"工具"→"步路"→"Routing 工具"→"Routing Library Manager"菜单命令，打开如图 13-49 所示的"Routing Library Manager"对话框。

图 13-48 Pin_Clip 零件

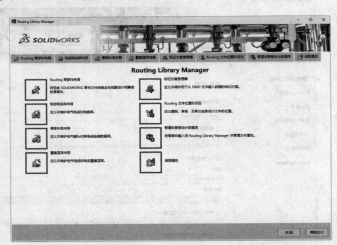

图 13-49 "Routing Library Manager"对话框

❸ 选择"Routing Library Manager"对话框中的"Routing 零部件向导"选项卡，弹出"线路和零部件类型"页面，选择"线路类型"为"电气"，选择"零部件类型"为"线夹"，如图 13-50 所示。单击"下一步"按钮。

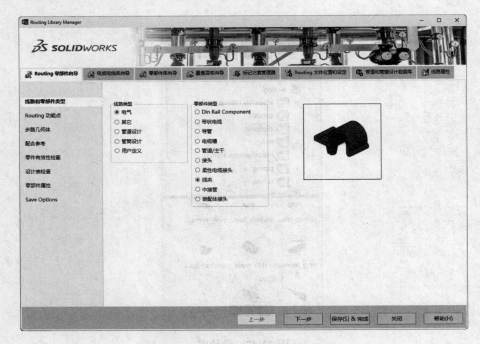

图 13-50 选择线路和零部件类型

❹ 此时"Routing Library Manager"对话框中显示出"Routing 功能点"页面。首先单击"添加"按钮，返回到 SOLIDWORKS Routing 界面并打开"线路点"属性管理器，然后选择如图 13-51 所示的点，单击"线路点"属性管理器中的"确定"按钮✔。单击"添加"按钮，再次添加一个步路点，结果如图 13-52 中的预览图所示。单击"下一步"按钮。

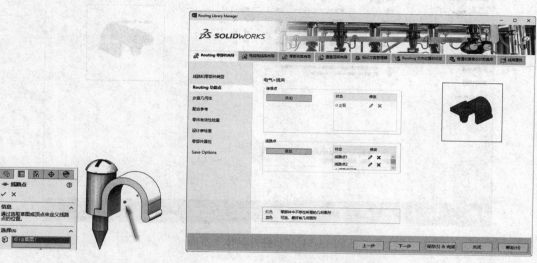

图 13-51　"线路点"属性管理器　　　　　　　　　　图 13-52　预览图

❺ 此时"Routing Library Manager"对话框中显示出"步路几何体"页面，单击线夹轴后的"添加"按钮，在弹出的对话框中单击"新建"按钮，返回到 SOLIDWORKS Routing 界面并打开"基准轴"属性管理器。然后按住 Ctrl 键选择线路点 1 和线路点 2（见图 13-53 左图），单击"基准轴"属性管理器中的"确定"按钮✔，创建线夹基准轴。返回到"步路几何体"页面，单击旋转轴后的"添加"按钮，然后选择竖直的圆柱面（见图 13-53 右图），单击"基准轴"属性管理器中的"确定"按钮✔，返回到"步路几何体"页面，如图 13-54 所示。单击"下一步"按钮。

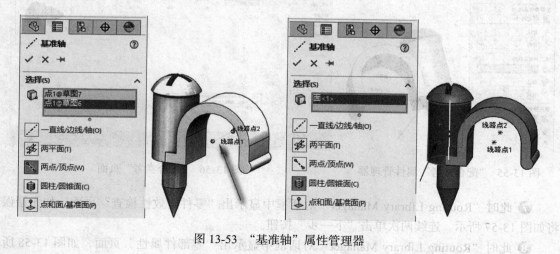

图 13-53　"基准轴"属性管理器

299

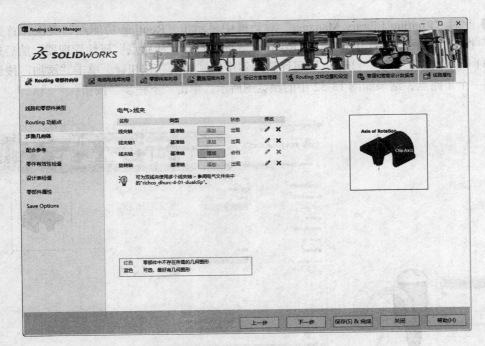

图 13-54 "步路几何体"页面

❻ 此时"Routing Library Manager"对话框中显示出"配合参考"页面。首先单击"添加"按钮，返回到 SOLIDWORKS Routing 界面并打开"配合参考"属性管理器，然后选择如图 13-55 所示的圆边线，在配合关系中选择"反向对齐"。单击"配合参考"属性管理器中的"确定"按钮，返回到"配合参考"页面，如图 13-56 所示。单击"下一步"按钮。

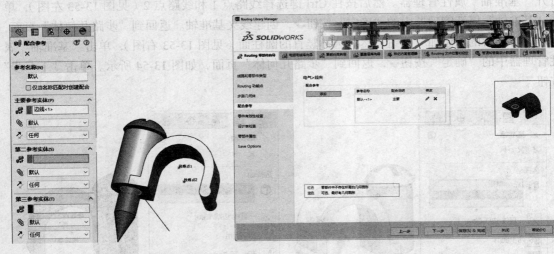

图 13-55 "配合参考"属性管理器　　　　　　图 13-56 "配合参考"页面

❼ 此时"Routing Library Manager"对话框中显示出"零件有效性检查"页面，如无错误将如图 13-57 所示。连续两次单击"下一步"按钮。

❽ 此时"Routing Library Manager"对话框中显示出"零部件属性"页面，如图 13-58 所

示。在这里可以进行系列零件的设计。单击"下一步"按钮。

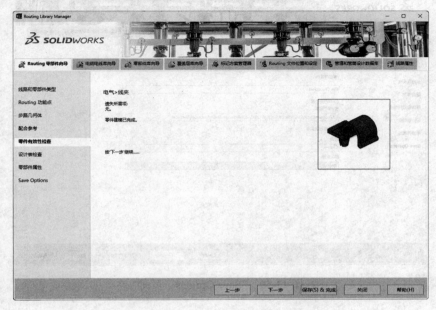

图 13-57　"零件有效性检查"页面

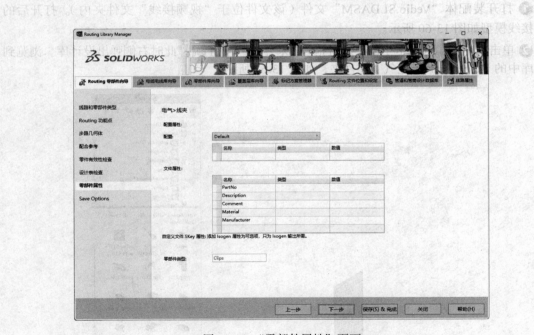

图 13-58　"零部件属性"页面

❾ 此时"Routing Library Manager"对话框中显示出"Save Options"页面，如图 13-59 所示。输入"零部件名称"为"Pin_Clipsldprt"，采用默认的库文件位置，单击"完成"按钮，在弹出的两个对话框中分别单击"是"和"确定"按钮。

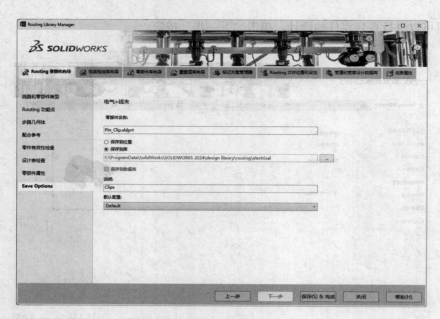

图 13-59 "Save Options" 页面

**03** 生成线路。

❶ 打开装配体 "Vedio.SLDASM" 文件（该文件位于 "视频接线" 文件夹内）。打开后的视频接线模型如图 13-60 所示。

❷ 单击 "电气" 选项卡中的 "通过拖/放来开始" 按钮，此时右侧弹出设计库。浏览到设计库中的 "electrical"（电气）文件夹，如图 13-61 所示。

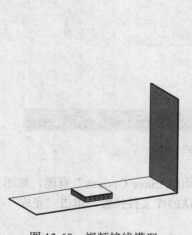

图 13-60 视频接线模型

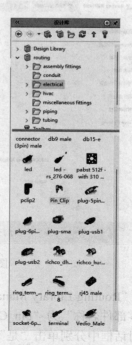

图 13-61 设计库

❸ 如图 13-62 所示放大视图，查看左侧壁中的孔。

❹ 从设计库中的电气文件夹中选取 "Vedio_Male"（见图 13-61），将接头拖动到装配体中并将之与最右侧孔进行配合，如图 13-63 所示。系统弹出如图 13-64 所示的 "线路属性" 属性管理器。

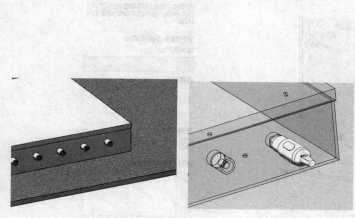

　　图 13-62　放大视图　　　　　图 13-63　装配接头　　　图 13-64　"线路属性" 属性管理器

❺ "线路属性" 属性管理器采用默认设置，单击 "确定" 按钮 ✔，系统弹出 "自动步路" 属性管理器。保持 "自动步路" 属性管理器为显示状态，再次从设计库中的电气文件夹中选取 "Vedio_Male"，拖动到装配体中并将之与右侧墙面上的孔进行配合，如图 13-65 所示。

❻ 保持 "自动步路" 属性管理器为显示状态，放大装配体中的接头之一，然后选取其连接点端点处的端头。

❼ 放大装配体中的另一个接头并选取其末端端头。此时生成连接两个点的线路，如图 13-66 所示。单击 "自动步路" 属性管理器中的 "确定" 按钮 ✔。

(04) 添加线夹。

❶ 从设计库的电气文件夹选取线夹。将线夹拖动到装配体底面左侧的孔中并将之与孔配合，如图 13-67 所示。继续添加另外 9 个线夹，结果如图 13-68 所示。

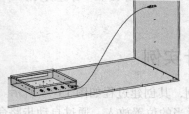

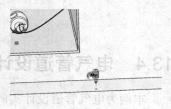

　　图 13-65　装配接头　　　　　图 13-66　生成连接线　　　　图 13-67　添加线夹

❷ 旋转线夹。单击"Routing 工具"工具栏中的"旋转线夹"按钮🎐，弹出"零部件旋转 / 对齐"属性管理器。首先选择线夹，然后输入旋转的角度，将 1～4 线夹旋转 90°、5～7 线夹旋转 180°、8～10 线夹旋转 −90°。

❸ 执行"工具"→"步路"→"Routing 工具"→"步路 / 编辑穿过线夹"菜单命令，弹出如图 13-69 所示的"步路 / 编辑穿过线夹"属性管理器。首先选择线缆，然后依次单击每个线夹，线缆在每次单击时就会穿过选定的线夹，单击"确定"按钮✔，结果如图 13-70 所示。

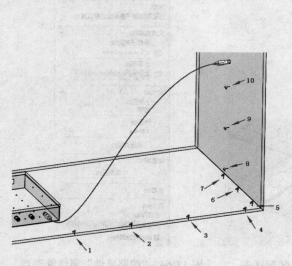

图 13-68　添加其他线夹

图 13-69　"步路 / 编辑穿过线夹"属性管理器

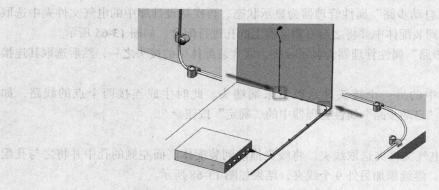

图 13-70　穿过线夹

# 13.4　电气管道设计实例

本例为电气管道设计实例，其创建过程如图 13-71 所示。首先打开模型文件，然后在设计库中找到接头零件，拖入到适当的位置放入，通过自动步路命令生成线路。因为管道暴露在室外，所以弯头采用 pvc conduit--pull-elbow-90deg。在将弯头放置在线路的拐角处时，SOLID-

WORKS Routing 会自动寻找合适的位置。

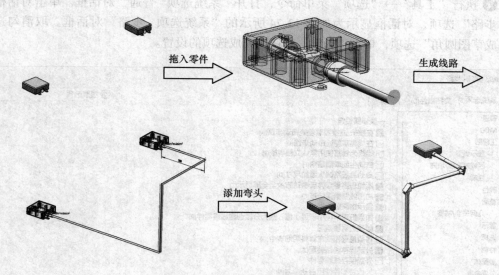

拖入零件　　　　　生成线路

添加弯头

图 13-71　电气管道的创建过程

【操作步骤】

(01) 打开 SOLIDWORKS 模型。

❶ 打开"管线 .sldasm"文件（该文件位于"电气管道"文件夹内）。打开后的图形如图 13-72 所示。

❷ 执行"文件"→"另存为"菜单命令，在弹出的如图 13-73 所示的"另存为"对话框中输入文件名"电气管道"，单击"保存"按钮，将文件保存为"电气管道 .sldasm"。

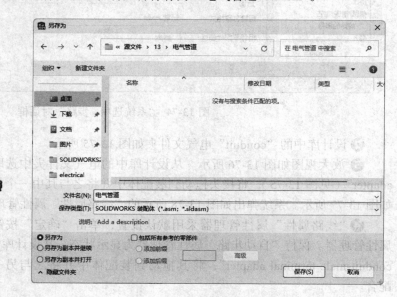

图 13-72　打开图形　　　　　图 13-73　"另存为"对话框

**02** 添加接头。

❶ 执行"工具"→"选项"菜单命令，打开"系统选项 - 普通"对话框。单击对话框左侧的"步路"选项，对话框显示为如图 13-74 所示的"系统选项 - 步路"对话框。取消勾选"自动生成草图圆角"选项，单击"确定"按钮，完成选项的设置。

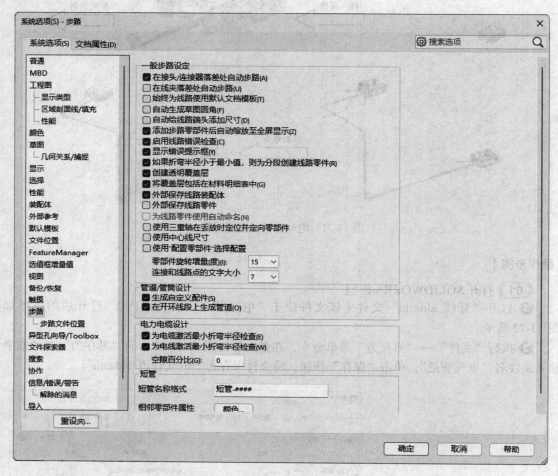

图 13-74 "系统选项 - 步路"对话框

❷ 设计库中的"conduit"电气文件夹如图 13-75 所示。

❸ 放大视图如图 13-76 所示。从设计库中的电气文件夹中选取"pvc conduit-male terminal adapter"（见图 13-75），将接头拖动到装配体中并将之与其中一个接线盒的最右侧孔进行配合，如图 13-77 所示。系统弹出如图 13-78 所示的"线路属性"属性管理器。

❹ "线路属性"属性管理器采用默认设置，单击"确定"按钮✔，系统弹出"自动步路"属性管理器。保持"自动步路"属性管理器为显示状态，从设计库中的电气文件夹中选取"pvc conduit-male terminal adapter"，将其拖动到装配体中并将之与另一个接线盒的最右侧孔进行配合。

❺ 保持"自动步路"属性管理器为显示状态，单击"自动步路"属性管理器中的"确定"按钮✔。

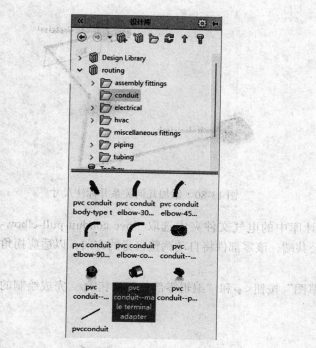

图 13-75　设计库

图 13-76　放大视图

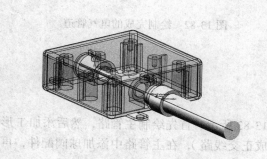

图 13-77　将接头与最右侧孔配合

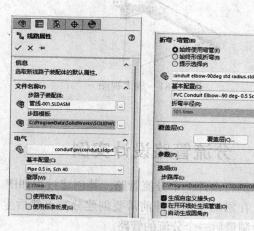

图 13-78　"线路属性"属性管理器

**03** 绘制管线及添加弯头。

❶ 放大装配体中的接头之一，单击"草图"选项卡中的"直线"按钮 ✏ ，选取其连接点端点处的端头绘制向外延伸的三维线，再按 Tab 键切换坐标系，绘制 Y 方向竖直线，直到连接到另一个端点。绘制完成的连接线如图 13-79 所示。为连接线添加共线、垂直的几何关系，并标注尺寸，如图 13-80 所示。

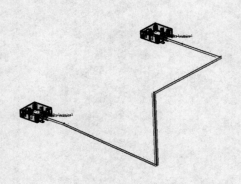

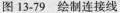

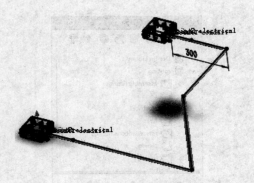

图 13-79　绘制连接线　　　　　　图 13-80　添加几何关系并标注尺寸

❷ 放大视图如图 13-81 所示。从设计库中的电气文件夹中选取"pvc conduit-pull-elbow-90deg"，将弯头拖动到如图 13-81 所示的公共端，该零部件将自动调整自身的方向，以适应拐角位置。

❸ 添加另外两个弯头。单击"退出草图"按钮 和"编辑零部件"按钮 。完成绘制的电气管道如图 13-82 所示。

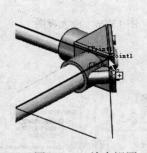

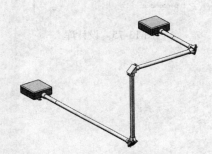

图 13-81　放大视图　　　　　　　图 13-82　绘制完成的电气管道

## 13.5　分流管路设计实例

本例将设计一个分流管路，其创建过程如图 13-83 所示。首先绘制主管路，然后添加 T 形配件（在添加 T 形配件前需要创建分割点然后生成正交线路），在主管路中添加球阀配件，再手工绘制最后一个分流的管路。

【操作步骤】

01 打开 SOLIDWORKS 模型。

❶ 打开"分流管路 .sldasm"文件（该文件位于"分流管路"文件夹内），打开后的图形如图 13-84 所示。

❷ 执行"工具"→"选项"菜单命令，打开"系统选项 - 普通"对话框，单击对话框左侧的"装配体"，对话框显示为如图 13-85 所示的"系统选项 - 装配体"对话框。

❸ 在"系统选项 - 装配体"对话框中取消勾选"将新零部件保存到外部文件"复选框，单

击 "确定" 按钮，完成系统选项的设置。

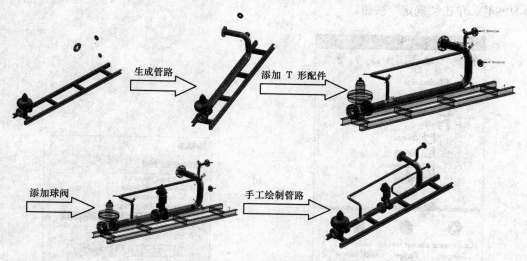

图 13-83　分流管路的创建过程

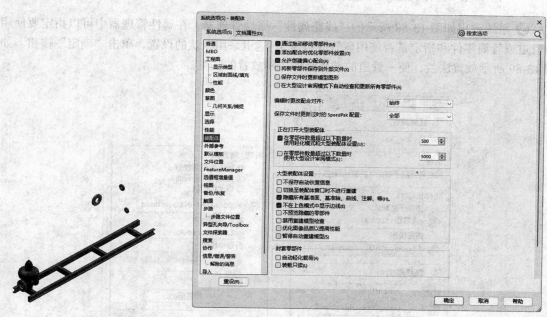

图 13-84　打开图形　　　　　图 13-85　"系统选项 - 装配体"对话框

**02** 开始绘制线路。

❶ 单击 "管道设计" 选项卡中的 "通过拖 / 放来开始" 按钮，右侧弹出设计库，打开 "piping"（管道设计）文件夹。

❷ 在设计库中选择 "flanges"（法兰）文件夹，如图 13-86 所示。

❸ 将 "slip on weld flange.sldprt" 从设计库中拖到调节器上的法兰面上，在法兰捕捉到位时将之丢放。

❹ 系统弹出如图 13-87 所示的 "选择配置" 对话框, 在该对话框中选取 "Slip On Flange 150-NPS4", 单击 "确定" 按钮。

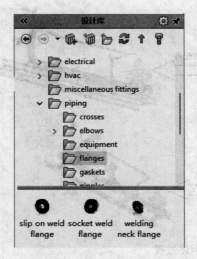

图 13-86　选择 "flanges" 文件夹　　　　　图 13-87　 "选择配置" 对话框

❺ 系统弹出如图 13-88 所示的 "线路属性" 属性管理器 (在属性管理器中可以指定要使用的管道或管筒零件和指定是否使用弯管或折弯), 这里采用默认的设置, 单击 "确定" 按钮。如图 13-89 所示放置法兰, 使一管道的端头延伸出刚放置的法兰。

图 13-88　 "线路属性" 属性管理器

**03** 生成线路。

❶ 拖动端头的端点，如图 13-90 所示增加管道长度。

❷ 将视图切换到右端三个独立法兰最左边的一个大法兰上。在视图菜单上确定步路点已被选取，隐藏所有类型已被取消。

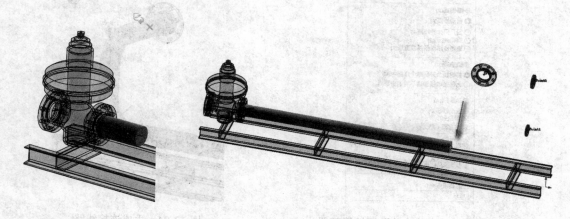

图 13-89　放置法兰　　　　　　　　　　图 13-90　增加管道长度

❸ 将光标指针移到法兰中央的连接点 ( 连接点 1) 上。光标指针变成 形状，如图 13-91 所示。此时连接点高亮显示。

❹ 右击 "CPoint1"（连接点 1），在弹出的快捷菜单中选取 "添加到线路"。管道的端头延伸出法兰，如图 13-92 所示。

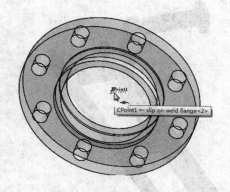

图 13-91　选择连接点　　　　　　　　　图 13-92　管道的端头延伸出法兰

❺ 单击 "管道设计" 选项卡中的 "自动步路" 命令，打开如图 13-93 所示的 "自动步路" 属性管理器。分别选中管道两个突出的端点，自动生成连接两个点的线路，如图 13-94 所示。单击 "自动步路" 属性管理器中的 "确定" 按钮 。单击 "退出草图" 按钮 ，生成管道线段零部件。

❻ 在 FeatureManager 设计树中展开 "Pipe_1- 分流管路"，展开的设计树及创建完成的管道如图 13-95 所示。三个管道零部件是在退出草图时所生成的零部件 "4inSchedule40Pipe_1- 分流管路" 的配置，线路子装配体（法兰和两个弯管）的其他零部件是步路库零件。

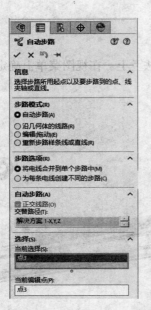

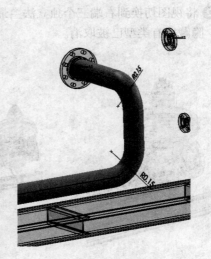

图 13-93　"自动步路"属性管理器　　　　　图 13-94　生成连接线路

图 13-95　FeatureManager 设计树及创建的管道

**04** 添加 T 形配件。

❶ 单击"管道设计"选项卡中的"编辑线路"命令，打开 3D 线路草图。

❷ 进入到 3D 线路草图，单击"管道设计"选项卡中的"分割线路"命令，单击图 13-96 中箭头所指位置，在管道的中心线上添加分割点。然后分割完成后按 Esc 键关闭分割线路工具。

❸ 在设计库中的上窗格中单击"tees"（T 形），在下窗格中显示出其内容，如图 13-97 所示。

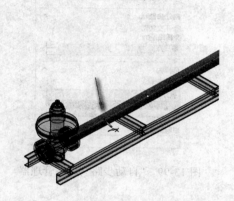

图 13-96　添加分割点

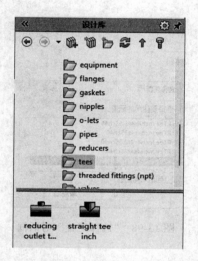

图 13-97　设计库

❹ 从设计库中拖动（但不要丢放）"reducing outlet tee inch"到分割点（此时可按 Tab 键旋转 T 形配件），在配件调整好位置后将之丢放。

❺ 在弹出的如图 13-98 所示的"选择配置"对话框中选取"RTee Inch4×4× 1.5Sch40"，单击"确定"按钮，将 T 形配件添加到线路中，有管道的一个端头从分割点处延伸。添加完成后，按 Esc 键退出。

❻ 放大右端上方法兰。将光标指针移到法兰中央的连接点 ( 连接点 1) 上。此时光标指针变成 形状，连接点高亮显示。在 CPoint1（连接点 1）上右击，然后在弹出的快捷菜单中选取"添加到线路"。将管道的端头从法兰向外延伸。

❼ 单击"Routing 工具"工具栏中的"自动步路"按钮，弹出"自动步路"属性管理器，如图 13-99 所示。在"当前选择"中选取两个端头的端点（一个在 T 形配件，另一个在法兰处），生成两个点之间的正交线路。由于本例采用的不是软管线路，故正交线路可在"自动步路"属性管理器中自动选取。

❽ 在属性管理器"自动步路"的"交替路径"中选择解决方案，如图 13-99 所示，直到生成的正交线路图 13-100 所示，单击"确定"按钮。单击"退出草图"按钮 退出草图，从 T 形配件到法兰生成正交线路。

❾ 在设计树中，新 T 形管和 4 个弯管出现在"零部件"文件夹中，新管道零件出现在"线路零件"文件夹中。此时的设计树如图 13-101 所示。

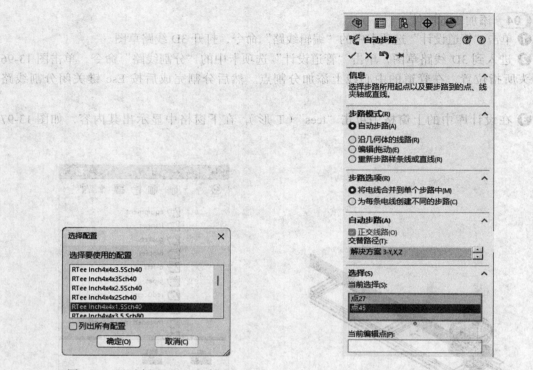

图 13-98 "选择配置"对话框

图 13-99 "自动步路"属性管理器

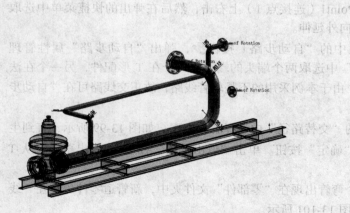

图 13-100 正交线路

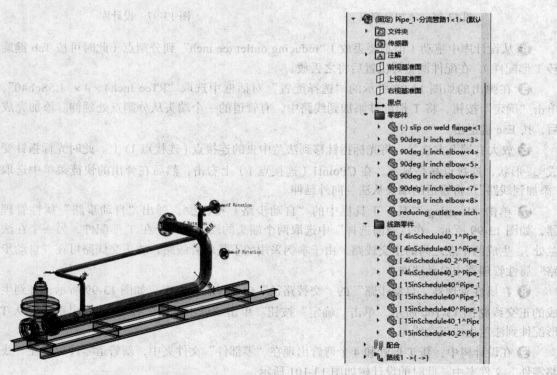

图 13-101 设计树

**05** 添加球阀装配体。

❶ 单击"管道设计"选项卡中的"编辑线路"命令，打开 3D 线路草图。

❷ 进入到 3D 线路草图后，单击"管道设计"选项卡中的"分割线路"命令，单击图 13-102 中箭头所指的位置，在管道的中心线添加分割点。分割完成后按 Esc 键，关闭分割线路工具。

❸ 在刚创建的分割点上右击，弹出如图 13-103 所示的快捷菜单，选择其中的"添加配件"命令，弹出"打开"对话框，选择源文件中的球阀装配体，如图 13-104 所示。单击"打开"按钮，球阀的预览图形显示在绘图区域。

❹ 按 Tab 键，将球阀切换到如图 13-105 所示的方向上单击，确定添加。

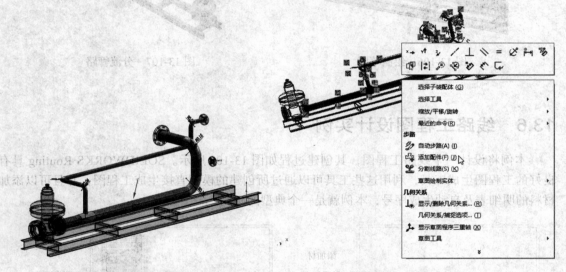

图 13-102　添加分割点　　　　　　　　　　　图 13-103　快捷菜单

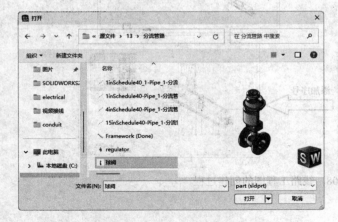

图 13-104　"打开"对话框

图 13-105　添加球阀

**06** 手工绘制线路。

❶ 在绘图区域放大右端的下方法兰。将光标指针移到法兰中央的连接点（连接点 1）上，右

击 "CPoint1"（连接点 1），然后在弹出的快捷菜单中选取 "添加到线路"。

❷ 单击 "草图" 选项卡中的 "直线" 按钮，如图 13-106 所示绘制草图，然后为直线添加几何关系，并绘制圆角。

❸ 按 Esc 键关闭草图的绘制。绘制完成的分流管路如图 13-107 所示。

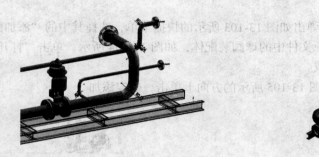

图 13-106　绘制草图

图 13-107　分流管路

# 13.6　线路工程图设计实例

本例将设计一个线路工程图，其创建过程如图 13-108 所示。SOLIDWORKS Routing 具有良好的工程图生成工具，利用这些工具可以通过所创建的模型直接生成工程图，并且可以添加材料的明细表及自动生成序号，本例就是一个典型的实例。

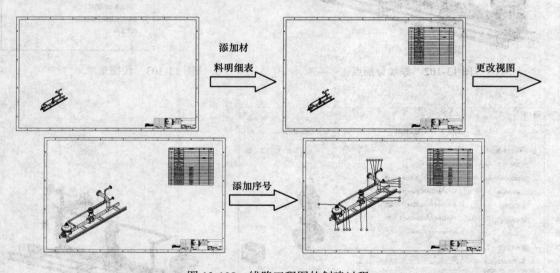

图 13-108　线路工程图的创建过程

【操作步骤】

(01) 打开 SOLIDWORKS 模型。

❶ 打开 13.5 节中完成的分流管路装配体，也可以浏览并打开电子资料包中相应的 "分流管路 .sldasm" 文件。

❷ 执行"文件"→"从装配体制做工程图"菜单命令，系统弹出如图 13-109 所示的消息提示框，单击"确定"按钮。

❸ 打开如图 13-110 所示的"图纸格式 / 大小"对话框。

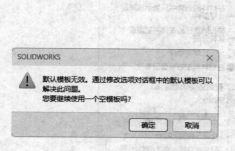

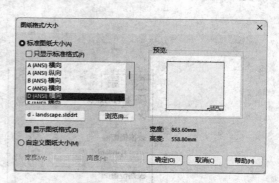

图 13-109　消息提示框　　　　　　　　图 13-110　"图纸格式 / 大小"对话框

❹ 在对话框中选择"标准图纸大小"，然后在其列表中选取"D（ANSI）横向"，单击"确定"按钮，打开一新工程图，单击"工程图"选项卡中的"模型视图"按钮，弹出"模型视图"属性管理器。

❺ 在"模型视图"属性管理器中，在要插入的零件 / 装配体中选取"分流管路"装配体，然后单击"下一步"按钮。在"方向"中为标准视图选择"等轴测"，在"尺寸类型"中选择"真实"，在图形区域中单击，放置如图 13-111 所示的视图。然后单击"确定"按钮。

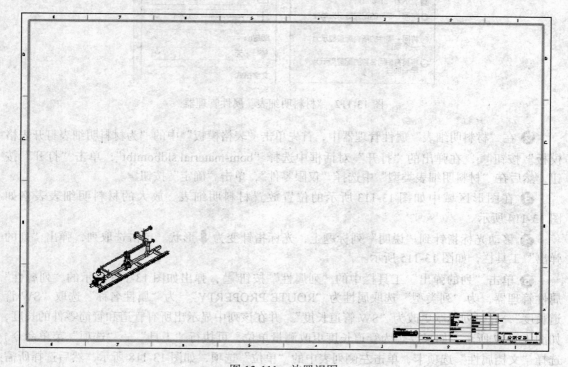

图 13-111　放置视图

**02** 添加材料明细表。

❶ 单击"注解"选项卡中的"表格"下拉列表中的"材料明细表"按钮🔢，然后选择刚建立的视图，此时"材料明细表"属性管理器如图 13-112 所示。

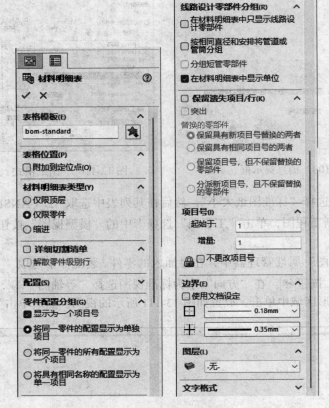

图 13-112 "材料明细表"属性管理器

❷ 在"材料明细表"属性管理器中，首先单击"表格模板"中的"为材料明细表打开表格模板"按钮🗂，在弹出的"打开"对话框中选择"bom-material.sldbomtbt"，单击"打开"按钮，然后在"材料明细表类型"中选择"仅限零件"，单击"确定"按钮✔。

❸ 在图形区域中如图 13-113 所示的位置放置材料明细表。放大的材料明细表表格如图 13-114 所示。

❹ 移动光标指针到"说明"列标题上，光标指针变为⬇形状。单击选取列，弹出"列的弹出"工具栏，如图 13-115 所示。

❺ 单击"列的弹出"工具栏中的"列属性"按钮🗔，弹出如图 13-116 所示的"列属性"属性管理器，为"列类型"选取属性为"ROUTE PROPERTY"，为"属性名称"选取"SW 管道长度"，此时列标题更改为"SW 管道长度"，并在该列中显示出所有管道和管筒零件的长度，如图 13-117 所示。如果要想为管道长度更改测量单位，可执行"工具"→"选项"菜单命令。选择"文档属性"选项卡，单击左侧列表中的"单位"选项，如图 13-118 所示，然后选择所需要的测量单位。

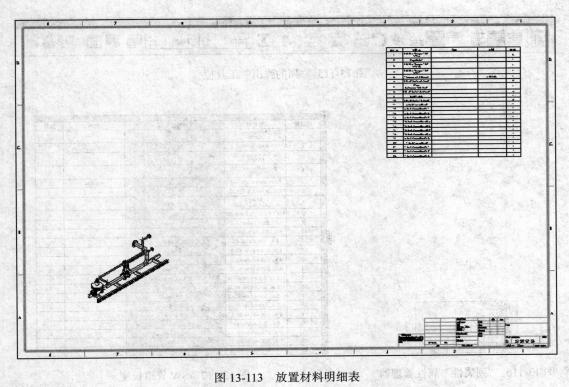

图 13-113　放置材料明细表

| 项目号 | 零件号 | 说明 | 材料 | 数量 |
|---|---|---|---|---|
| 1 | Slip On Flange 150-NPS4 | | | 3 |
| 2 | Regulator | | | 1 |
| 3 | Slip On Flange 150-NPS1.5 | | | 1 |
| 4 | Slip On Flange 150-NPS1 | | | 1 |
| 5 | Framework (Done) | | AISI 304 | 1 |
| 6 | 90L LR Inch 4 Sch40 | | | 2 |
| 7 | RTee Inch4x4x1.5Sch40 | | | 1 |
| 8 | 90L LR Inch 1.5 Sch40 | | | 4 |
| 9 | Ball Valve | | | 1 |
| 10 | 90L LR Inch 1 Sch40 | | | 2 |
| 11 | 4 in, Schedule 40 | | | 1 |
| 12 | 4 in, Schedule 40, 1 | | | 1 |
| 13 | 4 in, Schedule 40, 3 | | | 1 |
| 14 | 4 in, Schedule 40, 2 | | | 1 |
| 15 | 1.5 in, Schedule 40, 4 | | | 1 |
| 16 | 1.5 in, Schedule 40, 5 | | | 1 |
| 17 | 1.5 in, Schedule 40, 2 | | | 1 |
| 18 | 1.5 in, Schedule 40, 6 | | | 1 |
| 19 | 4 in, Schedule 40, 5 | | | 1 |
| 20 | 1 in, Schedule 40 | | | 1 |
| 21 | 1 in, Schedule 40, 1 | | | 1 |
| 22 | 1 in, Schedule 40, 2 | | | 1 |
| 23 | 1 in, Schedule 40, 3 | | | 1 |

图 13-114　放大的材料明细表

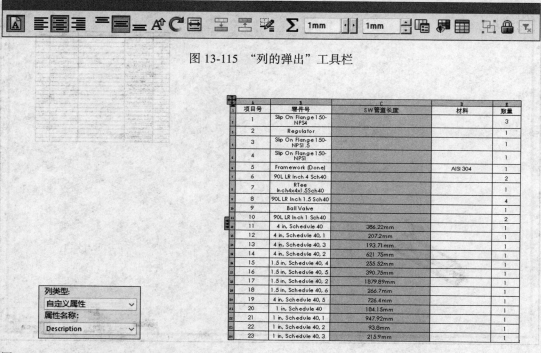

图 13-115　"列的弹出"工具栏

图 13-116　"列属性"属性管理器

图 13-117　SW 管道长度

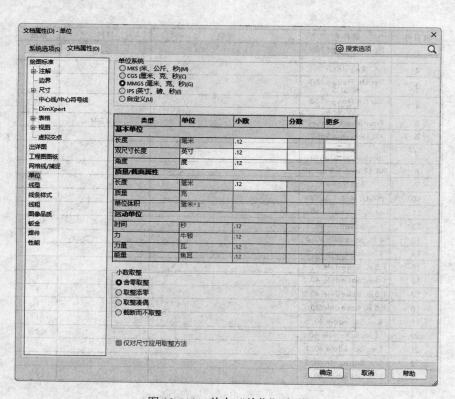

图 13-118　单击"单位"选项

**03** 更改视图。

❶ 在设计树中右击"图纸 1",弹出如图 13-119 所示的快捷菜单,选择"属性"命令。

❷ 在弹出的如图 13-120 所示的"图纸属性"对话框中,将"比例"更改为 1∶8,单击"应用更改"按钮。在图形区域中选取分流管路视图,然后将之拖动到如图 13-121 所示的位置。

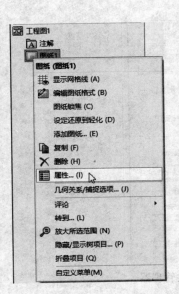

图 13-119　快捷菜单

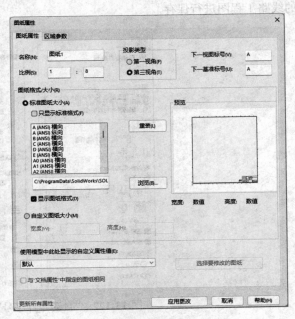

图 13-120　"图纸属性"对话框

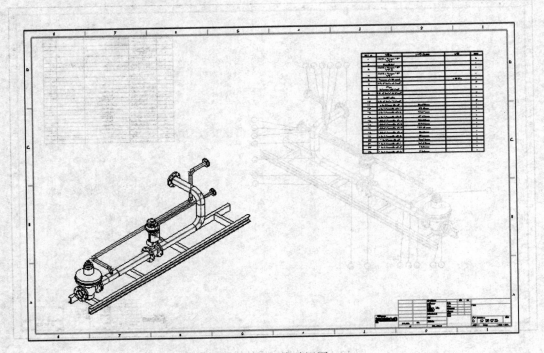

图 13-121　拖动视图

❸ 添加零件序号。在绘图区域中选择分流管路视图。单击"注解"选项卡中的"自动零件序号"按钮 ⲿ，系统弹出如图 13-122 所示的"自动零件序号"属性管理器。

❹ 在属性管理器中的"零件序号布局"中选择"方形"按钮 ⊡，勾选"忽略多个实例"复选框。单击"确定"按钮 ✔，完成线路工程图的绘制，结果如图 13-123 所示。然后将绘制完成的线路工程图进行保存。

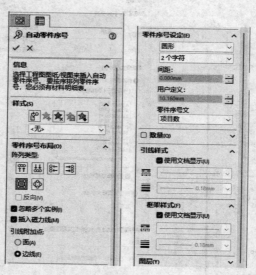

图 13-122　"自动零件序号"属性管理器

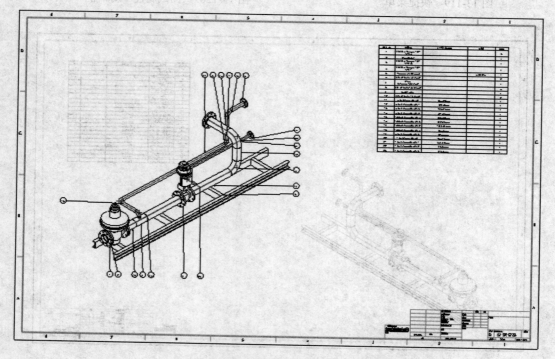

图 13-123　绘制完成的线路工程图